1+X职业技能等级证书（可编程控制器系统应用编程）配套教材

# 可编程控制器系统应用编程

## （中级）

组　编　无锡信捷电气股份有限公司
　　　　全国机械行业工业机器人与
　　　　智能装备职业教育集团

主　编　过志强　周斌　蒋庆斌
副主编　王正堂　李海波
参　编　金浙良　王兰军　李兆非　曲振华
　　　　胡锴锴　夏春荣　杨红霞　郑巨上
　　　　赵振鲁　韦宇星　高春伟　马成俊
　　　　陈哲伟　徐鑫

机械工业出版社

本书以可编程控制器系统应用编程职业技能等级标准（中级）要求为开发依据，结合企业生产实际要求，以典型项目为载体，以工作任务为中心，以行业案例为拓展，读者可以在仓储系统、温度控制系统、分拣系统、输送系统、龙门搬运系统和柔性生产线等项目实施过程中学习到可编程控制器编程思路、逻辑控制、运动控制、过程控制、网络通信、智能视觉、PID 控制等内容，掌握项目实施必备理论知识和实践方法，自主完成相关任务，具备承担自动化生产线系统的设计、编程和调试能力。

本书适合作为中高职院校装备制造类相关专业的教材，也可作为从事可编程控制器系统开发相关工程技术人员的参考资料和培训用书。

为方便教学，本书有多媒体课件、模拟试卷及答案等教学资源，凡选用本书作为授课教材的老师，均可通过电话（010-88379564）或 QQ（3045474130）咨询。

## 图书在版编目（CIP）数据

可编程控制器系统应用编程：中级／无锡信捷电气股份有限公司，全国机械行业工业机器人与智能装备职业教育集团组编；过志强，周斌，蒋庆斌主编．—北京：机械工业出版社，2022.4（2023.8 重印）

1+X 职业技能等级证书（可编程控制器系统应用编程）配套教材

ISBN 978-7-111-70406-5

Ⅰ.①可… Ⅱ.①无… ②全… ③过… ④周… ⑤蒋… Ⅲ.①可编程序控制器-应用程序-程序设计-职业技能-鉴定-教材 Ⅳ.①TP332.3

中国版本图书馆 CIP 数据核字（2022）第 047760 号

机械工业出版社（北京市百万庄大街 22 号 邮政编码 100037）
策划编辑：曲世海 责任编辑：曲世海 冯睿娟
责任校对：陈 越 贾立萍 封面设计：鞠 杨
责任印制：郜 敏
中煤（北京）印务有限公司印刷
2023 年 8 月第 1 版第 3 次印刷
184mm×260mm · 17.25 印张 · 423 千字
标准书号：ISBN 978-7-111-70406-5
定价：55.00 元

电话服务 网络服务
客服电话：010-88361066 机 工 官 网：www.cmpbook.com
010-88379833 机 工 官 博：weibo.com/cmp1952
010-68326294 金 书 网：www.golden-book.com
**封底无防伪标均为盗版** 机工教育服务网：www.cmpedu.com

# 前　言

本书是"1+X"职业技能等级证书——可编程控制器系统应用编程职业技能等级证书（中级）的配套教材。

本书根据可编程控制器系统应用编程职业技能等级标准（中级）的要求，按照"项目载体、技术主线、任务驱动"的指导思路编写。全书编写了可编程控制器系统应用编程基础知识学习、仓储系统设计与调试、温度控制系统设计与调试、分拣系统设计与调试、输送系统设计与调试、龙门搬运系统设计与调试和柔性生产线联调七个项目，涵盖了标准中涉及的技术技能点，项目结合典型生产案例，由易到难，深入浅出。通过项目载体，整合理论知识和实践知识，培养职业技能，实现教学内容和岗位职业能力培养的对接；通过技术主线，抓住职教课程的技术本质，解决项目课程存在的覆盖面窄、技术丢失等问题；通过任务驱动，实现教学目标的达成，满足集中教学和分组教学相结合、过程评价和结果评价相结合的教学实施过程。

本书由无锡信捷电气股份有限公司协同全国机械行业工业机器人与智能装备职业教育集团共同组编。由过志强、周斌、蒋庆斌担任主编，王正堂、李海波担任副主编，参加编写的有金浙良、王兰军、李兆非、曲振华、胡锴锴、夏春荣、杨红霞、郑巨上、赵振鲁、韦宇星、高春伟、马成俊、陈哲伟、徐鑫。另外，亚龙智能装备集团股份有限公司也参与了本书的编写。

由于缺乏经验、编者水平有限，书中如有不足之处，恳请各使用单位和个人提出宝贵意见和建议。

编　者

# 二维码索引

| 名称 | 二维码 | 页码 | 名称 | 二维码 | 页码 |
|---|---|---|---|---|---|
| 双人抢答器案例应用 | | 18 | 脉冲型运动控制指令（2） | | 41、57 |
| 数据传送指令 | | 20 | 机器视觉应用 | | 124 |
| 触点比较指令 | | 21 | 变频器（VH5） | | 134 |
| DP3L-425 步进驱动器 | | 30 | DS5C 型伺服驱动器 | | 177 |
| 脉冲型运动控制指令（1） | | 35 | 柔性生产线设备运行视频 | | 244 |

# 目　　录

前　言

二维码索引

项目1　可编程控制器系统应用

　　　　编程基础知识学习 ………………… 1

项目2　仓储系统设计与调试 ………… 23

　　任务1　旋转供料系统控制电路设计 ……… 25

　　任务2　旋转供料系统程序设计 ……… 34

　　任务3　立体仓库系统控制电路设计 ……… 46

　　任务4　立体仓库系统程序设计 ………… 56

项目3　温度控制系统设计与调试 ……… 71

　　任务1　人机界面设计与调试 ………… 73

　　任务2　温度控制系统控制电路设计 ……… 90

　　任务3　温度控制系统程序设计 ……… 98

项目4　分拣系统设计与调试 ………… 116

　　任务1　机器视觉系统的设计与调试 ……… 118

　　任务2　变频器系统的设计 ……………… 133

　　任务3　分拣系统的控制电路设计 ………… 143

　　任务4　分拣系统的程序设计 …………… 151

项目5　输送系统设计与调试 ………… 168

　　任务1　输送系统控制电路设计 ………… 170

　　任务2　输送系统程序设计 …………… 184

项目6　龙门搬运系统设计与调试 ……… 212

　　任务1　龙门搬运系统控制电路设计 ……… 214

　　任务2　龙门搬运系统程序设计 ………… 225

项目7　柔性生产线联调 …………… 244

　　任务1　I/O及软元件规划 …………… 246

　　任务2　系统参数配置 ……………… 255

　　任务3　柔性生产线程序设计 ………… 265

参考文献 ……………………………… 268

# 项目1

# 可编程控制器系统应用编程基础知识学习

## 证书技能要求

| 可编程控制器应用编程职业技能等级证书技能要求（中级） | |
|---|---|
| 序号 | 职业技能要求 |
| 2.1.1 | 能够根据要求完成上位机的参数配置 |
| 4.1.1 | 能够完成 PLC 的通信调试 |
| 4.2.1 | 能够完成 PLC 程序的调试 |

## 项目导入

可编程控制器是自动化生产线以及自动化控制系统中的核心控制器，是智能制造系统实现数据互联互通的重要桥梁，主要承担对现场的逻辑控制、运动控制、数据通信和视觉分析等任务。通过本项目的学习，读者可以了解 PLC 硬件和软件基础、使用编程软件编写基本程序的方法。

本项目包含四部分内容：产业背景，了解可编程控制器在推进制造过程智能化中的作用；认识信捷 XD 系列 PLC，学习信捷 XD 系列 PLC 的结构构造、单元型号含义、输入输出单元结构；了解信捷 PLC 编程软件的使用，学习编程软件的基本使用、了解编程语言、了解 PLC 的内部资源；基础指令介绍，学习 PLC 编程的基础指令，包括输入、输出、置位复位、定时器等。

## 学习目标

| | |
|---|---|
| 知识目标 | 了解 PLC 的组成<br>理解 PLC 输入/输出的原理和接线方式<br>掌握 PLC 软件的使用<br>掌握 PLC 基础指令的应用 |
| 技能目标 | 能够熟练使用 PLC 软件<br>能够编写简易的 PLC 程序 |

（续）

| | 培养学生的职业素养以及职业道德，培养学生按6S（整理、整顿、清扫、清洁、素养、安全）标准工作的良好习惯 |
| 素养目标 | |
| | 对从事PLC应用设计工作，充满热情，有较强的求知欲，善于通过自主学习解决生产实际问题，具有克服困难的信心和决心 |

## ✅ 实施条件

| | 名称 | 实物 | 数量 |
|---|---|---|---|
| 硬件准备 | 信捷 XD 系列 PLC | | 1 台 |
| | **软件** | **版本** | **备注** |
| 软件准备 | 信捷 PLC 编程软件 | XDPPro_3.7.4a | 软件版本周期性更新 |

### 一、产业背景

随着新一轮技术革命的到来，人工智能、机器人和数字化制造三大技术为智能制造提供了技术基础，其数字化、网络化、智能化的特征已构成新一轮工业革命的核心技术。我国制造业发展的当务之急是鼓励加快发展智能制造装备和产品，从而推进制造过程的智能化，包括在重点领域试点建设智能工厂、数字化车间，促进制造工艺的仿真优化、数字化控制、状态信息实时监测和自适应控制。不管是数字化车间还是智能工厂，智能柔性产线是其核心单元。可编程控制器是制造系统各层之间实现数据互联互通的重要桥梁，主要承担对现场的逻辑控制、运动控制、数据通信和视觉分析等任务。可编程控制器系统应用编程培训设备是基于多品种、小批量的智能化生产需求开发的柔性生产线，包括旋转供料模块、分拣模块、龙门搬运模块、温控模块等模块，根据生产需求可以组成新形态智能产线，其核心技术包括智能控制、工业网络、机器视觉、运动控制等技术。样例设备整体示意图如图 1-1 所示。

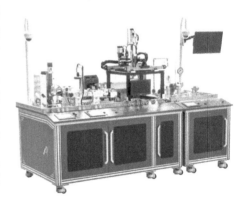

图 1-1　样例设备整体示意图

### 二、认识信捷 XD 系列 PLC

#### 1. PLC 系统简介

1969 年，美国数字设备公司（DEC）研制出了第一台可编程控制器，也称 PLC（Programmable Logical Controller），型号为 PDP-14，用它取代传统的继电器接触器控制系统，在美国通用汽车公司的汽车自动装配线上使用，取得了巨大成功。这种新型的工业控制装置以其简单易懂、操作方便、可靠性高、通用灵活、体积小、使用寿命长等一系列优点，很快在美国其他工业领域推广应用。

随着 PLC 应用领域的不断拓宽，PLC 的定义也在不断完善。国际电工委员会（IEC）在 1987 年 2 月颁布的可编程控制器标准草案的第三稿中将 PLC 定义为："可编程控制器是一种数字运算操作的电子系统，专为在工业环境下应用而设计。它采用可编程的存储器，用来在其内部存储执行逻辑运算、顺序控制、定时、计数和算术运算等操作的指令，并通过数字式、模拟式的输入和输出，控制各种类型的机械或生产过程。可编程控制器及其有关设备，都应按易于与工业控制器系统连成一个整体、易于扩充其功能的原则设计。"

实际上，现在 PLC 的功能早已超出了它的定义范围。其功能具体可以归纳为以下几类：

（1）开关量的逻辑控制

这是 PLC 最基本的，也是最广泛的应用领域，它取代了传统的继电器电路，实现逻辑控制、顺序控制。开关量的逻辑控制既可用于单台设备，也可用于多机群控及自动化流水线，如注塑机、印刷机、装订机械、组合机床、磨床、包装生产线及电镀流水线等。

（2）模拟量控制

在工业生产过程当中，有许多连续变化的量，如温度、压力、流量、液位和速度等，这些量都是模拟量。为了使 PLC 处理模拟量，必须实现模拟量和数字量之间的 A/D 转换及 D/A 转换。PLC 厂家都生产有配套的 A/D 和 D/A 转换模块，可使 PLC 用于模拟量控制。

（3）运动控制

PLC 可以用于圆周运动或直线运动的控制。早期控制器需使用 I/O 模块配合传感器来控制执行机构，运动控制方式单一且不宜调试，现在一般使用专用的运动控制模块，可驱动步进电动机或伺服电动机，运动控制方式多样且更容易调试。世界上各主要 PLC 生产厂家的产品几乎都具有运动控制功能，广泛用于各种机械、机床、机器人、电梯等场合。

（4）过程控制

过程控制是指对温度、压力、流量等模拟量的闭环控制，在冶金、化工、热处理、锅炉控制等场合有非常广泛的应用。作为工业控制计算机，PLC 能编制各种各样的控制算法程序，完成闭环控制。PID 调节是一般闭环控制系统中用得较多的调节方法，大中型 PLC 都有 PID 模块，目前许多小型 PLC 也具有此功能模块。PID 处理一般是运行专用的 PID 子程序。

（5）数据处理

现代 PLC 具有数学运算（含矩阵运算、函数运算、逻辑运算）、数据传送、数据转换、排序、查表及位操作等功能，可以完成数据的采集、分析及处理。这些数据可以与存储在存储器中的参考值比较，进而完成一定的控制操作；也可以利用通信功能传送到别的智能装置，或将它们打印制表。数据处理一般用于大型控制系统，如无人控制的柔性制造系统；也可用于过程控制系统，如造纸、冶金、食品工业中的一些过程控制系统。

（6）通信及联网

PLC 通信含 PLC 间的通信及 PLC 与其他智能设备间的通信。随着计算机控制的发展，工厂自动化网络发展得很快，各 PLC 生产厂商都十分重视 PLC 的通信功能，纷纷推出各自的网络系统。随着通信技术以及互联网技术的发展，目前新的 PLC 都具有不同类型的通信接口，通信非常方便。

**2. PLC 的基本结构**

PLC 的结构多种多样，但其组成的原理基本相同，都采用以微处理器为核心的结构。PLC 通常由中央处理单元（CPU）、存储器（ROM、PROM、EPROM、EEPROM、RAM）、输入/输出单元（I/O 单元）、电源、编程器和外设接口等几个部分组成。对于整体式 PLC，这些部件都在同一个机壳内。而对于模块式 PLC，各部件独立封装，称为模块，各模块通过机架和电缆连接在一起。主机内的各个部分均通过电源总线、控制总线、地址总线和数据总线连接，根据实际控制对象的需要配备一定的外部设备，构成不同的 PLC 控制系统。另外，PLC 通过配置通信模块，实现与上位机及其他 PLC 的通信，构成 PLC 的分布式控制系统。

（1）中央处理单元（CPU）

CPU 是 PLC 的控制中枢，PLC 在 CPU 的控制下有条不紊地协调工作，从而实现对现场各个设备的控制。CPU 由微处理器和控制器组成，它可以实现逻辑运算和数学运算，协调控制系统内部各部分的工作。

（2）存储器（ROM、PROM、EPROM、EEPROM、RAM）

存储器主要用于存放系统程序、用户程序及工作数据。存放系统程序的存储器称为系统程序存储器，存放用户程序的存储器称为用户程序存储器，存放工作数据的存储器称为数据存储器。

常用的存储器有 RAM、EPROM 和 EEPROM。RAM 是一种可进行读写操作的随机存储器，用于存放用户程序，生成用户数据区，存放在 RAM 中的用户程序可方便地修改。RAM 存储器是一种高密度、低功耗、价格便宜的半导体存储器，可用锂电池作为备用电源。掉电时，可有效地保持存储的信息。EPROM、EEPROM 都是只读存储器，用于固化系统管理程序和应用程序。

（3）输入/输出单元（I/O 单元）

I/O 单元实际上是 PLC 与被控对象间传递输入/输出信号的接口部件。I/O 单元有良好的光电隔离和滤波作用。接到 PLC 输入接口的输入器件通常是各种开关、按钮、传感器等输入设备；与 PLC 输出接口对接的输出控制器件往往是电磁阀、接触器、继电器等输出设备，而这些输出设备有交流型和直流型、高电压型和低电压型、电压型和电流型等。PLC 的输出模块需要具备将 CPU 执行用户程序所输出的 TTL 电平的控制信号转化为生产现场所需的、能驱动特定设备信号的功能。

（4）编程器

编程器是 PLC 重要的外部设备，利用编程器可将用户程序送入 PLC 的用户程序存储器，调试、监控程序的执行过程。编程器一般包括简易编程器、图形编程器、通用计算机编程器。

（5）电源

电源单元的作用是把外部电源（220V 的交流电源）转换成内部工作电源。外部连接的电源，通过 PLC 内部配有的一个专用开关式稳压电源，将交流/直流供电电源转化为 PLC 内部电路所需的工作电源（直流 5V、±12V、24V）。

（6）外设接口

外设接口电路用于连接手持编程器、其他图形编程器、文本显示器、触摸屏、计算机等，并能通过外设接口组成 PLC 的控制网络，实现编程、监控、联网等功能。

**3. 本书使用到的相关 PLC 型号**

全世界 PLC 生产厂家众多，主要的国外生产厂家包括 Siemens、Modicon、A－B、OMRON、三菱、GE、富士、日立、光洋等；国内主要生产厂家包括信捷、台达、和利时、汇川等。

信捷 XD 系列的 PLC 不仅机型丰富，支持自由组合，而且具备丰富的基本功能和多种特殊功能。比如在运动控制方面，XD 系列的 PLC 支持多路高速脉冲输入和输出功能，支持 X－NET 现场总线、X－NET 和 EtherCAT 运动总线功能，支持 I/O 点的自由转换功能、C 语言编辑程序块等特殊功能。本书结合 1＋X 可编程控制器系统应用编程职业技能等级证书考核要点，重点介绍信捷 XD 系列的 PLC。

1）XD5E（以太网型）包含 24、30、48、60 点规格，兼容 XD5 的大部分功能，支持以太网通信，支持 2～10 轴高速脉冲输出，可接扩展模块、扩展 ED、扩展 BD。

2）XDH（运动控制、以太网型）包含 60 点规格，兼容 XD 的大部分功能，支持以太网通信、EtherCAT 总线，支持插补、随动等运动控制指令，支持 4 轴高速脉冲输出，可接扩展模块。

**4. XD 系列 PLC 的基本单元型号及含义**

XD 系列 PLC 型号图如图 1-2 所示。

$$\underset{①\ ②\ ③}{\underline{XD□□-○○○○○□□○□}}-\underset{⑪}{\underline{□}}$$
$$\underset{④\ ⑤⑥⑦⑧⑨⑩}{}$$

图 1-2　XD 系列 PLC 型号图

① 产品系列。XD：XD 系列可编程控制器。

② 系列分类。1：XD1 系列经济型；2：XD2 系列基本型；3：XD3 系列标准型；5：XD5 系列增强型；M：XDM 系列运动控制型；C：XDC 系列运动总线控制型；H：XDH 系列运动控制升级型。

③ 以太网功能。E：支持以太网通信；无：不支持（XDH 系列除外）。

④ 输入/输出点数。10：5 输入/5 输出；16：8 输入/8 输出；24：14 输入/10 输出（或者 12 输入/12 输出）；30：16 输入/14 输出；32：18 输入/14 输出（或者 16 输入/16 输出）；48：28 输入/20 输出；60：36 输入/24 输出。

⑤ 信号类型。D：差分；无：不支持差分。

⑥ 差分脉冲路数。4：4 路差分高速脉冲输出。

⑦ 输入点类型。无：NPN 型输入；P：PNP 型输入。

⑧ 输出点类型。R：继电器输出；T：晶体管输出；RT：继电器晶体管混合输出。

⑨ 晶体管脉冲路数。无：T/RT 时表示两路脉冲输出（XD1 系列不支持）；4：表示 4 路脉冲输出；6：表示 6 路脉冲输出；10：表示 10 路脉冲输出。

⑩ 程序容量。无：标准型；L：扩容型。

⑪ 供电电源。E：供电电源 AC 220V；C：供电电源 DC 24V。

**举例**：仓储系统中所用的 PLC 型号为 XDH－60T4－E，即为运动控制升级型 PLC，其输入/输出点数为 60，输出点类型为晶体管输出，带有 4 路高速脉冲输出，供电电源为 AC 220V。

**5. XDH－60T4－E 型 PLC 的外形结构**

XDH－60T4－E 型 PLC 的结构如图 1-3 所示。

COM1 对应的 RS232 通信口（引脚见图 1-4）用于程序上下载和通信，支持 MODBUS 和

X – NET 两种通信模式。

COM2 对应的 RS485 通信口引脚如图 1-5 所示，其引脚引出至输出端子排上的 A、B 端子，A 为 RS485 + ，B 为 RS485 - 。

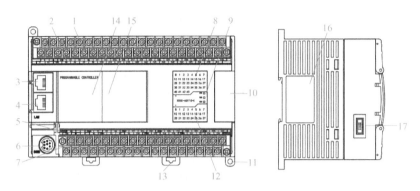

图 1-3    XDH – 60T4 – E 型 PLC 结构组成图

1—输入端子、电源接入端子    2—输入标签    3—RJ45 口 1    4—RJ45 口 2    5—输出标签

6—RS232 通信口（COM1）    7—输出端子、RS485 通信口（COM2）    8—输入动作指示灯

9—系统指示灯（PWR：电源指示灯；RUN：运行指示灯；ERR：错误指示灯）

10—扩展模块接入口    11—安装孔（2 个）    12—输出动作指示灯

13—导轨安装挂钩（2 个）    14—扩展 BD（COM4）    15—扩展 BD（COM5）

注：XDH 系列支持扩展 BD 板及扩展 ED 模块。

16—产品标签    17—左扩展 ED 模块接入口（COM3）

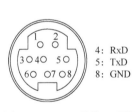

4：RxD
5：TxD
8：GND

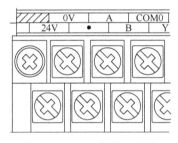

图 1-4    RS232 通信口引脚                图 1-5    RS485 通信口引脚

### 6. XDH – 60 型 PLC 的输入/输出单元

（1）开关量输入单元

开关量输入单元一般分 NPN 型、PNP 型、差分三种模式。这里针对仓储系统，重点介绍 NPN 型和 PNP 型输入单元的性能指标以及外界输入设备与该输入单元的接线。

1）NPN 型和 PNP 型输入单元的性能指标（见表 1-1）。

表 1-1    NPN 型和 PNP 型输入单元的性能指标

| 参数名称 | 指标 | |
|---|---|---|
| | NPN 型 | PNP 型 |
| 输入信号电压 | DC 24（1 ± 10%）V | DC 24（1 ± 10%）V |
| 输入信号电流 | 7mA/DC 24V | 7mA/DC 24V |

（续）

| 参数名称 | 指标 | |
|---|---|---|
| | NPN 型 | PNP 型 |
| 输入 ON 电流 | 4.5mA 以上 | 4.5mA 以上 |
| 输入 OFF 电流 | 1.5mA 以下 | 1.5mA 以下 |
| 输入响应时间 | 约 10ms | 约 10ms |
| 输入信号形式 | 接点输入或 NPN 型开集电极晶体管 | 接点输入或 PNP 型开集电极晶体管 |
| 电路绝缘 | 光电耦合绝缘 | 光电耦合绝缘 |
| 输入动作显示 | 输入 ON 时 LED 灯亮 | 输入 ON 时 LED 灯亮 |

　　2）NPN 型输入单元内部结构（见图 1-6）。假设外部输入设备分别为普通开关（或按钮）、两线式接近开关、三线式接近开关，其与该 NPN 型输入单元的接线分别如图 1-7 ~ 图 1-9 所示。

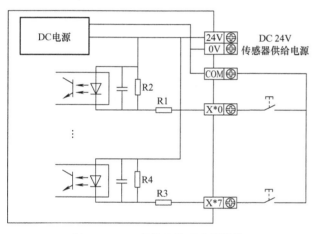

图 1-6　NPN 型输入单元内部结构

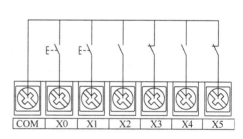

图 1-7　普通开关（或按钮）与 NPN 型输入
单元的接线

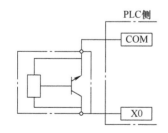

图 1-8　两线式接近开关与 NPN 型输入单元的接线

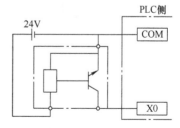

图 1-9　三线式接近开关与 NPN 型输入单元的接线

　　3）PNP 型输入单元内部结构（见图 1-10）。假设外部输入设备分别为普通开关（或按钮）、两线式接近开关、三线式接近开关，其与该 PNP 型输入单元的接线分别如图 1-11 ~ 图 1-13 所示。

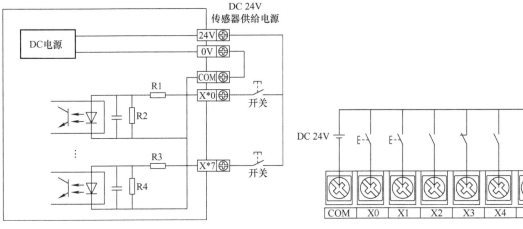

图 1-10　PNP 型输入单元内部结构　　　　图 1-11　普通开关（或按钮）与 PNP 型输入
单元的接线

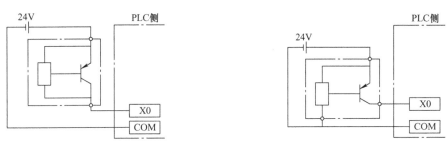

图 1-12　两线式接近开关与 PNP 型输入单元的接线　图 1-13　三线式接近开关与 PNP 型输入单元的接线

4）HSM－D05NK 型接近开关与 XDH－60T4－E 的接线示例。若 HSM－D05NK 型接近开关为 NPN 型，则其与 XDH－60T4－E 型的 PLC 输入端的接线如图 1-14 所示。

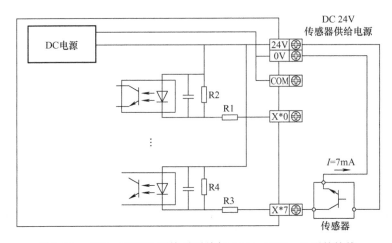

图 1-14　HSM－D05NK 型接近开关与 XDH－60T4－E 型的接线

（2）开关量输出单元

按负载所用的电源类型不同，开关量输出单元可分为两类：直流输出接口和交直流输出接口。按输出开关器件的种类不同，开关量输出单元可分为两类：晶体管型和继电器型。其中晶体管型的接口只能接直流负载，为直流输出接口；继电器型的接口可接直流负载和交流负载，为交直流输出接口。

1）继电器型输出单元。继电器型输出单元的内部结构如图1-15所示。输出单元带有2～4个公共端子，各公共端块单元可以驱动不同电源电压系统（例如AC 200V、AC 100V、DC 24V等）的负载。当输出继电器的线圈通电时，LED灯亮，输出接点为ON。

继电器型输出单元与外部输出设备的连接电路如图1-16所示。

若驱动的是直流电感性负载，请并联续流二极管，否则，接点寿命会显著降低。在进行选型时，请注意选用容许反向耐压超过负载电压5～10倍、顺向电流超过负载电流的续流二极管。

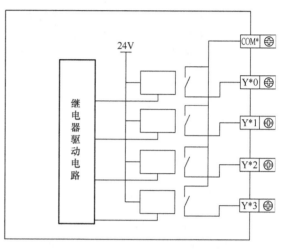

图 1-15　继电器型输出单元的内部结构

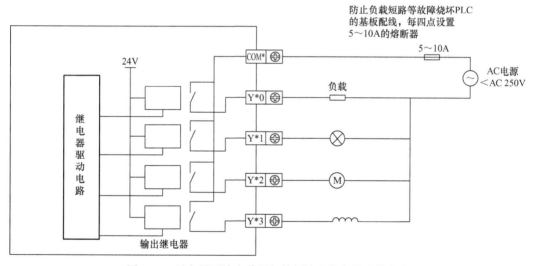

图 1-16　继电器型输出单元与外部输出设备的连接电路

若驱动的是交流电感性负载，请并联浪涌吸收器，以减少噪声，延长输出继电器使用寿命。

2）晶体管型输出单元。晶体管型输出单元与外部直流负载之间的连接电路如图1-17所示。

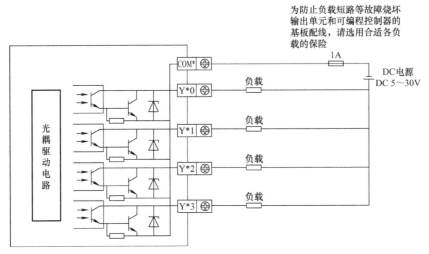

为防止负载短路等故障烧坏输出单元和可编程控制器的基板配线，请选用合适各负载的保险

图 1-17　晶体管型输出单元与外部直流负载之间的连接电路

## 三、了解信捷 XD 系列 PLC 的编程软件

### 1. XD 系列 PLC 编程软件 XDPPro 概述

编程软件 XDPPro 的界面如图 1-18 所示。在该软件中，可实现对 PLC 写入或上传程序、实时监控 PLC 的运行、配置 PLC 等功能。

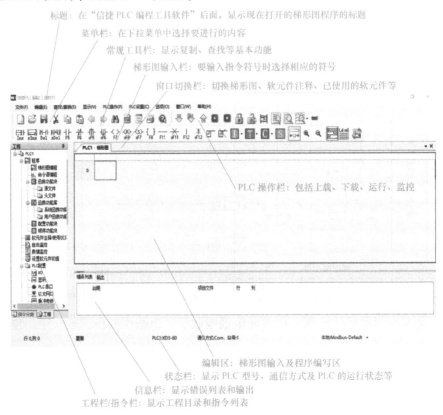

标题：在"信捷 PLC 编程工具软件"后面，显示现在打开的梯形图程序的标题

菜单栏：在下拉菜单中选择要进行的内容

常规工具栏：显示复制、查找等基本功能

梯形图输入栏：要输入指令符号时选择相应的符号

窗口切换栏：切换梯形图、软元件注释、已使用的软元件等

PLC 操作栏：包括上载、下载、运行、监控

编辑区：梯形图输入及程序编写区

状态栏：显示 PLC 型号、通信方式及 PLC 的运行状态等

信息栏：显示错误列表和输出

工程栏/指令栏：显示工程目录和指令列表

图 1-18　编程软件 XDPPro 的界面

**2. XDPPro 的软件使用**

（1）创建新工程

1）选择"文件"→"创建新工程"，弹出"机型选择"窗口。如果当前已连接 PLC，软件将自动检测出机型，如图 1-19 所示。

2）在"机型选择"窗口中，按照实际连接机型选择工程机型，然后单击"确定"按钮，完成一个新工程的建立。

（2）连接 PLC

XD/XL/XG 系列 PLC 可以使用 RS232 口、USB 口、RJ45 口联机，RS232 口联机使用 XVP 线连接 PLC 与计算机，USB 口联机使用打印机线连接 PLC 与计算机，RJ45 口使用网线连接 PLC 与计算机。

1）通过 USB 口连接。

① 单击菜单栏"选项"→"软件串口设置"，如图 1-20 所示，或单击串口图标。

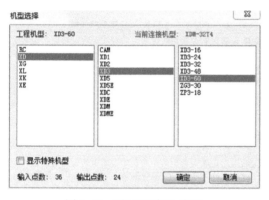

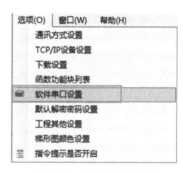

图 1-19　"机型选择"窗口　　　　　　　　图 1-20　软件串口设置

② 在弹出的"通信配置"窗口中单击"新建"，如图 1-21 所示。

③ 如图 1-22 所示，通信接口选为 USB，通信协议选为 Xnet，查找方式选为设备类型，单击"确定"按钮。

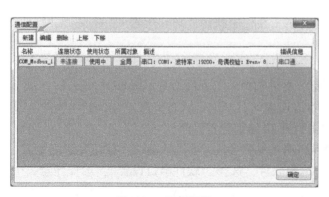

图 1-21　通信配置　　　　　　　　　　　图 1-22　通信配置服务选择

④ 如图 1-23 所示，将使用状态改为"使用中"后，再单击"确定"按钮。

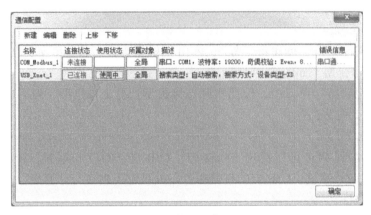

图 1-23　通信配置使用状态

⑤ 弹出提示窗口"成功连接到本地 PLC"，表示连接成功，如图 1-24 所示。

图 1-24　PLC 连接成功

2）通过以太网口连接。

① 设置以太网口 PLC 的 IP 地址。以太网口 PLC 默认 IP 为 192.168.6.6，可通过编程软件对其修改。打开 XDPPro 软件，在软件左侧工程栏中找到"PLC 配置"→"以太网口"，如图 1-25 所示。

② 设置计算机的 IP 地址。

a. 在计算机桌面右下角找到网络图标，右键选择"打开网络共享中心"。

b. 在网络共享中心的界面，双击"本地连接"打开网卡状态信息，再双击"属性"按钮，在菜单栏中找到 IPv4 设置选项并双击打开 IP 地址配置界面。

c. 如图 1-26 所示，在 IP 地址配置界面填入对应参数，单击"确认"按钮完成配置。

③ 连接 PLC。如图 1-27 所示，打开编程软件，选择"软件串口设置"，选择任意一个通信口，进入配置界面。通信接口选"Ethernet"，选择 Xnet 协议，设备 IP 地址选择以太网口配置的 IP，再单击"配置服务"→"重启服务"，参数填写完成后单击"确定"按钮即可完成连接。

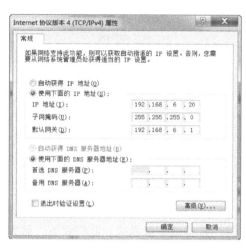

图 1-25　PLC 以太网口配置　　　　　　　图 1-26　计算机 IP 地址配置

（3）下载程序

下载分为"下载用户程序"和"保密下载用户程序"。两者的区别是一旦使用"保密下载用户程序"到 PLC 里，则该 PLC 中的程序和数据将永远无法上传，程序的保密性极佳，以此来保护用户的知识产权，使用时请务必注意。

1）联机成功之后，单击菜单栏"PLC 操作"→"下载用户程序"或单击工具栏下载图标，可以将程序下载至 PLC 中。若 PLC 正在运行，则弹出如图 1-28 所示提示窗口。

图 1-27　Xnet 配置　　　　　　　　图 1-28　PLC 程序正在下载提示窗口

2）程序下载过程中会自动计算当前程序占用百分比。

3）程序下载结束时，将弹出"下载用户数据"窗口，用户可根据需要勾选要下载的数据类型，默认为全选，如图 1-29 所示。

4）下载程序前，还可以设置是否移除软元件注释、是否对 C 语言加密，以增强保密性。单击"PLC 设置"→"下载设置"，弹出如图 1-30 所示窗口。

图 1-29 "下载用户数据"窗口          图 1-30 PLC 下载设置

XD/XL 系列 PLC 具有三种程序下载模式,分别是:

① 普通下载模式:此模式下,可方便自由地将计算机上的程序下载到 PLC 或者将 PLC 的程序上传到计算机上,一般在设备调试时使用此模式将会很方便。

② 密码下载模式:可为 PLC 设定一个密码,当将 PLC 的程序上传到计算机上时,需要输入正确的密码,在密码高级选项中还可以勾选"下载程序需要先解密"功能(**注意**:此操作危险,如遗忘口令,PLC 将被锁!),此下载模式适合用户需要对设备程序进行保密且自己可以随时调出设备程序时使用。

③ 保密下载模式:在此模式下将计算机上的程序下载到 PLC,用户不管通过什么方法都无法将 PLC 的程序上传到计算机上;同时保密下载用户程序,可以占用更少的 PLC 内部资源,使 PLC 的程序容量大大增加,能够拥有更快的下载速度;使用此下载模式后程序将彻底无法恢复。

注:联机之后,单击 █ 按钮运行 PLC;单击 █ 按钮停止 PLC。

(4)软元件监控

1)软元件的注释/使用情况。如图 1-31 所示,软元件的注释用于显示 PLC 中的全部软元件注释情况,无论是系统内部用软元件还是客户程序中自己添加的注释都可显示出来。双击注释栏可以对注释进行编辑。单击"已使用"可显示程序中用到的软元件及注释;单击"已使用"和"全部",列出全部已使用软元件及注释;单击"已使用"和"X""Y""M"等单类标签,则列出该类别下的已使用软元件及注释。

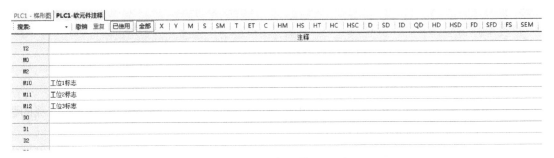

图 1-31 PLC 软元件注释图

2)自由监控。联机状态下,单击 PLC 操作栏中的"自由监控",弹出"自由监控"窗口,如图 1-32 所示。

单击"添加",弹出"监控节点输入"窗口,如图 1-33 所示,在"监控节点"栏输入要监控的软元件首地址,在"批量监控个数"栏设置要连续监控的软元件的个数,在"监控模式"栏选择监控软元件的方式,在"显示模式"栏选择软元件的显示模式。

图 1-32 "自由监控"窗口

图 1-33 "监控节点输入"窗口

添加完成之后,在监控窗口中列出了相应软件的编号、数值、字长、进制和注释,如图 1-34 所示,双击相应的位置可以编辑其属性。

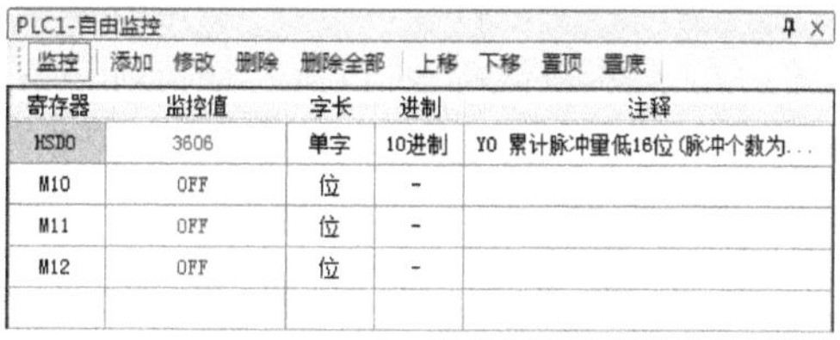

3)数据监控。联机状态下,单击 PLC 操作栏中的"数据监控",弹出"数据监控"窗口。数据监控以列表的形式监视线圈状态、数据寄存器的值,还能直接修改寄存器数值或线圈状态,如图 1-35 所示。

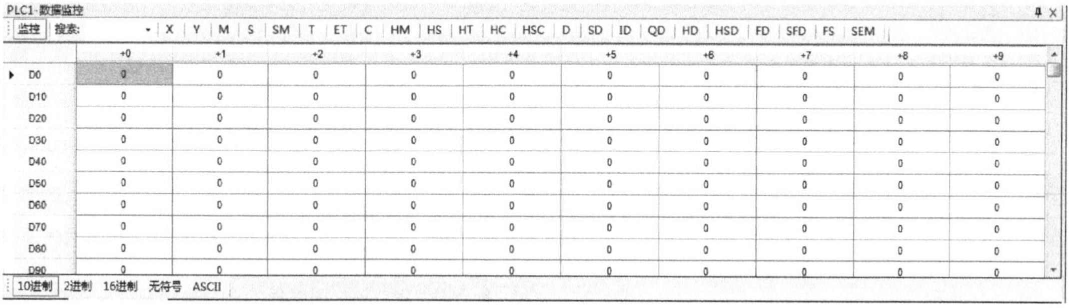

图 1-34 PLC 数据编辑

图 1-35 PLC 数据监控(1)

双击线圈,则状态取反;双击寄存器,则激活数值修改,按〈Enter〉键确认输入。在搜索栏输入相应的软元件编号,按〈Enter〉键后,监控表会自动跳到相应的位置。线圈状态为 OFF 时,为蓝底黑字;状态为 ON 时,为绿底白字,如图 1-36 所示。

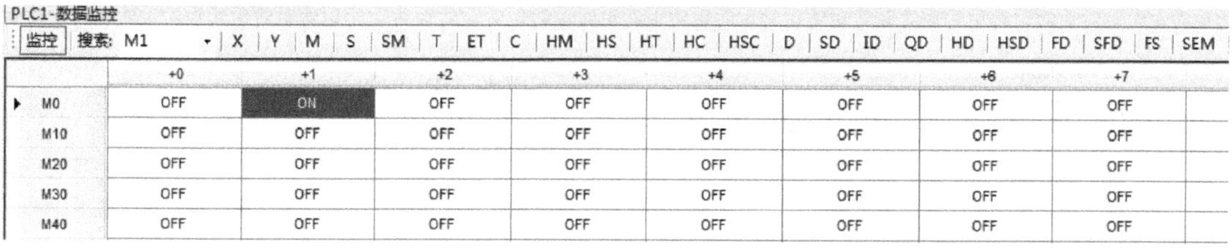

图 1-36 PLC 数据监控(2)

**3. XDPPro 的编程方式**

XDPPro 编程软件可以实现两种编程方式：梯形图编程和命令语编程，如图 1-37 所示。

梯形图编程直观方便，是大多数 PLC 编程人员和维护人员选择的方法。而命令语编程比较适合熟悉 PLC 和逻辑编程的有经验的编程人员。这两种编程方式可以互相转换，只要单击软件左侧"工程栏"→"梯形图编程"，则显示梯形图窗口，单击"命令语编程"，则自动将梯形图转换成相应的命令语显示。

**4. XD 系列 PLC 的内部资源简介**

XD 系列 PLC 有 XD1 经济型、XD2 基本型、XD3 标准型、XD5 增强型、XDM 型、XDC 运动总线控制型以及 XDH 运动控制升级型等。这里重点介绍 XDH 型，其内部资源见表 1-2。

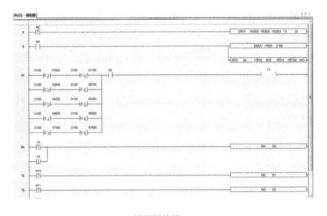
a) 梯形图编程

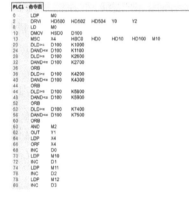
b) 命令语编程

图 1-37　编程方式

表 1-2　XDH 型 PLC 的内部资源

| 项目 | 规格 | |
|---|---|---|
| 程序执行方式 | 循环扫描方式 | |
| 编程方式 | 命令语编程或梯形图编程 | |
| 处理速度 | $0.005 \sim 0.03 \mu s$ | |
| 用户程序容量 | 4MB | |
| I/O 点数 | 总点数 | 60 |
| | 输入点数 | 36（X0 ~ X43） |
| | 输出点数 | 24（Y0 ~ Y27） |
| 内部线圈<br>（M、HM、SM） | M0 ~ M199999 | |
| | HM0 ~ HM19999 | |
| | SM0 ~ SM49999 | |
| 流程继电器<br>（S、HS） | S0 ~ S19999 | |
| | HS0 ~ HS1999 | |

（续）

| 项目 | 规格 |
|---|---|
| 定时器<br>（T、HT、ET） | T0 ~ T19999 |
| | HT0 ~ HT1999 |
| | 精确定时 ET0 ~ ET39 |
| 计数器<br>（C、HC、HSC） | C0 ~ C19999 |
| | HC0 ~ HC1999 |
| | 高速计数器 HSC0 ~ HSC39 |
| 数据寄存器<br>（D、HD、HSD） | D0 ~ D499999 |
| | HD0 ~ HD49999 |
| | SD0 ~ SD49999 |
| | HSD0 ~ HSD49999 |
| Flash ROM 寄存器<br>（FD、SFD） | FD0 ~ FD65535 |
| | SFD0 ~ SFD49999 |

注：1. 输入继电器 X 为八进制表示法。

2. 输出继电器 Y 为八进制表示法。

3. 辅助继电器 M、HM、S、HS 为十进制表示法。其中，M 为普通辅助继电器，HM 为掉电保持型辅助继电器，S 为流程继电器，HS 为掉电保持型流程继电器。

4. 辅助继电器 T、HT、C、HC 为十进制表示法。HT 和 HC 为掉电保持型定时器和计数器。

## 四、PLC 的相关基础指令介绍

### 1. 输入/输出指令：LD、LDI、OUT

LD、LDI、OUT 指令用法见表 1-3。在使用过程中需要注意：OUT 指令是对输出继电器、辅助继电器、状态寄存器、定时器、计数器的线圈驱动指令，对输入继电器不能使用。

表 1-3　LD、LDI、OUT 指令用法

| 助记符 | 名称 | 功能 | 回路表示和可用操作软元件 |
|---|---|---|---|
| LD | 取正 | 运算开始常开触点 | M0<br><br>操作软元件：<br>X、Y、M、HM、SM、S、HS、T、HT、C、HC、Dn. m 等 |
| LDI | 取反 | 运算开始常闭触点 | M0<br><br>操作软元件：<br>X、Y、M、HM、SM、S、HS、T、HT、C、HC、Dn. m 等 |
| OUT | 输出 | 线圈驱动 | Y0<br><br>操作软元件：<br>X、Y、M、HM、SM、S、HS、T、HT、C、HC、Dn. m 等 |

【例1-1】 采用一台型号为 XDH－60T4－E 的 PLC 实现双人抢答系统。要求如下：当主持人按下允许抢答按钮后，可以开始抢答，先按下抢答按钮的进行回答，且对应指示灯亮，后按下抢答按钮的无效。主持人可随时按下停止按钮停止抢答。

通过对系统控制要求分析，可知该系统需要配置 4 路输入和 2 路输出。系统输入/输出分配表见表 1-4。利用以上输入/输出指令，可得其 PLC 系统的梯形图与语句表如图 1-38 所示。

表 1-4 输入/输出分配表

| 输入 | | | 输出 | | |
|---|---|---|---|---|---|
| 输入寄存器 | 硬件名称 | 功能 | 输出寄存器 | 硬件名称 | 功能 |
| X1 | SB1 | 主持人允许抢答按钮 | Y1 | HL1 | 1#抢答指示 |
| X2 | SB2 | 主持人停止抢答按钮 | Y2 | HL2 | 2#抢答指示 |
| X3 | SB3 | 1#抢答按钮 | | | |
| X4 | SB4 | 2#抢答按钮 | | | |

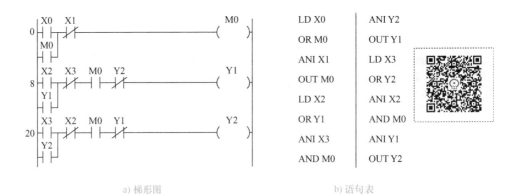

a) 梯形图　　　　　　　　　　　　　b) 语句表

图 1-38 抢答器系统对应的 PLC 梯形图以及语句表

**2. 置位与复位指令：SET、RST**

SET、RST 指令具有保持功能，用法见表 1-5。它们可以多次使用，顺序不限，但最后执行者有效。在对定时器、计数器当前值的复位以及触点复位时也可使用 RST 指令。但是注意避免与 OUT 指令使用同一个软元件地址。

表 1-5 SET、RST 指令用法

| 助记符 | 名称 | 功能 | 回路表示和可用操作软元件 |
|---|---|---|---|
| SET | 置位 | 线圈接通保持指令 | ├┤ ├──────［SET｜Y0］── <br> 操作软元件：Y、M、HM、SM、S、HS、T、HT、C、HC、Dn. m 等 |
| RST | 复位 | 线圈接通清除指令 | ├┤ ├──────［RST｜Y0］── <br> 操作软元件：Y、M、HM、SM、S、HS、T、HT、C、HC、Dn. m 等 |

【例1-2】 利用置位与复位指令编写两路抢答器系统，其梯形图如图1-39所示。

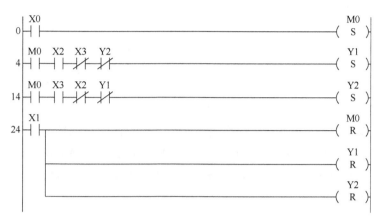

图1-39 抢答器系统对应的PLC梯形图（置位/复位指令编写）

### 3. 定时器指令：TMR、TMR_A

（1）助记符与功能

TMR、TMR_A定时器输出指令用法见表1-6。

表1-6 TMR、TMR_A定时器输出指令用法

| 助记符 | 名称 | 功能 | 回路表示举例 |
|---|---|---|---|
| TMR | 输出 | 非掉电保持100ms | TMR T0 K10 K100 |
| | | 非掉电保持10ms | TMR T0 K10 K10 |
| | | 非掉电保持1ms | TMR T0 K10 K1 |
| TMR_A | 输出 | 掉电保持100ms | TMR_A HT0 K10 K100 |
| | | 掉电保持10ms | TMR_A HT0 K10 K10 |
| | | 掉电保持1ms | TMR_A HT0 K10 K1 |

（2）PLC内置定时器软元件的工作原理

XD系列PLC内部的定时器全部以十进制来进行编址，其可用定时器资源如下：一般型定时用T0~T19999、累积型定时用HT0~HT1999。

对于一般型定时器而言，如果采用如图1-40所示的梯形图，则其工作过程如下：如果X0为ON，T0用当前值计数器累计10ms的时钟脉冲。当该值等于设定值K200时，定时器的输出触点动作，也就是说输出触点在线圈驱动2s后动作。驱动输入X0断开或停电，定时

器复位，输出触点复位。

对于累积型定时器而言，如果采用如图 1-41 所示的梯形图，则其工作过程如下：如果 X0 为 ON，则 HT0 用当前值计数器累计 10ms 的时钟脉冲。当该值达到设定值 K2000 时，定时器的输出触点动作。在计算过程中，即使输入 X0 断开或停电，再重新启动 X0 时，仍继续计算，其累计计算动作时间为 20s。如果复位输入 X2 为 ON 时，定时器复位，输出触点也复位。

**4. 数据传送指令：MOV、DMOV、QMOV**

MOV、DMOV、QMOV 传送指令的作用是使指定软元件的数据照原样传送到其他软元件中。其中，MOV 是进行 16 位数据传送的指令，DMOV 是 32 位数据传送指令，QMOV 是 64 位数据传送指令。其能操作的软元件为 D、TD、CD、DM、DS 等。

这里重点给大家介绍一下 D 寄存器。

对于 XDH 系列 PLC 来说，内部可用的数据寄存器 D 包含有 D、HD、HSD 以及 SD。这些数据寄存器全部以十进制来进行编址，编号分别为 D0 ~ D499999、HD0 ~ HD49999、SD0 ~ SD49999、HSD0 ~ HSD49999。

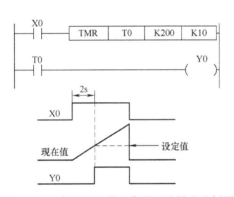

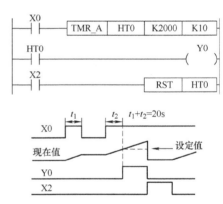

图 1-40　一般型定时器工作原理及梯形示例图　　图 1-41　累积型定时器工作原理及梯形示例图

所谓数据寄存器，是用于存储数据的软元件。它分为 16 位（最高位为符号位）、32 位（由两个数据寄存器组合，最高位为符号位）两种类型。

一个 16 位的数据寄存器（见图 1-42），其处理的数值范围为 K − 32768 ~ K + 32767。数据寄存器数值的读写一般采用应用指令。另外，也可通过其他设备，如人机界面向 PLC 写入或读取数值。

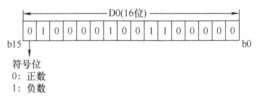

图 1-42　16 位的数据寄存器结构

一个 32 位的数据寄存器（结构如图 1-43 所示），是由两个地址相邻的数据寄存器组成的。它的高位在后，低位在前，如 D1D0 组成的双字，D0 为低位，D1 为高位。32 位的数据寄存器能够处理的数值范围为 K − 2147483648 ~ K2147483647。

【例 1-3】　假设有一梯形图如图 1-44 所示。在该梯形图中，使用了 32 位数据传送指令：DMOV。它的作用是将（D1，D0）的数据传送至（D11，D10），将高速计数器 HSC0 的 32

位的当前值的数据传送至（D21，D20）。

MOV 与 QMOV 指令的用法与 DMOV 相类似，这里不再赘述。

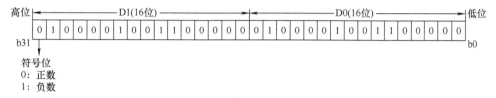

图 1-43　32 位的数据寄存器结构

**5. 触点比较指令：（D）LD =、（D）LD > 等**

触点比较指令的作用是将两个 16 位或 32 位的数据 S1、S2 进行比较，若满足比较的条件，则触点闭合。S1 或 S2 可以是各类数据寄存器，比如 D、HD、TD、HTD、CD、HCD、HSCD、HSD、DM、DHM、DS、DHS 等，也可以是常数。

【例 1-4】　假设有一梯形图如图 1-45 所示。在该梯形图中，分别使用了 LD =、LD > 以及 DLD > 指令。当 C0 的当前值 = 100 时，同时 X0 闭合，则 Y0 输出为 1，否则为 0；当 D200 寄存器的值 > −30 时，同时 X10 闭合，则置位 Y1；当常数 K68899 > C2 的当前值或者 M4 触点闭合时，M50 线圈得电。

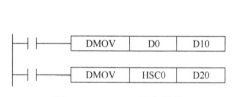

图 1-44　DMOV 指令举例

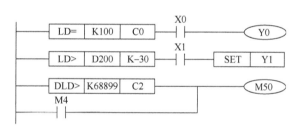

图 1-45　触点比较指令举例

**6. 指令块指令：GROUP、GROUPE**

GROUP 和 GROUPE 指令必须成对使用。该指令并不具有实际意义，仅是优化程序结构，因此该组指令添加与否，并不影响程序的运行效果。一般在折叠语段的开始部分输入 GROUP 指令，在折叠语段的结束部分输入 GROUPE 指令，具体如图 1-46 所示。

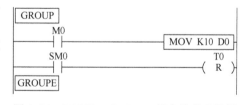

图 1-46　GROUP、GROUPE 指令块指令举例

**7. 编程注意事项**

1）梯形图编程时，一般将串联触点多的回路写在上方，将并联触点多的回路写在左方。

2）注意双线圈问题：基于 PLC 循环扫描的工作原理，若在程序中出现了多个相同编号的线圈（即为双线圈），那么程序最后一条语句有效。因此，一般出现双线圈问题后，请按图 1-47 所示方法修改程序。

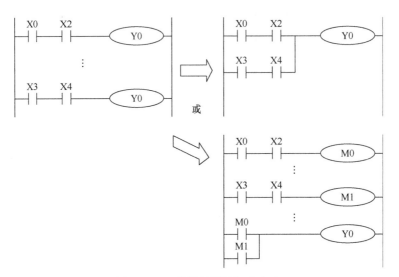

图 1-47　双线圈问题的解决方法

# 项目2

# 仓储系统设计与调试

| 可编程控制器应用编程职业技能等级证书技能要求（中级） ||
| :---: | :--- |
| 序号 | 职业技能要求 |
| 1.2.1 | 能够根据要求完成位置控制系统（步进）的方案设计 |
| 1.2.2 | 能够根据要求完成位置控制系统（步进）的设备选型 |
| 1.2.3 | 能够根据要求完成位置控制系统（步进）的原理图绘制 |
| 1.2.4 | 能够根据要求完成位置控制系统（步进）的接线图绘制 |
| 2.1.1 | 能够根据要求完成上位机的参数配置 |
| 2.1.2 | 能够根据要求完成PLC系统组态 |
| 2.1.3 | 能够根据要求完成PLC脉冲参数配置 |
| 2.1.4 | 能够根据要求完成PLC通信参数配置 |
| 2.2.1 | 能够根据要求完成变频器参数配置 |
| 2.2.2 | 能够根据要求完成步进参数配置 |
| 2.2.3 | 能够根据要求完成伺服参数配置 |
| 2.2.4 | 能够根据要求完成位置模块参数配置 |
| 3.2.1 | 能够根据要求计算脉冲当量 |
| 3.2.2 | 能够根据要求完成伺服控制系统的数据通信 |
| 3.2.3 | 能够根据要求完成伺服控制系统原点回归程序的编写 |
| 3.2.4 | 能够根据要求完成伺服控制系统的单段速位置控制编程 |
| 3.2.5 | 能够根据要求完成伺服控制系统的多段速位置控制编程 |
| 4.2.1 | 能够完成PLC程序的调试 |
| 4.2.2 | 能够完成PLC与伺服系统的调试 |
| 4.2.3 | 能够完成PLC与步进系统的调试 |
| 4.2.4 | 能够完成位置控制系统（步进）参数调整 |
| 4.2.5 | 能够完成位置控制系统（步进）的优化 |
| 4.2.6 | 能够完成伺服、步进系统和其他站点的数据通信及联机调试 |

仓储系统是自动化生产过程中的典型工序。本项目中主要通过旋转供料单元以及立体仓库单元的电气控制软硬件设计、装调，让读者可以学习到各类不同的传感器的工作原理，及不同的执行机构动作过程，让读者能够学会硬件电路的设计，PLC 控制系统设计、调试的过程，PLC 系统中输入/输出设备的接线、测试方法等，让读者学会搭建步进运动控制系统，利用运动控制指令实现对步进电动机的自动控制，以达到位置控制以及位移采集的目标。

本项目包括四个任务：任务 1 重点介绍旋转供料系统控制电路的设计，要求利用规范的标准进行电气控制线路绘制以及装接；任务 2 重点介绍旋转供料系统程序实现过程，要求学会使用 PLC 内部一些基本软元件，学会运用高速计数器指令以及运动控制指令，学会进行步进驱动器的参数配套设置。任务 3 重点介绍立体仓库系统控制电路的设计，要求了解气动元件的工作原理以及装调方法；任务 4 重点介绍立体仓库系统程序设计，要求在任务 2 的基础上进一步深入理解回零指令的用法、PLC 内部特殊寄存器的用法、故障排查的办法以及流程等。

项目实施过程中需注重团队协作，调试过程中需注意设备功能精准度、稳定性，追求精益求精的工匠精神。

学习目标

| | |
|---|---|
| 知识目标 | 了解旋转供料系统以及立体仓库系统的机械组成<br>了解步进运动控制系统的结构组成<br>了解 PLC 的结构组成<br>理解仓储系统中传感器的工作原理<br>理解气动元件的工作原理<br>掌握 PLC 基本软元件的使用<br>掌握 PLC 基本指令的使用<br>掌握运动控制类指令的使用<br>熟悉 PLC 控制系统程序的编程方法 |
| 技能目标 | 能够进行 PLC 控制系统的输入/输出接线<br>能够进行步进驱动器的参数设置<br>能够进行高速计数器工作模式的配置<br>能够利用基本指令以及流程控制指令进行 PLC 程序的设计与调试<br>能够按照图样进行 PLC 控制系统的硬件电路连接与调试 |
| 素养目标 | 能够进行规范接线<br>能够按照 6S 整理模式进行项目实施<br>能够通过任务分析与探究培养团队协作能力、创新能力以及职业素养 |

| | 名称 | 实物 | 数量 |
|---|---|---|---|
| 硬件准备 | 旋转供料装置 | | 1套 |
| | 立体仓库装置 | | 1套 |
| 软件准备 | 软件 | 版本 | 备注 |
| | 信捷 PLC 编程工具软件 | XDPPro3.7.4a 及以上 | 软件版本周期性更新 |

# 任务 1　旋转供料系统控制电路设计

**任务分析**

## 一、控制要求

旋转供料系统主要是为产线提供原料，机械结构如图 2-1 所示。它主要由步进旋转供料机构、旋转台、固定底板等组成。其中，旋转台主要由步进电动机驱动，机械结构原点设有接近开关。要求在用户按下复位按钮后，装置自动回原点；当按下起动按钮后，圆盘能够自动正向旋转 90°。现请根据要求完成 PLC 控制系统外部接线图的绘制及硬件安装。

图 2-1　旋转供料系统机械结构
1—步进电动机　2—接线端子　3—物料台
4—电感式接近开关　5—蜗轮蜗杆减速机

## 二、学习目标

1. 了解旋转供料系统的机械结构组成。
2. 了解步进运动控制系统的结构组成。
3. 理解接近传感器的工作原理。
4. 理解常见传感器与 PLC 的连接方法。
5. 理解旋转供料系统的外部接线图。
6. 掌握接近传感器的安装方法。

三、实施条件

| | 名称 | 型号 | 数量 |
|---|---|---|---|
| 硬件准备 | 接近传感器 | HSM - D05NK | 1 |
| | 蜗轮减速机 | NRV030 | 1 |
| | RS232 串口 DB9 芯母头 | ADAM3909 - F | 1 |
| | 转盘供料机械装置 | 步进电动机型号为 MP3 - 57H088，驱动器为信捷 DP3L - 565 | 1 |

## 知识准备

### 一、旋转供料系统的工作过程

旋转供料系统工作过程如下：当用户按下复位按钮后，旋转供料系统复位回至原点；此时，若用户按下起动按钮，则转盘旋转 90°，由用户取走工件；若用户再次按钮起动按钮，则转盘继续旋转 90°，按照以上规律循环动作。

### 二、仓储系统中的传感器

仓储系统中包含有磁性开关、光电开关、电感式接近开关等传感器。

**1. 磁性开关简介及应用**

磁性开关是机电系统中常用的传感器。其实物图及电气符号如图 2-2 所示。

磁性开关常用于各类气缸的位置检测。其工作原理如下：当带有磁环的活塞移动到磁性开关所在位置时，磁性开关内的两个金属簧片在磁环磁场的作用下吸合，触点自动闭合，发出信号。当活塞移开，舌簧开关离开磁场，触点自动断开，信号切断。如图 2-3 所示，两个磁性开关用来检测立体仓库机械手臂气缸伸出和缩回到位的位置。

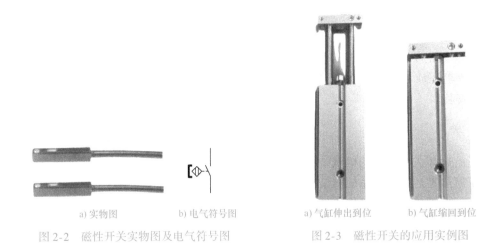

a) 实物图　　　　b) 电气符号图　　　　　　a) 气缸伸出到位　　b) 气缸缩回到位

图 2-2　磁性开关实物图及电气符号图　　　　　图 2-3　磁性开关的应用实例图

磁性开关（电气接线如图 2-4 所示）一般是二线制传感器。开关上一般设置有 LED，用于显示传感器的信号状态，供调试与运行监视时观察。当气缸活塞靠近时，接近开关输出动作，输出"1"信号，LED 亮；当没有气缸活塞靠近时，接近开关输出不动作，输出"0"信号，LED 不亮。当传感器指示灯亮时，表示有信号输出，当指示灯熄灭时，表示传感器没有信号输出，因此我们可以通过指示灯的亮灭来观察传感器的工作是否正常。

**2. 光电开关简介及应用**

光电开关是光电接近开关的简称，实物如图 2-5a 所示。它是利用被检测物对光束的遮挡或反射，由同步回路接通电路，从而检测物体的有无。物体不限于金属，所有能反射光线（或者对光线有遮挡作用）的物体均可以被检测。光电开关将输入电流在发射器上转换为光信号射出，接收器再根据接收到光线的强弱或有无对目标物体进行探测。其电气符号如图 2-5b 所示。光电开关种类繁多，一般来说有镜反射式、漫反射式、槽式、对射式、光纤式等。

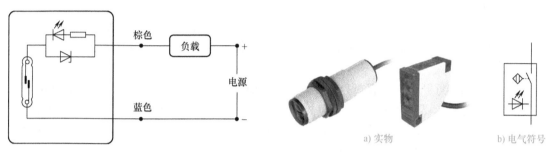

图 2-4 磁性开关电气接线      图 2-5 光电开关实物图例及电气符号图

如图 2-6 所示，当光电开关接通工作电源后，其红色 LED 指示灯"LIGHT"（入光）在受光量大于动作值时亮（ON），反之不亮（OFF）。绿色 LED 指示灯"STABILITY"（稳定）在受光量大于 1.2 倍动作值、受光量小于 1.2 倍动作值或受光量小于 0.8 倍动作值时亮（ON），反之不亮（OFF）。稳定指示灯亮时表示传感器可稳定工作，其负载 1 将会被驱动。

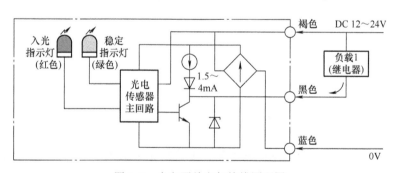

图 2-6 光电开关电气接线原理图

**3. 电感式接近开关简介及应用**

接近开关是一种不需要与运动部件进行机械直接接触而可以操作的位置开关。当物体接近开关的感应面到动作距离时，不需要机械接触及施加任何压力即可使开关动作，从而驱动直流电器或给 PLC 提供控制指令。

在旋转供料单元中，选用了 1 个 HSM－D05NK 接近开关。

HSM－D05NK 属于电感式，就是利用电涡流效应制成的有开关量输出的位置传感器，它由 LC 高频振荡器和放大处理电路组成，金属物体在接近这个能产生电磁场的振荡感应头时，可使物体内部产生电涡流。这个电涡流反作用于接近开关，使接近开关振荡能力衰减，内部电路的参数发生变化，由此识别出有无金属物体接近，进而控制开关的通或断。这种接近开关所能检测的物体必须是金属物体，其工作原理图如2-7所示。

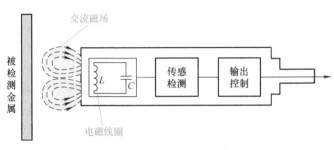

图2-7 电感式接近开关的工作原理图

接近开关有两线制和三线制的区别，三线制接近开关又分为NPN型和PNP型，它们的接线是不同的。

1）两线制接近开关的接线比较简单，接近开关与负载串联后接到电源即可，直流电源产品需要区分红（棕）线接电源正端、蓝（黑）线接电源0V（负）端，交流电源产品则不需要。

2）三线制接近开关通常有3条信号线：①VCC：即为电源，又称为＋V，俗称电源正极，接红色或褐色线；②GND：即为接地线，又称为0V，俗称电源负极，接蓝色线；③OUT：即为信号输出线，又称为负载，接黑色（或白色）线。NPN型和PNP型三线制接近开关电气接线原理图如图2-8所示。

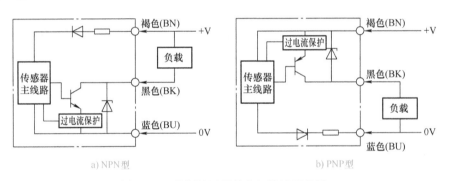

a) NPN型      b) PNP型

图2-8 三线制接近开关电气接线原理图

## 三、步进运动控制系统

仓储系统中的旋转供料以及立体仓库装置上均采用了信捷步进电动机驱动器DP3L－565和配套的步进电动机MP3－57H088进行驱动。

### 1. 步进电动机的工作原理

步进电动机是将电脉冲信号转变为角位移或线位移的开环控制元件。在非超载的情况下，电动机的转速、停止的位置只取决于脉冲信号的频率和脉冲数，而不受负载变化的影响，即给电动机加一个脉冲信号，电动机则转过一个步距角。这一线性关系的存在，加上步进电动机只有周期性的误差而无累积误差等特点，使得在速度、位置等控制领域用步进电动机来控制变得非常简单。图2-9所示为仓储系统中所用的MP3－57H088步进电动机外形图。

步进电动机主要由两部分构成（见图 2-10）：定子和转子，它们均由磁性材料构成。定子、转子铁心由软磁材料或硅钢片叠成凸极结构，定子、转子磁极上均有小齿，定子、转子的齿数相等。其中定子有 6 个磁极，定子磁极上套有星形联结的三相控制绕组，每两个相对的磁极为一相，组成一相控制绕组，转子上没有绕组。转子上相邻两齿间的夹角称为齿距角。

图 2-9　MP3 – 57H088 步进电动机外形图

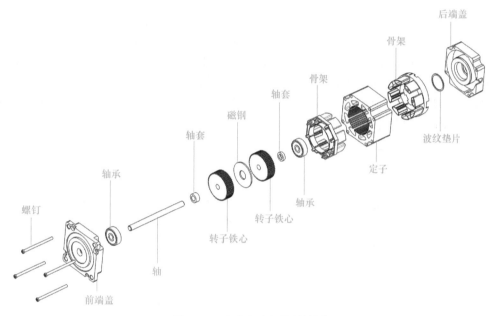

图 2-10　步进电动机的结构图

MP3 – 57H088 步进电动机为两相步进电动机，具体参数见表 2-1。

表 2-1　MP3 – 57H088 步进电动机具体参数

| 电动机型号 | 机座号/mm | 步距角/(°) | 保持转矩/N·m | 相电流/A | 相电阻/Ω |
|---|---|---|---|---|---|
| MP3 – 57H088 | 57 | 1.8 | 3 | 5 | 0.46 |
| 相电感/mH | 转动惯量/g·cm² | 电动机轴身 | 电动机轴径/mm | 适配驱动器 | |
| 2 | 840 | 平扁 | 8 | DP3L – 565 | |

### 2. 步进电动机驱动器

由于步进电动机不能直接接到工频交流或直流电源上工作，所以，需要使用专用的步进电动机驱动器，比如旋转供料系统中用的驱动器型号为 DP3L – 565。

步进电动机驱动器一般由脉冲发生控制单元、功率驱动单元、保护单元等组成。功率驱动单元与步进电动机直接耦合，也可理解成步进电动机微机控制器的功率接口。驱动器和步进电动机是一个有机的整体，步进电动机的运行性能是电动机及其驱动器两者配合所反映的综合效果。步进电动机驱动系统组成如图 2-11 所示。

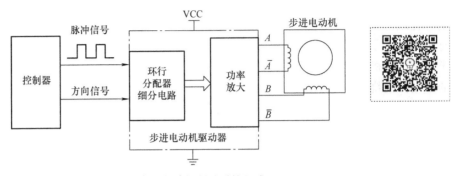

图 2-11　步进电动机驱动系统组成

　　在图 2-11 中，假设采用 PLC 作为控制器，DP3L－565 作为步进驱动器，驱动的对象为 MP3－57H088 两相型步进电动机，则结合《DP3L 型步进驱动器使用手册》中关于接口信号的功能说明，利用 PLC 的高速脉冲输出接口，采用脉冲＋方向的方式控制，其对应的接线示意图如图 2-12 所示。在使用过程中，注意驱动器的工作电源正确接入、驱动电流以及细分数的正确设置。这里不再详细叙述，具体请参考《DP3L 型步进驱动器使用手册》。

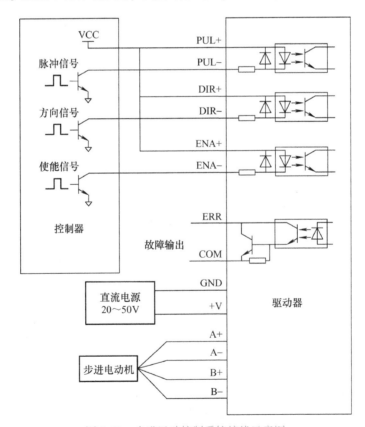

图 2-12　步进运动控制系统接线示意图

**任务实施**

## 一、旋转供料系统输入/输出信号

根据旋转供料系统的控制要求，系统要有3路输入信号和2路输出信号，具体见表2-2。其中，转盘主要采用步进电动机驱动，步进电动机采用脉冲＋方向的方式进行位置控制。另外，转盘原点位置采用接近开关检测。

表2-2　旋转供料系统输入/输出信号

| 序号 | 输入信号 | 序号 | 输出信号 |
|---|---|---|---|
| 1 | 转盘原点 | 1 | 步进驱动器脉冲信号 |
| 2 | 复位按钮 | 2 | 步进驱动器脉冲方向 |
| 3 | 起动按钮 | | |

## 二、旋转供料系统 I/O 口的分配

通过对旋转供料系统的控制需求分析，结合表2-2的输入/输出信号，确定系统需要有3路输入和2路输出，其中2路输入需要能够接收高速脉冲，1路输出需要能够输出高速脉冲。因此，旋转供料系统选用型号为 XDH－60T4－E 的 PLC 作为主控单元。

注意，对于基本单元的 PLC 而言，可以根据需要进行模块扩展，以满足整个系统的控制要求或未来拓展需求等。其模块扩展的个数因 PLC 型号而异，比如：XD5/XDM/XDC/XD5E/XDME/XDH 系列最多可扩展16个模块。当把基本单元和扩展模块连接之后，扩展模块的 PWR 指示灯亮，扩展模块方可正常使用。

这里选择加入 XD－E8X8YR 扩展模块作为额外的输入模块，扩展模块的输入地址从 X10000 开始。旋转供料系统的 I/O 信号分配表见表2-3。

表2-3　旋转供料系统的 I/O 信号分配表

| 输入信号 | | | | 输出信号 | | | |
|---|---|---|---|---|---|---|---|
| 序号 | PLC 输入点 | 信号名称 | 信号来源 | 序号 | PLC 输出点 | 信号名称 | 信号输出目标 |
| 1 | X26 | 原点检测开关 | 按钮/指示灯模块 | 1 | Y2 | 步进驱动器脉冲信号 | 步进驱动器 |
| 2 | X10003 | 起动按钮 | | | | | |
| 3 | X10005 | 复位按钮 | | 2 | Y6 | 步进驱动器脉冲方向 | 步进驱动器 |

## 三、接线原理图设计

根据表2-3确立的系统输入/输出分配，设计出旋转供料单元 PLC 的输入端接线，如图2-13所示，对应的旋转圆盘驱动用步进电动机控制电路接线如图2-14所示。

## 四、电气接线与硬件测试

电气接线包括：在工作单元装置侧完成各传感器、驱动器、电源端子等引线到装置侧接

线端口之间的接线；在 PLC 侧连接电源、I/O 点的接线等。

**1. 电气接线的规定**

（1）一般规定

① 电线连接时必须采用合适的冷压端子；端子制作时切勿损伤电线绝缘部分。

② 连接线须有符合规定的标号；每一端子连接的导线不超过 2 根；电线金属材料不外露，冷压端子金属部分不外露。

③ 电缆在线槽里最少有 10cm 余量（若是一根短接线，在同一个线槽里不要求）。

④ 电缆绝缘部分应在线槽里。接线完毕后线槽应盖住，没有出现翘起和未完全盖住的现象。

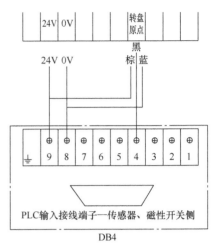

图 2-13　旋转供料单元输入端接线原理图

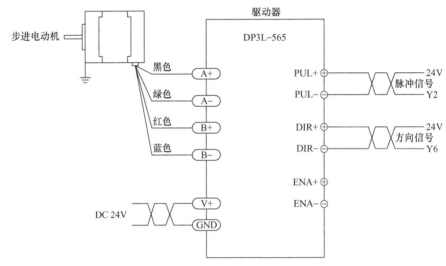

图 2-14　旋转供料单元步进驱动接线原理图

（2）装置侧接线注意事项

① PLC 的供电电源、输入端传感器的电源、高速脉冲输出端的电源接入请注意一一核对，确保正常供电，以防断路。

② 装置侧接线完毕后，应用绑扎带绑扎，两个绑扎带之间的距离不超过 50mm。电缆和气管应分开绑扎，但当它们都来自同一个移动模块时，允许绑扎在一起。

**2. 传感器的调试**

控制电路接线完成后，采用万用表检测电路是否存在短路情况，若正常，则即可接通电源，对工作单元各传感器进行调试。

原点位置接近开关调试：断电后，将圆盘位置手动旋转至机械零点位置，然后上电，查看接近开关指示灯是否点亮。若没有点亮，则调节开关安装位置直至原点位置合适为止。

### 3. 步进驱动器的参数设置

按照所选用步进电动机的电流、转矩，结合后续程序编写规划，进行步进驱动器上的八位拨码开关设置，具体设置方法分别见表2-4和表2-5。

表2-4　步进驱动器信号输出电流设置表

| 输出峰值电流/A | 输出均值电流/A | SW1 | SW2 | SW3 |
|---|---|---|---|---|
| 1.8 | 1.3 | ON | ON | ON |
| 2.1 | 1.5 | OFF | ON | ON |
| 2.7 | 1.9 | ON | OFF | ON |
| 3.2 | 2.3 | OFF | OFF | ON |
| 3.8 | 2.7 | ON | ON | OFF |
| 4.3 | 3.1 | OFF | ON | OFF |
| 4.9 | 3.5 | ON | OFF | OFF |
| 5.6 | 4 | OFF | OFF | OFF |

表2-5　步进驱动器步数设置表

| 步数 | SW5 | SW6 | SW7 | SW8 |
|---|---|---|---|---|
| 200 | ON | ON | ON | ON |
| 400 | OFF | ON | ON | ON |
| 800 | ON | OFF | ON | ON |
| 1600 | OFF | OFF | ON | ON |
| 3200 | ON | ON | OFF | ON |
| 6400 | OFF | ON | OFF | ON |
| 12800 | ON | OFF | OFF | ON |
| 25600 | OFF | OFF | OFF | ON |
| 1000 | ON | ON | ON | OFF |
| 2000 | OFF | ON | ON | OFF |
| 4000 | ON | OFF | ON | OFF |
| 5000 | OFF | OFF | ON | OFF |
| 8000 | ON | ON | OFF | OFF |
| 10000 | OFF | ON | OFF | OFF |
| 20000 | ON | OFF | OFF | OFF |
| 25000 | OFF | OFF | OFF | OFF |

### 五、6S 整理

在所有的任务都完成后，按照6S职业标准打扫实训场地，6S整理现场标准图如图2-15所示。

整理：要与不要，一留一弃；

整顿：科学布局，取用快捷；

清扫：清除垃圾，美化环境；

清洁：清洁环境，贯彻到底；

素养：形成制度，养成习惯；

安全：安全操作，以人为本。

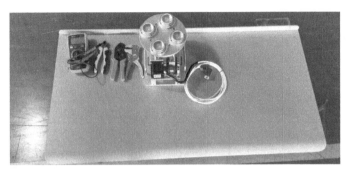

图 2-15　6S 整理现场标准图

## 任务检查与评价（评分标准）

| | 评分点 | 得分 |
|---|---|---|
| 硬件设计<br>连接（50 分） | 能绘制出旋转供料系统电路原理图（20 分） | |
| | 接近传感器安装正确（5 分） | |
| | 接近传感器接线正确（5 分） | |
| | 步进电动机接线正确（5 分） | |
| | 旋转供料系统 PLC 输入/输出接线正确（5 分） | |
| | 会进行步进驱动器的参数设置（10 分） | |
| 安全素养（10 分） | 存在危险用电等情况（每次扣 3 分，上不封顶） | |
| | 存在带电插拔工作站上的电缆、电线等情况（每次扣 3 分，上不封顶） | |
| | 穿着不符合生产要求（每次扣 4 分，上不封顶） | |
| 6S 素养（20 分） | 桌面物品及工具摆放整齐、整洁（10 分） | |
| | 地面清理干净（10 分） | |
| 发展素养<br>（20 分） | 表达沟通能力（10 分） | |
| | 团队协作能力（10 分） | |

## 任务 2　旋转供料系统程序设计

**任务分析**

　　旋转供料系统中的圆盘装置采用步进电动机驱动，因此其旋转的角度、方向以及速度均取决于步进电动机。由于步进电动机采用 PLC 与 DP3L 型的步进电动机驱动器联合控制，因此，其速度主要取决于 PLC 发出的高速脉冲频率，其旋转的角度主要取决于 PLC 发出的高速脉冲个数，其方向主要取决于 PLC 发出的方向控制信号。为此，本任务要求根据系统的控制要求，利用 PLC 实现对旋转圆盘的角位移控制。试完成 PLC 程序的编写并下载调试运行。

## 一、控制要求

1. 系统上电后，若用户按下复位按钮，转盘自动回至原点，原点开关点亮。
2. 若用户按下起动按钮，则转盘自动旋转 90°。

## 二、学习目标

1. 掌握 PLC 编程软件的使用。
2. 掌握 PLC 内部软元件的使用。
3. 掌握 PLC 内部基本指令的使用。
4. 掌握 PLC 高速脉冲输出定位控制指令。
5. 掌握用高速脉冲输出定位控制指令实现旋转供料系统中圆盘的位置控制。

## 三、实施条件

| 硬件准备 | 名称 | 实物 | 数量 |
|---|---|---|---|
| | 旋转供料模块 |  | 1 |

| 软件准备 | 软件 | 版本 | 备注 |
|---|---|---|---|
| | XD 系列 PLC 编程软件 | XDPPro_3.7.4b 及以上 | 软件版本周期性更新 |

**任务准备**

　　XD 系列 PLC 一般具有两路脉冲输出，特殊 PLC 具有 4～10 路脉冲输出，其对应的输出端口分别为 Y0、Y1、Y2、Y3。通过使用不同的高速脉冲输出定位控制指令编程方式，可实现无加速/减速的单向脉冲输出，也可实现带加速/减速的单向脉冲输出，还可实现多段、正反向输出等，输出频率最高可达 100kHz。这里将详细介绍可变频率脉冲输出（PLSF）指令、相对单段定位（DRVI）指令、绝对单段定位（DRVA）指令。

## 一、可变频率脉冲输出（PLSF）指令

### 1. 指令形式

PLSF 指令形式如图 2-16 所示。

在图 2-16 中，当 M0 为 ON 时，执行 PLSF 指令，即从 Y0 输出由用户参数设定的第一套参数输

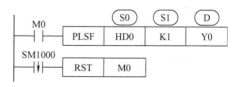

图 2-16　PLSF 指令形式

出 HD0 指定频率的脉冲。

其中，S0 为指定脉冲频率的寄存器地址，即当 HD0 中设定频率改变时，则从脉冲输出端输出的脉冲频率也跟着变化。其频率为正时，正向发脉冲；频率为负时，反向发脉冲。当 HD0 为 0 时，PLSF 停止脉冲输出。输出脉冲结果如图 2-17 所示，即当用户改变脉冲频率后，PLC 将会根据设置的脉冲上升下降斜率动态调节脉冲输出曲线，直到达到设定频率。

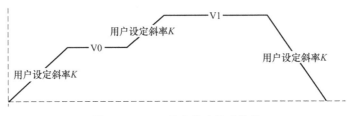

图 2-17　PLSF 指令输出脉冲结果

S1 为指定系统参数块（1～4），这里使用的是第一套参数块，具体设置方法将在下面详细介绍。

D 用于指定脉冲输出端口编号，这里指定的是 Y0 端口输出。

**2. 高速脉冲输出定位控制指令系统参数块的设置**

每个高速脉冲输出端子，都有一块对应的系统参数地址，系统支持设定 4 组不同的参数块。脉冲指令在执行过程中可以从 4 组参数块中选择适合的脉冲参数进行脉冲发送。具体按照哪个参数块发送脉冲，由 S1 参数指定（这里相对于所使用的指令而言）。

系统参数块包括公共参数块和个性化定制的参数块（这个参数块对应于系统参数块套数）。公共参数块主要用来设定脉冲方向逻辑、是否启用软限位功能/软限位正极限值/软限位负极限值、机械回原点默认方向、脉冲单位、脉冲数（1 转）、移动量（1 转）、脉冲类型、脉冲方向端子等；个性化定制的参数块将设定脉冲默认速度/脉冲默认速度加速时间（ms）/脉冲默认速度减速时间（ms）、脉冲加减速模式、最高速度、起始速度/终止速度等。

（1）系统参数块配置的方法

其配置的方法如下：在编程软件 XDPPro 的工具栏区域单击"■"图标，也可以右键单击梯形图中的高速脉冲输出定位控制指令，如 PLSF、DRVI 或者 DRVA、ZRN 等，即会出现如图 2-18 所示的配置界面（以 PLSF 指令为例）。

图 2-18　高速脉冲输出定位控制指令系统参数配置界面

单击图 2-18 中的"参数"按钮，即可出现如图 2-19 所示的界面，用户可以进行系统参数块配置。

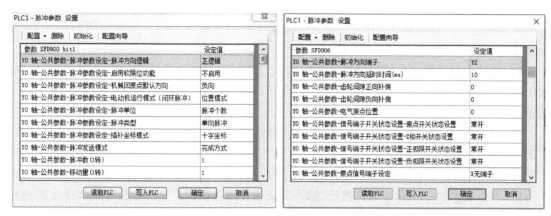

图2-19 系统参数块配置图

（2）公共参数块内部各参数的含义

1）脉冲方向逻辑。脉冲方向逻辑分为正逻辑（默认设置）和负逻辑。所谓"正逻辑"，即表示每段脉冲的脉冲数设定值为正值时，正向发脉冲，脉冲方向端子置 ON；设定值为负值时，反向发脉冲，脉冲方向端子置 OFF。所谓"负逻辑"，即按照上述原理依次类推。

2）启用软限位功能/软限位正极限值/软限位负极限值。所谓"软限位功能"，是指为了防止工作台移动超出行程范围，而在行程正负两端添加坐标轴保护功能。若启用该功能，则需要设置软限位正、负极限值，从而在使用高速脉冲输出定位控制指令时，可以通过脉冲轴当前累积脉冲寄存器数值判断，起到正负硬限位所能起到的保护作用。

例如，若某一机械装置如图2-20所示，当采用步进电动机或伺服电动机驱动该工作台前进或后退时，常规方法是添加左、右极限位开关进行硬件保护，同时还可以启用软限位保护功能。

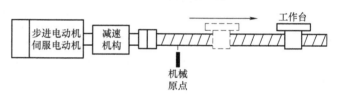

图2-20 软限位保护功能举例用机械装置结构示意图

也就是说，如果在公共参数块中配置启用了软限位功能，同时设置了软限位正极限值，则在调用 PLSR、PLSF、DRVA、DRVI、插补脉冲指令时，如果正向脉冲发送过程中达到软限位正极限值，脉冲将立即以缓停模式停止脉冲发送；如果当前累积脉冲寄存器数值超出软限位正极限值时，正向脉冲将会一直处于被禁止状态，但是可以触发反向脉冲使工作台返回。软限位负极限值的设置含义也可同样类推。

3）脉冲单位、脉冲数（1转）、移动量（1转）。"脉冲单位"默认为脉冲个数，也可以选择单位为当量（1μm、0.01mm、0.1mm、1mm）。

"脉冲数（1转）"是指传动机构转动一圈需要的脉冲数。这里需要注意的是，电动机转动一圈传动机构并不一定转动一圈，因为有些装置还带有减速机构。比如，图2-20所示的机械结构，假设其减速比为1:5，工作台移动一个螺距，则电动机需要旋转5圈。

例如：图2-20中，假设选用的是步进电动机驱动，其驱动器细分数设置为2000，减速比为1:5，要求工作台前进一个螺距，如果选择"脉冲单位"为脉冲个数，则其"脉冲数（1转）"应该设置为10000。

"移动量（1转）"是指传动机构转动一圈带动物体向前的移动量。比如，图2-20所示的机械结构，其"移动量（1转）"就是指滚珠丝杠的螺距为5mm；如果使用的是同步带，则移动量指的是同步带传动轴的周长。

4）脉冲方向端子。在采用脉冲+方向的方式进行步进电动机或伺服电动机驱动时，假设配置的脉冲输出端子为Y0，那么方向端子可以选择除脉冲输出端子以外的其他所有输出端子。

公共参数中其他参数在这里就不再赘述，详情请参考《XD、XL系列可编程控制器用户手册（定位控制篇）》。

（3）个性化定制的参数块内部各参数的含义（这里以第1套参数块为例）

1）第1套参数——脉冲默认速度/脉冲默认速度加速时间（ms）/脉冲默认速度减速时间（ms）。这里的三个参数主要用来定义脉冲加速与减速斜率。

例如：若脉冲单位设置为脉冲个数，脉冲默认速度设置值为1000Hz，脉冲默认速度加速时间设置值为100ms，脉冲默认速度减速时间设置值为200ms，脉冲起始速度、终止速度设置值为0Hz，则表示当脉冲指令处于加速阶段时，脉冲频率加速每增加1000Hz所用的时间为100ms，而当处于减速阶段时，脉冲频率减速每减小1000Hz所用的时间为200ms。如果加速由0Hz加速至5000Hz，则加速时间一共为5000Hz/1000Hz×100ms=500ms；同样加速由5000Hz减速为0Hz，则减速时间一共为5000Hz/1000Hz×200ms=1000ms。

2）第1套参数——最高速度。"最高速度"是指程序中所有脉冲指令在执行第1套参数时，最高的脉冲个数输出频率不能够超过最高速度的设定值，如果超过最高速度的设定值将会按照最高速度的设定值进行运行。

3）第1套参数——起始速度/终止速度。"起始速度"与"终止速度"是指脉冲指令开始执行时的起始频率与结束时的结束频率。一般脉冲的起始速度与终止速度都为0，但是一些特殊的场合需要脉冲刚开始指令从非0的速度开始加速（或者减速），脉冲结束的时候为非0的速度。

**3. PLSF指令使用举例**

如图2-21所示，工作台需要从滚珠丝杠的最左端开始运行至最右端的X10位置，现在X0~X7、X10共9个位置安装了接近开关，速度要求是从最左端开始移动至X0位置速度为V0，X0→X1速度为V1，

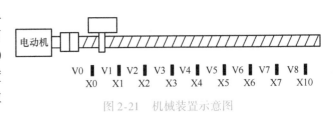

图2-21 机械装置示意图

X1→X2速度为V2，X2→X3速度为V3，X3→X4速度为V4，X4→X5速度为V5，X5→X6速度为V6，X6→X7速度为V7，X7→X10速度为V8，加减速率为1000Hz/100ms，脉冲方向端子为Y2。速度设定值见表2-6。其系统需要发出的脉冲波形如图2-22所示。

表2-6 速度设定值列表

| 序号 | 标号 | 速度/Hz |
| --- | --- | --- |
| 1 | V0 | 1000 |
| 2 | V1 | 2000 |

（续）

| 序号 | 标号 | 速度/Hz |
|:---:|:---:|:---:|
| 3 | V2 | 3000 |
| 4 | V3 | 4000 |
| 5 | V4 | 5000 |
| 6 | V5 | 6000 |
| 7 | V6 | 7000 |
| 8 | V7 | 8000 |
| 9 | V8 | 9000 |

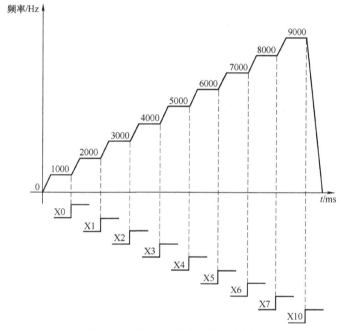

图 2-22 输出的脉冲波形示意图

实现方法：编写如图 2-23 所示梯形图。其脉冲输出端子设定为 Y0，脉冲方向端子设定为 Y2，脉冲单位选择脉冲个数，公共参数块的配置如图 2-24 所示；这里采用的是第 1 套定制化参数块，其加减速率设置为 1000Hz/100ms，具体设置如图 2-25 所示。

## 二、相对单段定位（DRVI）指令

### 1. 指令形式

DRVI 指令形式如图 2-26 所示。其操作数说明见表 2-7。

表 2-7 DRVI 指令的操作数说明表

| 操作数 | 作用 | 类型 |
|:---:|:---:|:---:|
| S0 | 指定输出脉冲个数的数值或软元件地址编号 | 32 位，BIN |
| S1 | 指定输出脉冲频率的数值或软元件地址编号 | 32 位，BIN |

（续）

| 操作数 | 作用 | 类型 |
|---|---|---|
| S2 | 指定脉冲加减速时间数值或软元件地址编号 | 16 位，BIN |
| D0 | 指定脉冲输出端口的编号 | 位 |
| D1 | 指定脉冲方向端口的编号 | 位 |

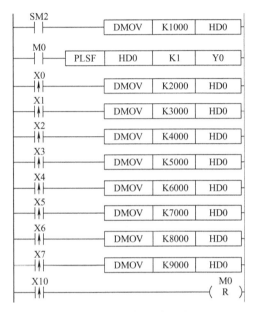

图 2-23　对应的梯形图

| 参数 | 设定值 |
|---|---|
| Y0 轴-公共参数-脉冲参数设定-脉冲方向逻辑 | 正逻辑 |
| Y0 轴-公共参数-脉冲参数设定-启用软限位功能 | 不启用 |
| Y0 轴-公共参数-脉冲参数设定-机械回原点默认方向 | 负向 |
| Y0 轴-公共参数-脉冲参数设定-脉冲单位 | 脉冲个数 |
| Y0 轴-公共参数-脉冲参数设定-插补坐标模式 | 十字坐标 |
| Y0 轴-公共参数-脉冲发送模式 | 完成方式 |
| Y0 轴-公共参数-脉冲数(1转) | 1 |
| Y0 轴-公共参数-移动量(1转) | 1 |
| Y0 轴-公共参数-脉冲方向端子 | Y2 |
| Y0 轴-公共参数-脉冲方向延时时间(ms) | 10 |

图 2-24　对应的 PLSF 指令公共参数块配置

| 参数 | 设定值 |
|---|---|
| Y0 轴-第1套参数-脉冲默认速度 | 1000 |
| Y0 轴-第1套参数-脉冲默认速度加速时间(ms) | 100 |
| Y0 轴-第1套参数-脉冲默认速度减速时间(ms) | 100 |
| Y0 轴-第1套参数-补间加减速时间(ms) | 0 |
| Y0 轴-第1套参数-脉冲加减速模式 | 直线加减速 |
| Y0 轴-第1套参数-最高速度 | 200000 |
| Y0 轴-第1套参数-起始速度 | 0 |
| Y0 轴-第1套参数-终止速度 | 0 |
| Y0 轴-第1套参数-FOLLOW性能参数(1-100) | 50 |
| Y0 轴-第1套参数-FOLLOW前馈补偿(0-100) | 0 |

图 2-25　对应的 PLSF 指令第 1 套
定制化参数块配置图

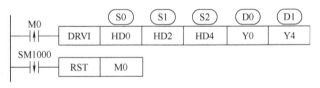

图 2-26　DRVI 指令形式

在图 2-26 中：当 M0 为 OFF→ON 时，由 Y0 端输出 HD2 指令频率的脉冲，发送脉冲数为 HD0。脉冲执行过程中 SM1000 为 ON，当发送完成指定的脉冲个数后，SM1000 变为 OFF 状态。

该指令为相对位置运动指令，即以当前位置为起点，指定移动的方向和移动量（当前位置与目标位置的距离）。

**2. DRVI 指令使用举例**

X 轴的当前坐标为（100，0），现需要以 1000Hz 的速度移动到目标位置（3000，0），可以采用如图 2-27 所示的梯形图实现上述功能。其 Y0 端输出的脉冲波形如图 2-28 所示。

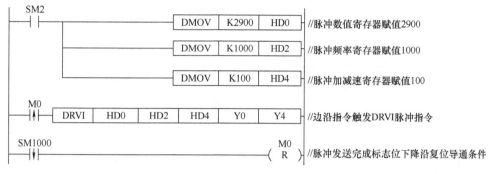

图 2-27  梯形图

## 三、绝对单段定位（DRVA）指令

### 1. 指令形式

DRVA 指令形式如图 2-29 所示。其操作数说明见表 2-8。

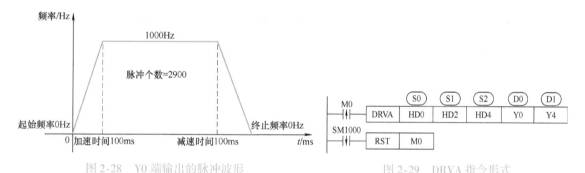

图 2-28  Y0 端输出的脉冲波形 　　　　　图 2-29  DRVA 指令形式

表 2-8  DRVA 指令的操作数说明表

| 操作数 | 作用 | 类型 |
| --- | --- | --- |
| S0 | 指定输出脉冲个数的数值或软元件地址编号 | 32 位，BIN |
| S1 | 指定输出脉冲频率的数值或软元件地址编号 | 32 位，BIN |
| S2 | 指定脉冲加减速时间数值或软元件地址编号 | 16 位，BIN |
| D0 | 指定脉冲输出端口的编号 | 位 |
| D1 | 指定脉冲方向端口的编号 | 位 |

　　　在图 2-29 中：当 M0 为 OFF→ON 时，由 Y0 端输出 HD2 指令频率的脉冲，发送脉冲数为 HD0。脉冲执行过程中 SM1000 为 ON，当发送完成指定的脉冲个数后，SM1000 变为 OFF 状态。

　　　该指令为绝对驱动方式，是指运行至以原点（0 点）为基点的对应位置方式（即目标位置相对于原点的坐标位置），是以原点（0 点）作为参考点。

　　　2. DRVA 指令使用举例

　　　现有一滚珠丝杠导轨工作台（见图 2-30），电动机每转为 5000 个脉冲；X 轴的当前坐标为（100mm, 0），起始速度为 0mm/s，终止速度为 0mm/s，现需要以 15000（30mm/s）的速度移动到目标位置（220mm, 0），其移动的坐标示意如图 2-31 所示。

图 2-30    滚珠丝杠导轨工作台示意图          图 2-31    移动的坐标示意图

可采用如图 2-32 所示的梯形图实现上述功能。该梯形图中，脉冲输出端子为 Y0，方向控制端子为 Y4；由于 HSD0（双字）当前累计脉冲值为 50000（100mm），目标位置为 110000（220mm），所以设置 HD0 为 110000，HD2 为 15000。

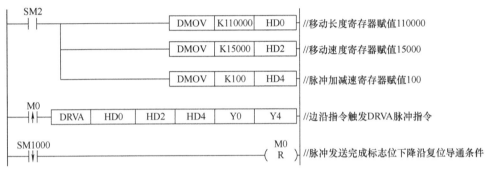

图 2-32    梯形图

**任务实施**

### 一、系统控制分析

通过对旋转供料系统的控制需求分析发现，其控制的难点在于两大动作：第一，按照要求能够自动回原点；第二，能够自动按照用户需求旋转指定的角位移。其程序流程图如图 2-33 所示。

由任务准备中所讲述的 PLC 内部高速脉冲输出定位控制指令可知，回原点可以通过 PLSF 指令或者 ZRN 指令实现，定位控制可以采用相对定位 DRVI 指令或者绝对定位控制 DRVA 指令实现。这里重点介绍利用 PLSF 指令回原点，利用 DRVI 指令进行定位控制的程序编写调试过程。

### 二、程序设计

#### 1. 系统回原点程序实现

根据表 2-3 旋转供料单元 PLC 的 I/O 分配，采用 PLSF 指令实现回原点的程序如图 2-34 所示。当复位按钮按下后，M103 为

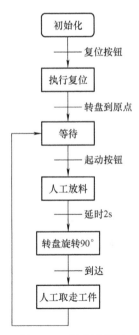

图 2-33    程序流程图

"1"，代表执行复位动作；驱动 PLSF 指令按照指定的脉冲频率输出驱动步进电动机旋转，从而带动圆盘转动，其旋转的频率由 HD0 决定，当前设置频率为 5000Hz。当旋转至原点位置开关 X26 动作时，PLSF 指令断开，步进电动机停止运转，M103 复位为 "0"，代表回原点动作完成。

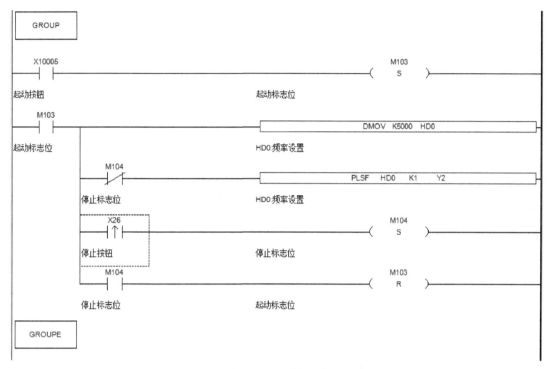

图 2-34　回原点程序

### 2. 系统定位旋转 90° 程序实现

根据表 2-3 旋转供料单元 PLC 的 I/O 分配，采用 DRVI 相对定位控制指令实现定位旋转 90° 控制程序如图 2-35 所示。当用户按下起动按钮 X10003 后，M100 为 "1"，此时若步进电动机不再运转（即 PLC 不再发出高速脉冲，即 SM1020 为 "0"），则定时器延时 2s，当 2s 时间到后，驱动 DRVI 指令执行定位控制，其一次输出的脉冲个数为 5000，脉冲频率当前设置为 3000Hz（**注意**：具体脉冲个数以及脉冲频率根据实际用户需求的角度以及旋转的速度进行设置，这里假定旋转 90° 需要 5000 个脉冲）。当脉冲发送完成后，SM1020 特殊寄存器会产生一个下降沿，从而再次启用延时，延时时间到，再次旋转一定的角度，如此周而复始。

### 三、程序下载和运行

按照任务 1 所陈述的步骤完成步进驱动器参数设置、硬件装接和测试，确认无误后，使用网线连接计算机与 PLC 系统，确认 PLC 的型号为 XDH－60T4－E，并编译正确，将编译好的程序下载到 PLC 中，观察实际运行效果：按下复位按键，旋转圆盘自动回原点，原点指示灯亮；按下起动按钮，旋转圆盘自动旋转 90° 后停止；若再次按下，继续旋转 90° 后停止。若出现上述现象，则系统功能实现。

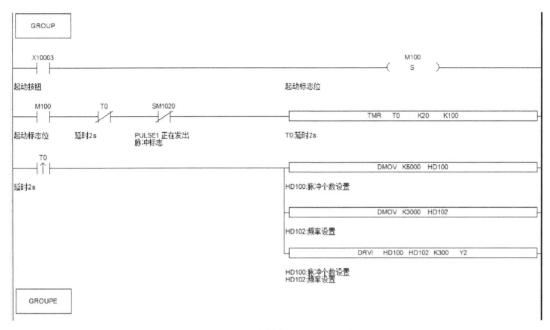

图 2-35　定位旋转 90° 控制程序

完成以上工作后断电，按照任务 1 所述的要求进行 6S 整理。

**注意**：在本项目调试过程中，注意步进电动机驱动器设置的细分数，其决定了旋转 90° 需要发出的高速脉冲个数。

## 任务检查与评价（评分标准）

| 评分点 | | 得分 |
|---|---|---|
| 软件（60 分） | 按下复位按钮后，步进电动机可回到原点位置（10 分） | |
| | 按下复位按钮后，各气缸可回到初始位置（10 分） | |
| | 按下停止按钮后，步进电动机正常停止（10 分） | |
| | 自动模式下，每按一次起动按钮，旋转料盘旋转 90° 并停止（10 分） | |
| | 手动模式下，步进电动机可以进行正反转，速度可设（10 分） | |
| | 旋转供料系统程序调试功能正确（10 分） | |
| 6S 素养（20 分） | 桌面物品及工具摆放整齐、整洁（10 分） | |
| | 地面清理干净（10 分） | |
| 发展素养（20 分） | 表达沟通能力（10 分） | |
| | 团队协作能力（10 分） | |

## 常见问题与解决方式

| 故障类别 | 故障现象 | 原因分析 | 解决方法 |
|---|---|---|---|
| 机械 | 桁架夹爪夹取物料时位置不正确 | 桁架夹爪与旋转台的位置关系不正确 | 调节桁架夹爪位置，使其与供料圆盘位置匹配 |
| | 桁架夹取物料时物料滑脱 | 1. 夹爪内侧的防滑条脱落<br>2. 夹取位置不合理 | 1. 重新贴上防滑条或对物料做防滑处理<br>2. 改善夹取位置 |
| | 各气缸动作检测信号无法接收 | 气缸的位置传感器调节不正确 | 调节位置传感器，保证正常工作 |
| | 库位内有物料但显示无物料 | 物料检测传感器调节不正确 | 调节位置传感器，保证正常工作 |
| 调试 | 供料盘无法准确运动到规定90°位置 | 1. 程序中的脉冲数不正确<br>2. 原点位置不正确 | 1. 重新计算90°对应的脉冲数量并改正<br>2. 保证原点位置与供料出口对齐 |
| | 手动过程中步进电动机不运动 | 1. 运动速度没有设定，默认为0<br>2. PLC处于停止状态<br>3. 没有切换到手动模式 | 1. 设定合理的手动运行速度<br>2. 起动PLC<br>3. 切换到手动模式 |
| | 自动程序无法循环 | 1. 库位中无物料<br>2. 库位中的位置传感器失灵 | 1. 添加物料<br>2. 调节位置传感器，保证正常工作 |

## 行业案例拓展

图2-36所示为料盒输送运行控制系统示意图，其控制要求如下：①料盒输送传送带由步进电动机驱动，电动机正转时传送带将料盒向右传送；②按下开始按钮，若A点传感器检测到料盒到位，则供料装置电磁阀得电，给料盒供给加工件1个，1s后电磁阀失电，供料装置关闭；0.5s后电磁阀再次得电，继续给料盒供给物料，按照这样的规律给料盒总计供料5个

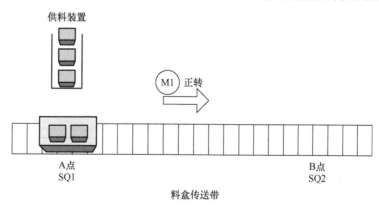

图2-36  料盒输送运行控制系统示意图

后，传送带运行，当到达指定位置 B 点时，传送带停止。若中途按下停止按钮，则等待一个周期的所有动作做完后传送带停止；若任意时刻按下急停按钮，则系统立即停止。试利用信捷 XD 系列 PLC 进行系统软硬件设计，实现上述控制功能需求。

# 任务 3  立体仓库系统控制电路设计

**任务分析**

## 一、控制要求

立体仓库系统主要由步进电动机、机械手、气动滑台、底板等组成，其主要作用是进行物料的自动存储或取料，其机械结构如图 2-37 所示。该立体仓库中，具有 6 个工位，3 行 2 列。取料机械手升降动作由步进电动机驱动，左右移动、手爪伸缩、平台顶升、手臂左右旋转等均是由气缸驱动。其系统要求如下：按下复位按钮后，机械手复位，即手臂放松到位、缩回到位、左旋到位、机械手 Z 轴在原点位置、Y 轴左检测到位。当用户按下起动按钮后，机械手运动至指定工位，工件抓取完成后，右旋将工件送至传送带进行后续作业。现请根据要求完成 PLC 控制系统外部接线图的绘制及硬件安装。

图 2-37  立体仓库系统机械结构
1—库位  2—Y 形夹爪气缸  3—步进电动机  4—直线模组
5—光电开关  6—导杆气缸  7—回转气缸  8—无杆气缸

## 二、学习目标

1. 了解立体仓库系统的机械结构组成。
2. 了解步进运动控制系统的结构组成。
3. 理解气动元件的工作原理。
4. 掌握气路的连接和调试。
5. 掌握接近开关的安装和调试。
6. 掌握机械手爪的手动测试方法。
7. 掌握立体仓库系统的外部接线图绘制。

## 三、实施条件

| | 名称 | 型号 | 数量 |
|---|---|---|---|
| 硬件准备 | 可编程控制器 | XDH－60T4－E | 1 |
| | 触摸屏 | TGM765S－ET | 1 |
| | 步进驱动器 | DP3L－565 | 1 |

| 名称 | 型号 | 数量 |
|---|---|---|
| | 步进电动机 | MP3 - 57H088 | 1 |
| | 电磁阀 | SY3120 - 5LZD - M5 | 4 |
| | 夹爪气缸 | MHC2 - 10D | 1 |
| | 伸缩气缸 | CXSJM10 - 50 | 1 |
| 硬件准备 | 旋转气缸 | MSQB10R | 1 |
| | 滑台气缸 | CY1S20 - 100Z | 1 |
| | 磁性开关 | D - M9BL | 7 |
| | 槽型开关 | PM - 125 | 3 |
| | 直线模组 | SLW - 1040 - BB - 10 - E0030RG - 250 - YL - 19120300 | 1 |
| | 立体仓库 | | 1 |

**任务准备**

### 一、立体仓库系统的工作过程

立体仓库系统的工作过程简单来说，就是进行工件的抓取与放下。在进行工件抓取时，需要满足以下条件：手爪松开到位，机械手到达指定工件位置，然后伸出手臂去夹紧工件；当需要放料时，首先将机械手上移一小段距离，目的就是让工件离开工位；然后缩回手臂，右旋，接着机械手再下移到传输带指定的工件放置位置，伸出手臂，松开手爪；当完成从取料到放料这个过程后，机械手立即复位。复位状态为：手爪放松到位、手臂缩回到位、左旋到位、机械手 Z 轴原点到位、Y 轴左检测到位。

其系统要求为：当用户按复位按钮时，机械手立即复位；当用户按下起动按钮后，机械手需要按照用户指定的工位要求，完成至少一个周期的工件抓放作业。

### 二、立体仓库系统中的气动元件

在立体仓库中含有气动系统。所谓气动系统，就是利用空气压缩机将电动机或其他原动机输出的机械能转变为空气的压力能，然后在控制元件的控制和辅助元件的配合下，通过执行元件把空气的压力能转变为机械能，从而完成直线或回转运动并对外做功。

因此，一般气动系统包含以下四部分：气源装置、控制元件、执行元件、辅助元件。

① 气源装置：用于将原动机输出的机械能转变为空气的压力能。其主要设备是空气压缩机，如图 2-38a 所示的气泵。

② 控制元件：用于控制压缩空气的压力、流量和流动方向，以保证执行元件具有一定的出力和速度并按设计的程序正常工作，如图 2-38b、c 所示的电磁阀。

③ 执行元件：用于将空气的压力能转变为机械能的能量转换装置，如图 2-38d ~ h 所示的各式气缸。

④ 辅助元件：用于辅助保证空气系统正常工作的一些装置，如过滤减压阀（见图 2-38i）、

干燥器、空气过滤器、消声器和油雾器等。

a) 气泵　　　　　　　b) 单向电磁阀　　　　　　c) 双向电磁阀

d) 双杆气缸　　　　　　e) 无杆气缸　　　　　　f) 手指气缸

g) 回转气缸　　　　　　h) 笔形气缸　　　　　　i) 过滤减压阀

图 2-38　常用的气动元件图

### 三、气泵的结构及工作原理

图 2-39 所示为产生气动力源的气泵，是用来产生具有足够压力和流量的压缩空气并将其净化、处理及存储的一套置。气泵内部主要包括空气压缩机、压力开关、过载安全保护器、储气罐、气源开关、压力表、主管道过滤器等。

空气压缩机

压力开关

过载安全保护器

储气罐

气源开关

压力表

主管道过滤器

图 2-39　气泵

## 四、气动执行机构分类以及结构

气动系统常用的执行元件为气缸和气马达。气缸用于实现直线往复运动，气马达用于实现连续回转运动。

气缸主要由缸筒、活塞杆、前后端盖及密封件等组成，图2-40所示为普通型单活塞双作用气缸结构。

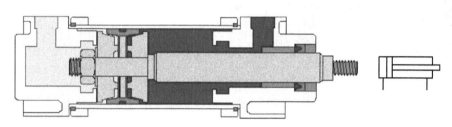

图2-40　普通型单活塞双作用气缸结构

所谓双作用是指活塞的往复运动均由压缩空气来推动。在单伸出活塞杆的动力缸中，因活塞右边的面积较大，当空气压力作用在右边时，提供的是慢速的和作用力大的工作行程；返回行程时，由于活塞左边的面积较小，所以速度较快而作用力变小。此类气缸的使用最为广泛，一般用于包装机械、食品机械、加工机械等设备上。

回转物料台的主要器件是气动摆台，它是由直线气缸驱动齿轮齿条实现回转运动的。回转能在0°～90°和0°～180°任意调节，而且可以安装磁性开关，检测旋转到位信号，多用于方向和位置需要变换的机构，如图2-41所示。

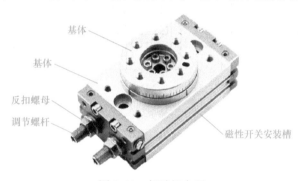

图2-41　气动摆台图

## 五、气动控制元件的结构及作用

气动控制元件按其作用和功能来分，通常分为压力控制阀、流量控制阀和方向控制阀。

（1）压力控制阀

经常使用到的压力控制阀有减压阀和溢流阀。

① 减压阀的作用是降低由空气压缩机带来的压力，以适于每台气动设备的需要，并使这一部分压力保持稳定。减压阀的结构、实物图和图形符号如图2-42所示。

② 溢流阀的作用是当系统压力超过调定值时，系统自动排气，使系统的压力下降，以保证系统安全，故也称其为安全阀。图2-43所示是安全阀的工作原理图及图形符号。

（2）流量控制阀

节流阀就是一种流量控制阀。它是通过将空气的流通截面缩小以增加气体的流通阻力，从而降低气体的压力和流量。节流阀的结构如图2-44所示，阀体上有一个调整螺钉，可以调节节流阀的开口度（无级调节），并可保持其开口度不变，此类阀称为可调节开口节流阀。

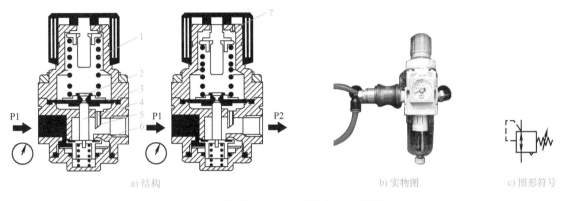

a) 结构　　　　　　　　　　　　　　　b) 实物图　　　　　　c) 图形符号

图 2-42　减压阀的结构、实物图和图形符号

1—调压弹簧　2—泄流阀　3—膜片　4—阀杆　5—反馈导杆　6—主阀　7—溢流口

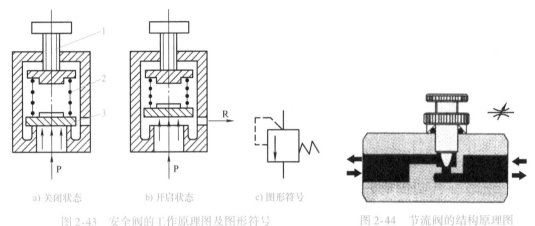

a) 关闭状态　　　　b) 开启状态　　　　c) 图形符号　　　　　图 2-44　节流阀的结构原理图

图 2-43　安全阀的工作原理图及图形符号

1—旋钮　2—弹簧　3—活塞

可调节开口节流阀常用于调节气缸活塞运动速度，可直接安装在气缸上，这种节流阀有双向节流作用。使用节流阀时，节流面积不宜太小，因为空气中的冷凝水、尘埃等易塞满阻流口通路从而引起节流量的变化。

为了使气缸的动作平稳可靠，气缸的作用气口都安装了限出型气缸节流阀。气缸节流阀的作用是调节气缸的动作速度。节流阀上带有气管的快速接头，只要将合适外径的气管往快速接头上一插就可以将管连接好了，使用时十分方便。图 2-45 所示是安装了带快速接头的限出型气缸节流阀的气缸外观。

双动气缸装有两个限出型气缸节流阀，节流阀的连接和调整如图 2-46 所示，调节节流阀 B 时，是调整气缸的伸出速度；而调节节流阀 A 时，是调整气缸的缩回速度。

（3）方向控制阀

方向控制阀是用来改变气流流动方向或通断的控制阀，通常使用的是电磁阀。

电磁阀是利用其电磁线圈通电时，静铁心对动铁心产生电磁吸力使阀芯切换，以达到改变气流方向的目的。单电控二位三通电磁换向阀的工作原理示意如图 2-47 所示。

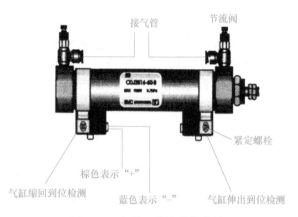

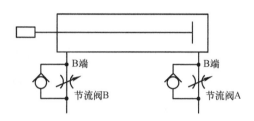

图 2-45 安装了带快速接头的
限出型气缸节流阀的气缸外观图

图 2-46 节流阀连接和调整图

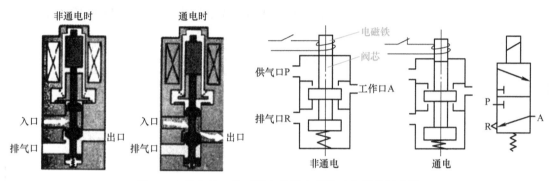

图 2-47 单电控二位三通电磁换向阀的工作原理示意图

所谓"位"指的是为了改变气体方向,阀芯相对于阀体所具有的不同的工作位置。"通"则指换向阀与系统相连的通口,有几个通口即为几通。在图 2-47 中,只有两个工作位置,且具有供气口 P、工作口 A 和排气口 R,故为二位三通阀。

二位三通、二位四通和二位五通单向电控电磁阀的图形符号如图 2-48 所示,图形中有几个方格就是几位,方格中的"⊤"和"⊥"符号表示各接口互不相通。

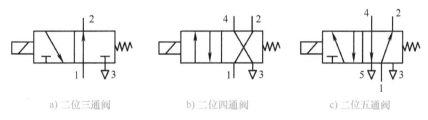

a) 二位三通阀    b) 二位四通阀    c) 二位五通阀

图 2-48 部分单向电控电磁阀的图形符号图

若执行气缸为双作用气缸,则控制该气缸工作的电磁阀需要有两个工作口和两个排气口及一个供气口,故使用的电磁阀应为二位五通电磁阀。

若一个系统中有多个气缸需要控制,则可以采用电磁阀组连接形式。电磁阀组就是将多个阀与消声器、汇流板等集中在一起构成的一组控制阀的集成，而每个阀的功能是彼此独立的。

除单向电控电磁阀外，还有一种称为双向电控电磁阀。其与单向电控电磁阀的区别在于：对于单向电控电磁阀，在无电控信号时，阀芯在弹簧力的用下会被复位；而对于双向电控电磁阀，在两端都无信号时，阀芯的位置是取决于前一个电控信号的。

## 一、立体仓库系统输入/输出信号

根据立体仓库系统的控制要求可知，取料机械手的手爪伸缩、夹紧放松、左右旋转以及气动滑台的顶升下降等动作均由单电控二位三通电磁换向阀驱动气缸动作实现，而其到位信号均由磁性开关检测。由此可知，其需要配置有 4 路开关量输出和 7 路开关量输入；而取料机械手的 $Z$ 轴升降则由步进电动机驱动，该 $Z$ 轴方向设有上下极限开关以及原点位置开关，为此，该 $Y$ 轴控制需要配置有 1 路高速脉冲输出、1 路脉冲方向控制、3 路位置开关信号输入。综合上述分析，结合用户按钮动作需求，可知立体仓库系统需要有 12 路输入信号、6 路输出信号，具体见表 2-9。

表 2-9　立体仓库系统输入/输出信号表

| 序号 | 输入信号 | 序号 | 输出信号 |
| --- | --- | --- | --- |
| 1 | $Z$ 轴原点 | 1 | 步进驱动器脉冲信号 |
| 2 | $Z$ 轴下限位 | 2 | 步进驱动器脉冲方向 |
| 3 | $Z$ 轴上限位 | 3 | 手爪旋转阀 |
| 4 | $Y$ 轴左限位 | 4 | 手爪伸出阀 |
| 5 | $Y$ 轴右限位 | 5 | 手爪夹紧阀 |
| 6 | 左旋到位 | 6 | 气动滑台阀 |
| 7 | 右旋到位 | | |
| 8 | 伸出到位 | | |
| 9 | 缩回到位 | | |
| 10 | 夹紧检测 | | |
| 11 | "起动" 按钮 | | |
| 12 | "复位" 按钮 | | |

## 二、立体仓库系统 I/O 口的分配

根据对立体仓库控制需求分析，结合表 2-9 所示的输入/输出信号，确定立体仓库系统的 I/O 口的分配见表 2-10。

表 2-10　立体仓库系统 I/O 口的分配表

| 输入信号 | | | | 输出信号 | | | |
|---|---|---|---|---|---|---|---|
| 序号 | PLC 输入点 | 信号名称 | 信号来源 | 序号 | PLC 输出点 | 信号名称 | 信号输出目标 |
| 1 | X14 | Z轴原点 | 装置侧 | 1 | Y1 | 脉冲 | 脉冲 |
| 2 | X15 | Z轴下限位 | | 2 | Y5 | 方向 | 方向 |
| 3 | X16 | Z轴上限位 | | 3 | Y14 | 手爪旋转阀 | 手爪旋转阀 |
| 4 | X17 | Y轴左限位 | | 4 | Y15 | 手爪伸出阀 | 手爪伸出阀 |
| 5 | X20 | Y轴右限位 | | 5 | Y16 | 手爪夹紧阀 | 手爪夹紧阀 |
| 6 | X21 | 左旋到位 | | 6 | Y17 | 气动滑台阀 | 气动滑台阀 |
| 7 | X22 | 右旋到位 | | | | | |
| 8 | X23 | 伸出到位 | | | | | |
| 9 | X24 | 缩回到位 | | | | | |
| 10 | X25 | 夹紧检测 | | | | | |
| 11 | X10003 | "起动" 按钮 | 按钮/指示灯模块 | | | | |
| 12 | X10005 | "复位" 按钮 | | | | | |

## 三、接线原理图设计

根据表 2-10 确立的系统输入/输出分配，设计出立体仓库单元 PLC 的输入/输出接线如图 2-49 所示，对应的步进电动机驱动电路接线原理图如图 2-50 所示。

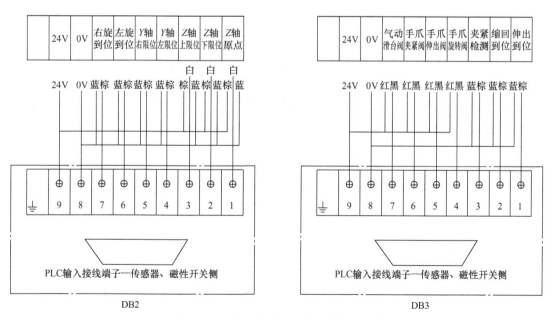

图 2-49　立体仓库系统快换口接线原理图

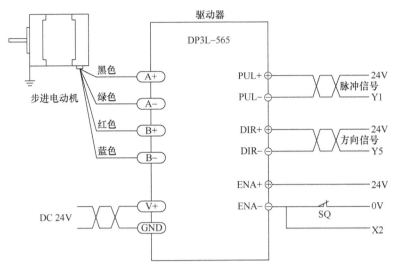

图 2-50  立体仓库系统步进电动机驱动电路接线原理图

### 四、气路、电路装调与测试

1）气路装调：按照气动原理图（见图 2-51）规范连接，并逐个核对气路连接的正确性。然后，打开气泵，依次利用电磁阀上的手动调试按钮进行手动测试，查看气缸动作的方向以及速度是否符合系统工作要求。

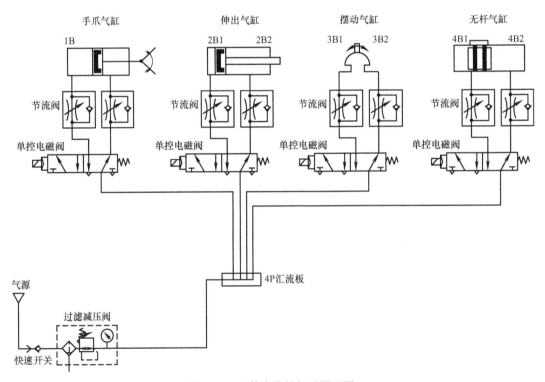

图 2-51  立体仓库的气动原理图

2）电气装调：按如图 2-49、图 2-50 所示的原理图进行电路连接，利用万用表进行检测。将 PLC 置为 STOP 模式，确认电源连接无误后，通电，依次进行输入/输出点位的再次核对。

3）进行步进电动机驱动器的参数设置：按照系统工作要求设定合适的工作电流、细分数等。

4）完成以上工作，断电，排气，按照任务 1 所述的要求进行 6S 整理。

### 五、6S 整理

在所有的任务都完成后，按照 6S 职业标准打扫实训场地，6S 整理现场标准如图 2-52 所示。

整理：要与不要，一留一弃；
整顿：科学布局，取用快捷；
清扫：清除垃圾，美化环境；
清洁：清洁环境，贯彻到底；
素养：形成制度，养成习惯；
安全：安全操作，以人为本。

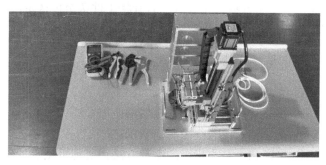

图 2-52　6S 整理现场标准图

## 任务检查与评价（评分标准）

| 评分点 | | 得分 |
|---|---|---|
| 硬件设计<br>连接（50 分） | 能绘制出立体仓库供料系统电路原理图（20 分） | |
| | 接近传感器安装正确（5 分） | |
| | 接近传感器接线正确（5 分） | |
| | 步进电动机接线正确（5 分） | |
| | 立体仓库供料系统 PLC 输入/输出接线正确（5 分） | |
| | 会进行步进驱动器的参数设置（10 分） | |
| 安全素养（10 分） | 存在危险用电等情况（每次扣 3 分，上不封顶） | |
| | 存在带电插拔工作站上的电缆、电线等情况（每次扣 3 分，上不封顶） | |
| | 穿着不符合生产要求（每次扣 4 分，上不封顶） | |
| 6S 素养（20 分） | 桌面物品及工具摆放整齐、整洁（10 分） | |
| | 地面清理干净（10 分） | |
| 发展素养（20 分） | 表达沟通能力（10 分） | |
| | 团队协作能力（10 分） | |

# 任务 4　立体仓库系统程序设计

## 一、控制要求

系统的控制要求如下：按下复位按钮后，机械手复位，即手臂放松到位、缩回到位、左旋到位、机械手 Z 轴在原点位置、Y 轴左检测到位。当用户按下起动按钮后，机械手运动至指定工位，工件抓取完成后，右旋将工件送至传送带进行后续作业。现请根据要求完成 PLC 程序设计，结合硬件进行系统联调，完成控制功能。

## 二、学习目标

1. 掌握顺序设计法。
2. 掌握 PLC 内部状态寄存器的使用方法。
3. 掌握 PLC 的流程控制指令用法。
4. 掌握 PLC 基本指令的编程方法，实现机械手爪的动作控制。
5. 掌握 PLC 高速脉冲定位控制指令的编程方法，实现机械手 Z 轴方向的位置控制。
6. 掌握 PLC 编程实现立体仓库控制要求的方法。
7. 掌握 PLC 控制系统的软硬件设计流程。
8. 熟悉 PLC 内部的特殊寄存器。

## 三、实施条件

| | 名称 | 实物 | 数量 |
|---|---|---|---|
| 硬件准备 | 立体仓库装置 | | 1 |
| | 软件 | 版本 | 备注 |
| 软件准备 | XD 系列 PLC 编程软件 | XDPPro_3.7.4a 及以上 | 软件版本周期性更新 |

## 一、顺序控制设计法简介

旋转供料系统采用了经验设计法进行编程设计。但是，经验设计法没有一套固定的步骤可循，具有很大的试探性和随意性。在设计复杂系统的梯形图时，用大量的中间单元来完成记忆、连锁和互锁等功能，由于需要考虑的因素很多，这些因素又往往交织在一起，分析起来非常困难；并且修改某一局部程序时，可能对系统的其他部分产生意想不到的影响，往往花了很长时间得不到满意的结果。所以用经验法设计出的梯形图不易阅读，系统维修和改进也比较困难。

顺序控制设计法是一种先进的设计方法，很容易被初学者接受，有经验的工程师使用顺序控制设计法，也会提高设计的效率，程序调试、修改和阅读也更方便。

所谓顺序控制，就是按照工艺预先规定的顺序，在各个输入信号的作用下，根据内部状态和时间的顺序，生产过程的各个执行机构自动有序地进行操作。使用顺序控制设计法，一般是先根据系统的工艺过程，画出顺序功能图，然后根据顺序功能图，利用流程控制指令转换成梯形图。

### 二、顺序控制流程指令的使用

#### 1. SET、ST、STL、STLE 流程指令

SET 指令的作用是打开指定流程，关闭所在流程；而 ST 指令则为打开指定流程，不关闭所在流程；SET 指令为流程开始指令；STLE 指令为流程结束指令。这四大流程指令的操作数均为状态继电器 S。

在使用 SET、ST、STL、STLE 流程指令时，需要注意以下几点：

① STL 与 STLE 必需配对使用。STL 表示一个流程的开始，STLE 表示一个流程的结束。

② 每一个流程书写都是独立的，写法上不能嵌套书写。在流程执行时，不一定要按 S0、S1、S2、…的顺序执行，流程执行的顺序在程序中可以按需求任意指定，可以先执行 S10 再执行 S5，再执行 S0。

③ 执行 SET Sxxx 指令后，指定的流程为 ON。

④ 执行 RST Sxxx 指令后，指定的流程为 OFF。

⑤ 在流程 S0 中，SET S1 将所在的流程 S0 关闭，并将流程 S1 打开。

⑥ 在流程 S0 中，ST S2 将流程 S2 打开，但不将流程 S0 关闭。

⑦ 流程从 ON 变为 OFF 时，流程中所属的 OUT、PLS、PLF、不累计定时器等将置 OFF 或复位，SET、累计定时器等将保持原有状态。

⑧ ST 指令一般在程序需要同时运行多个流程时使用。

⑨ 在流程中执行 SET Sxxx 指令后，跳转到下一个流程，原流程中的脉冲指令也会关掉（包括单段、多段、相对、绝对、原点回归）。

#### 2. 流程指令使用举例

假设某一系统的顺序功能图如图 2-53 所示。系统运行后，即开始执行流程 S0；当 M0 动作后，同时激活分支流程 S10 和 S20，直到 S10、S11、S12 这一分支流程运行结束，而且 S20、S21、S22 这一分支流程也运行结束之后，才再合并运行流程 S30，其流程动作情况如图 2-54 所示，利用流程指令可以转化为如图 2-55 所示的步进梯形图。

### 三、高速脉冲输出定位控制指令

#### 1. 机械回零指令

（1）指令形式

机械回零（ZRN）指令形式如图 2-56 所示。

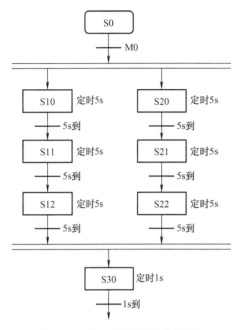

图 2-53　某一系统的顺序功能图

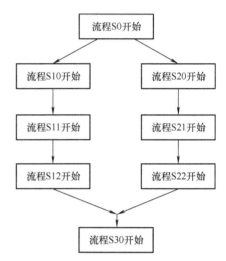

图 2-54　某一系统的流程变化示意图

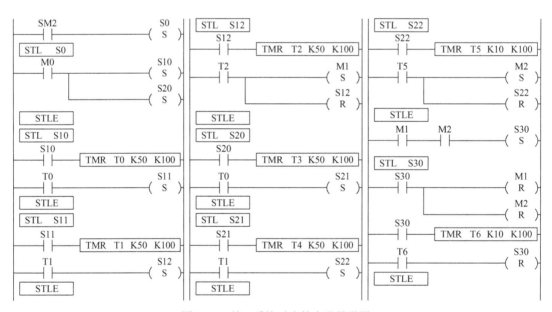

图 2-55　某一系统对应的步进梯形图

图 2-56 中，当 M0 由 OFF→ON 时，按照 S 所指定的系统参数块（K1 就是指第一套系统参数块）执行 ZRN 指令，即使 M0 断开，回零动作仍正常进行，直至回到机械原点。回零过程中，Y0 对应的发脉冲标志位 SM1000 置 ON，脉冲发送完毕，SM1000 置 OFF。其中：S 为指定的系统参数块地址编号，数据类型为双字；D 为指定脉冲输出端口的编号，即高速脉冲输出端口号。

图 2-56　机械回零指令形式图

在执行回零动作过程中，系统的机械回原点默认方向、脉冲方向端子、原点信号端子、正负极限信号端子、速度等参数需要在系统参数块中进行设置。根据任务 2 中所讲述的相关内容可知，PLC 内置有 4 套系统参数块，可供用户根据需求进行设置。其系统参数块包含有公共参数配置模块以及指定参数块配置模块。而要设置回零动作的相关系统参数一般按照以下步骤进行：

1）按照指令格式写指令，具体如图 2-57 所示，右击 ZRN 指令，弹出如图 2-58 所示的参数配置界面。

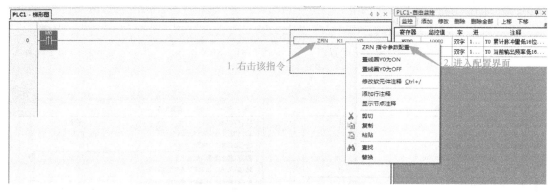

图 2-57　ZRN 指令系统参数配置界面图

2）配置回原点参数。

① 机械回原点默认方向、脉冲方向端子、原点信号端子、正负极限端子在公共参数中配置，分别如图 2-59 ~ 图 2-61 所示。

图 2-58　ZRN 指令配置参数界面图

图 2-59　ZRN 指令机械回原点默认方向配置

② 回归速度 VH、爬行速度 VC 可在公共参数中配置，或在指令中指定参数块中配置。加减速时间在指定参数块中配置。图 2-61 中所举的例子指定系统参数块为 K1，则在第一套参数块中配置，配置方法如图 2-62 和图 2-63 所示。

图 2-60　ZRN 指令脉冲方向端子配置图

图 2-61　ZRN 指令原点信号、正负极限端子配置图

图 2-62　ZRN 指令回原点速度配置图

图 2-63　ZRN 指令回原点加减速时间配置图

③ 配置完后，写入 PLC，单击"确定"即可。

（2）机械回原点动作过程解析举例

在执行机械回原点时，需要根据工作台所在具体位置进行具体动作过程分析，其存在以下几种可能性：工作台处于区域②；工作台处于区域①。这里以工作台处于区域②，且工作台处于原点和正限位之间反向执行回原点为例，进行具体动作过程解析（见图 2-64）。其他回原点动作过程请参考 PLC 的用户手册。

动作流程如下：

① 当原点回归动作起动时，先以设定的加速斜率进行加速，加速到原点回归速度后以原点回归速度向机械原点方向后退。

② 当遇到机械原点信号上升沿时，以设定的减速斜率做减速动作，直到减速至完全静止为止（频率 =0）。

③ 延时（SFD 中的方向延时时间），再以设定的加速斜率做加速运行，直至达到爬行速度向前移动，在离开机械原点信号下降沿的瞬间停止归零动作（如果设置有 Z 相脉冲时，在离开原点信号下降沿后开始对 Z 相计数，计数到时立即停止归零动作）。

④ 如果设置了"归零清除 CLR 信号"，则立即输出清除信号并且延时，最后将机械原点位置值复制至目前位置，归零动作即完成。

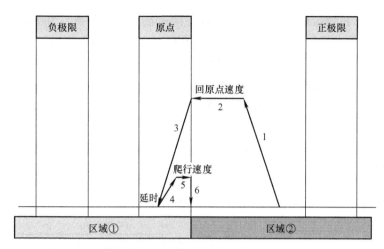

图2-64　工作台处于区域②机械回原点动作过程详细解析图

**2. 脉冲停止指令**

脉冲停止（STOP）指令形式如图2-65所示。

图2-65中，当M0由OFF→ON时，PLSR指令在Y0输出脉冲；当输出脉冲个数达到设定值时，停止脉冲输出。若在发送脉冲的过程中，M1上升沿出现时，STOP指令立即停

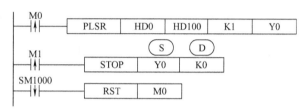

图2-65　脉冲停止指令形式图

止Y0口的脉冲输出。当脉冲停止发送时，SM1000将会出现下降沿，直接复位M0。其中，S用来指定停止脉冲输出端口的编号，D用来指定脉冲停止的方式，若为0，则代表缓停，若为1，则代表急停。缓停与急停的模式图分别如图2-66和图2-67所示。当采用缓停模式时，按照下降斜率停止，脉冲当前频率降到脉冲终止频率或者所在脉冲段脉冲个数全部发送完毕停止脉冲输出。而若是采用急停模式时，则立即停止脉冲输出。

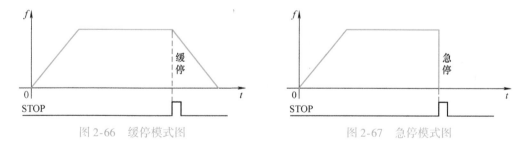

图2-66　缓停模式图　　　　　　　　　图2-67　急停模式图

**3. 定位控制指令使用举例**

某工作台设有原点位置开关、左右极限开关。其运动主要由DP3L－565步进驱动器和MP3－57H088步进电动机联合驱动。系统选择采用PLC对工作台的运动时序进行控制。要求如下：

1）当按下原点回归按钮后，工作台自动回原点。

2）当用户按下点动前进或后退按钮后，工作台按照10000Hz的速率点动运行。

3）若用户按下正转定位按钮，则工作台正向运行至绝对位置（50000，0）；若按下反转定位按钮，则工作台反向运行至绝对位置（100，0）。其运动轨迹如图2-68所示。

4）若用户按下停止按钮，则工作台停止运行。

此处利用PLC的高速脉冲输出定位控制指令实现上述要求。假设系统的I/O分配见表2-11，则依据前述的脉冲输出定位控制指令用法，利用顺序设计法，可以设计出如图2-69所示梯形图。

表2-11　系统的I/O分配表

| 信号名称 | 输入/输出编号 |
|---|---|
| 脉冲输出端口 | Y0 |
| 脉冲方向端口 | Y2 |
| 停止按钮 | X1 |
| 原点回归按钮 | X4 |
| 点动前进按钮 | X5 |
| 点动后退按钮 | X6 |
| 正转定位按钮 | X7 |
| 反转定位按钮 | X10 |
| 原点限位开关 | X3 |
| 正向限位开关 | X11 |
| 反向限位开关 | X12 |

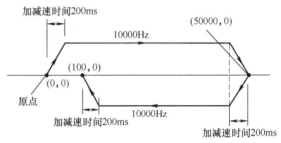

图2-68　运动轨迹示意图

#### 4. 脉冲输出相关线圈与寄存器

这里以Y1端口为例，介绍一下脉冲输出相关线圈与寄存器的功能，其描述见表2-12。在进行故障排查或者脉冲输出状态监测时可用。其余端口请参考使用手册。

表2-12　Y1端口脉冲输出相关线圈与寄存器的功能及说明

| 编号 | 功能 | 说明 | 输出端子 |
|---|---|---|---|
| SM1020 | 正在发出脉冲标志 | 脉冲输出中，为1 | |
| SM1021 | 方向标志 | 1为正方向，对应方向口输出为ON | |
| SM1030 | 脉冲错误标记 | 错误，为ON | |
| SD1022 | 当前次脉冲量低16位 | 单位为脉冲个数 | |
| SD1023 | 当前次脉冲量高16位 | 单位为脉冲个数 | |
| SD1026 | 当前输出频率低16位 | 单位为脉冲个数 | |
| SD1027 | 当前输出频率高16位 | 单位为脉冲个数 | Y1 |
| SD1030 | 脉冲错误信息 | 1：脉冲数据段配置错误<br>2：当量模式下，脉冲数/转、移动量/转为0<br>3：系统参数块号错误<br>4：脉冲参数块号超过最大限制<br>5：碰到正极限信号后停止<br>6：碰到负极限信号后停止 | |

（续）

| 编号 | 功能 | 说明 | 输出端子 |
|---|---|---|---|
| SD1030 | 脉冲错误信息 | 10：原点回归未设置原点信号<br>11：原点回归速度 VH 为 0<br>12：原点回归爬行速度 VC 为 0 或 VC≥VH<br>13：原点回归时原点信号出错 | Y1 |

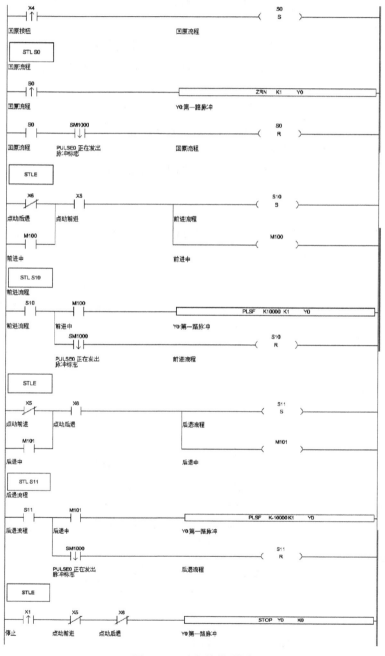

图 2-69 对应的梯形图

## 一、系统控制分析

由前述的立体仓库系统的控制要求可知，该系统需要控制的对象有：手爪旋转阀、手爪伸出阀、手爪夹紧阀、气动滑台阀以及步进电动机等。手爪旋转阀主要用来控制取料机械手的左旋和右旋动作，手爪伸出阀主要用来控制取料机械手臂的伸出与缩回动作，手爪夹紧阀主要用来控制手爪的夹紧与放松。这些电磁阀均采用了单向电控阀。步进电动机主要用来控制取料机械手在 $Z$ 轴方向的位置。

通过分析可以发现，立体仓库系统的 PLC 程序设计的关键包括了以下三个主要部分：一是系统如何复位。系统复位不仅有电磁阀的逻辑控制，还有机械手的 $Z$ 轴回原点控制。二是机械手进行取件的完整动作过程。这是一个顺序控制的过程，其取件的动作流程是什么？如何绘制顺序功能图？是否可以采用清晰的顺序控制法来编程实现？三是机械手 $Z$ 轴上升、下降的控制以便达到对应的工位。因为整个立体仓库有 3 层，每层有两个工位。那么机械手需要到指定层去取料，其核心就是 $Z$ 轴的精确定位。根据前面的任务实践可知，需要用到高速脉冲输出定位控制指令，其位移是采用相对位置还是绝对位置可以自由设定。

## 二、系统工作流程图绘制

通过对立体仓库系统的控制要求具体分析发现，若系统需要按照用户的取料个数完成取料动作，取料由第一层左边的第一个工位开始，依次取料。其系统的工作流程如图 2-70 所示。

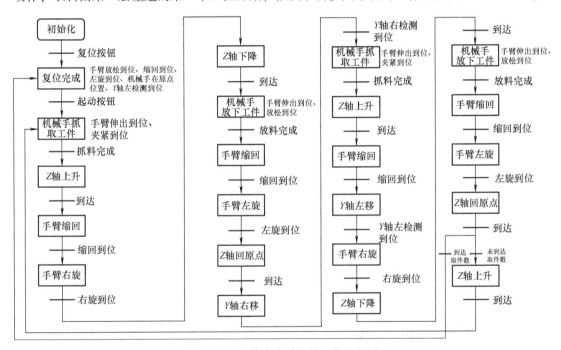

图 2-70　立体仓库系统的工作流程图

系统正常上电后，处于初始状态，等待用户发送指令。若用户按下复位按钮，则检查立体仓库的各个执行机构是否在原位，如不是，则起动相关动作，使手臂放松到位、缩回到位、左旋到位、机械手 Z 轴在原点位置、Y 轴左检测到位，即手爪旋转阀、手爪伸出阀、手爪夹紧阀、气动滑台阀均要失电。同时，PLC 需要执行回原点动作。若系统已经回原点，假设用户按下起动按钮，则根据取料的位置决定 Z 轴是否需要动作。若是取第一层的料，则机械手 Z 轴处于零位。若是取第二层的料，则需要根据机械装置的结构以及设置的步进电动机细分数确定其 Z 轴的绝对坐标。若是取第三层的料，也是如此。假设取料机械手已经达到指定工位层，那么机械手需要伸出手臂，夹紧工件，然后 Z 轴上升一定的距离使得工件离开工位，然后手臂缩回，右旋到位后，机械手 Z 轴方向下降至传送带工件位置，伸出手臂，松开手爪放下工件，然后缩回手臂，右旋到位后，机械手 Z 轴方向回原点。若已经达到用户指定取料个数，则系统停止；若没有达到，则机械手 Z 轴方向上升至指定工件层位后，进入下一周期取料动作。

### 三、程序设计

分析前面对系统的控制要求，确定立体仓库系统工作主要分为两个关键模块：复位模块和自动抓放料模块。

#### 1. 系统复位模块程序设计

在复位模块中，关键问题就是机械手的 Z 轴回原点，需要调用 ZRN 指令。在调用 ZRN 指令时，需要重点注意的是根据系统配置进行系统参数块的设置。PLC 高速脉冲输出自带有 4 个系统参数块，在调用 ZRN 指令时需要指定使用第几套系统参数块。本程序中使用第一套系统参数块。系统参数块包含公共参数配置模块和指定参数块配置模块。在公共参数配置模块中，主要进行回原点默认方向、脉冲方向端子、原点信号端子、正负极限端子等设置。Y1 端脉冲输出公共参数配置列表见表 2-13。

表 2-13　Y1 端脉冲输出公共参数配置列表

| 参数 | 设定值 |
|---|---|
| Y1 轴-公共参数-脉冲设定-脉冲方向逻辑 | 正逻辑 |
| Y1 轴-公共参数-脉冲设定-机械回原点默认方向 | 负向 |
| Y1 轴-公共参数-脉冲方向端子 | Y5 |
| Y1 轴-公共参数-信号端子开关状态设置-原点开关状态设置 | 常开 |
| Y1 轴-公共参数-信号端子开关状态设置-正极限开关状态设置 | 常开 |
| Y1 轴-公共参数-信号端子开关状态设置-负极限开关状态设置 | 常开 |
| Y1 轴-公共参数-原点信号端子设定 | X14 |
| Y1 轴-公共参数-正极限端子设定 | X15 |
| Y1 轴-公共参数-负极限端子设定 | X16 |
| Y1 轴-公共参数-回归速度 VH | 5000 |
| Y1 轴-公共参数-爬行速度 VC | 800 |

详细分析前面绘制系统工作流程图，结合 PLC 端 I/O 分配设置，设计复位模块的梯形图如图 2-71 所示。

图 2-71 中，若操作 HMI 中的停止或者按钮模块上的停止、急停按钮，则系统所有状态均复位，同时 Y1 端口停止脉冲输出。若操作的是复位按钮，则让 Y14 - Y17 输出失电，同时，让机械手 Z 轴回原点，Y1 端输出高速脉冲，当到达原点位置后，给出到达原点状态指示。

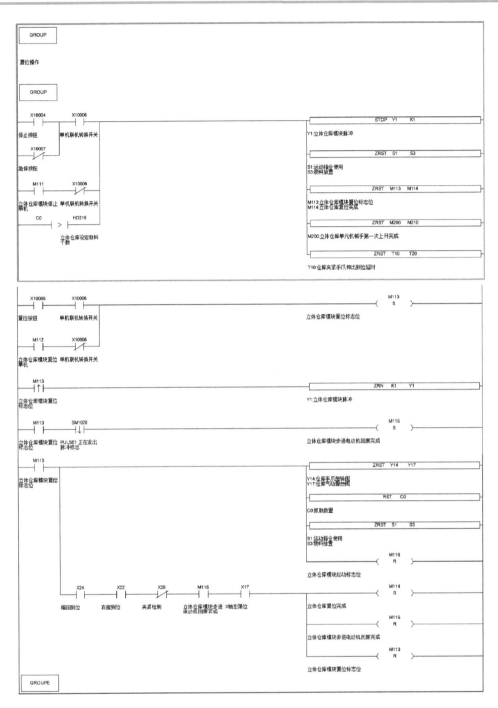

图 2-71 立体仓库系统复位模块 PLC 程序图

**2. 系统自动抓放料模块程序设计**

若立体仓库系统已经回原点，则假设用户按下起动按钮，则自动进行抓放料。根据图 2-70 所示的系统工作流程，结合表 2-10 所确立的 PLC 端 I/O 分配设置，利用顺序设计法，设计出的自动抓放料模块的 PLC 梯形图如图 2-72 所示。

图 2-72 中，当用户按下起动按钮后，置位 M116，标志进入自动抓放料模式。首先进入

S2 流程。S2 流程主要完成以下工作：①相关参数设置：工件第一层、第二层和第三层的脉冲个数，以及机械手升降的速度。若取件已经达到用户指定个数，则停止工作。②完成抓料动作并将机械手左旋到位。

当左旋到位后，再进入 S3 流程。S3 流程主要完成以下工作：①机械手下降至传送带工件位置；②在传送带上没有工件的情况下，完成工件的放下作业。

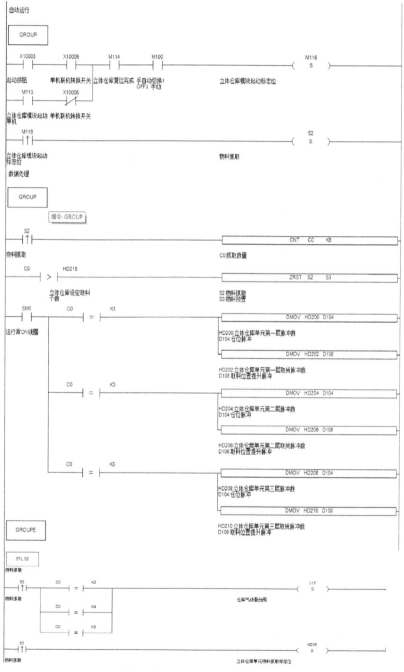

图 2-72　立体仓库系统自动抓放料模块的 PLC 程序图

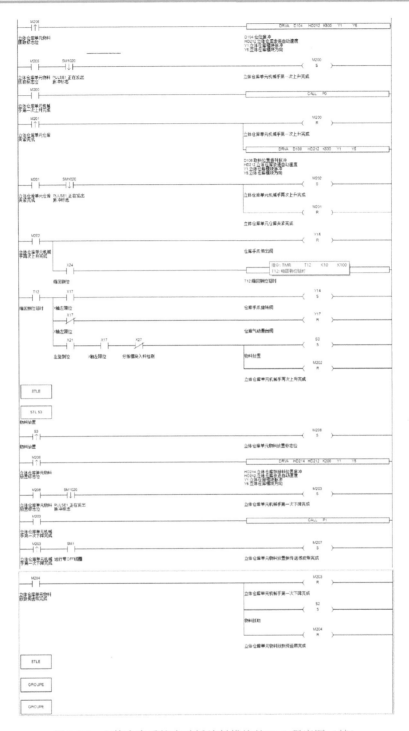

图 2-72　立体仓库系统自动抓放料模块的 PLC 程序图（续）

注意：①在进行机械手的 Z 轴升降控制时，需要提前进行脉冲个数以及脉冲频率的设置，以便于进行升降速度和位移的精确控制。这些数据可以提前设置在 HD 寄存器，也可以通过在程序中调用 DMOV 指令实现。②用户取料个数需要提前设置，完成一个周期需要计数 1 次，因此，程序中也需要调用普通的计数 CNT 指令。在使用计数器时，需要考虑复位问题，以免影响程序的正确执行。

### 四、程序下载和运行

按照任务3所陈述的步骤完成步进驱动器参数设置、硬件装接和测试，确认无误后，使用网线连接计算机与PLC系统，确认PLC的型号为XDH－60T4－E，编译正确，将编译好的程序下载到PLC中，观察实际运行效果。按下复位按键，PLC输出Y14－Y17为"0"状态，其对应的手爪旋转阀、手爪伸出阀、手爪夹紧阀、气动滑台阀均失电。同时，机械手自动回原点，原点状态指示灯点亮。

此时，若按下起动按钮，查看其动作是否与图2-70所示的立体仓库系统动作流程对应，如对应，则系统功能实现；如不对应，则依次按照动作流程查看PLC上的输出点位信号或者转移条件是否满足，一一进行故障排查。

完成以上工作后断电，排气，按照任务1所述的要求进行6S整理。

**注意：**为了便于安全作业，方便后续进行亚龙YL－36A型可编程控制器系统应用实训考核装置的联机故障排查，建议在立体仓库系统功能设计时添加手动调试功能，即按下对应的手动操作按钮，可以手动进行手爪的夹紧与放松、机械手的左旋和右旋、机械手臂的伸缩，以及Z轴的升降点动作业。这样一方面可以查看执行机构动作的正确性，另一方面还能合理控制机械手升降的速度。

## 任务检查与评价（评分标准）

| | 评分点 | 得分 |
|---|---|---|
| 软件（60分） | 按下复位按钮后，步进电动机可回到原点位置（10分） | |
| | 按下复位按钮后，各气缸可回到初始位置（10分） | |
| | 按下停止按钮后，步进电动机正常停止（10分） | |
| | 自动模式下，每按一次起动按钮，立体仓库完成取料，放置于规定位置并停止（10分） | |
| | 手动模式下，步进电动机可以进行正反转，速度可设（10分） | |
| | 旋转供料系统程序调试功能正确（10分） | |
| 6S素养（20分） | 桌面物品及工具摆放整齐、整洁（10分） | |
| | 地面清理干净（10分） | |
| 发展素养（20分） | 表达沟通能力（10分） | |
| | 团队协作能力（10分） | |

## 常见问题与解决方式

| 故障类别 | 故障现象 | 原因分析 | 解决方法 |
|---|---|---|---|
| 机械 | 立体仓库夹爪夹取物料时水平位置不正确 | 平移气缸与立体仓库的位置关系不正确 | 调节机械位置，使平移气缸的两个运动位置与库位的左右两侧物料对齐 |
| | 立体仓库夹取物料时物料滑脱 | 1. 夹爪内侧的防滑条脱落<br>2. 夹取位置不合理 | 1. 重新贴上防滑条或对物料做防滑处理<br>2. 改善夹取位置 |

（续）

| 故障类别 | 故障现象 | 原因分析 | 解决方法 |
|---|---|---|---|
| 机械 | 各气缸动作检测信号无法接收 | 气缸的位置传感器调节不正确 | 调节物料检测传感器，保证正常工作 |
| | 库位内有物料但显示无物料 | 物料检测传感器调节不正确 | 调节物料检测传感器，保证正常工作 |
| 调试 | 回零阶段超过限位或碰到原点不能正常停下 | 1. 限位或原点端子设置不正确<br>2. 限位或原点位置传感器失灵 | 1. 检查程序中设定的原点、限位端子是否与实际一致<br>2. 调节位置传感器，保证正常工作 |
| | 手动过程中步进电动机不运动 | 1. 运动速度没有设定，默认为0<br>2. PLC处于停止状态<br>3. 没有切换到手动模式 | 1. 设定合理的手动运行速度<br>2. 起动PLC<br>3. 切换到手动模式 |
| | 自动程序无法循环 | 1. 库位中无物料<br>2. 库位中的位置传感器失灵 | 1. 添加物料<br>2. 调节位置传感器，保证正常工作 |

## 行业案例拓展

　　某一物料传输系统如图2-73所示。其中，物料传送带由三相交流异步电动机驱动，取料机械手底盘旋转由步进电动机驱动，步进电动机旋转一周需要1000个脉冲，机械手旋转360°需要步进电动机运行10圈，步进电动机的速度由用户自由设定，速度范围控制在60~150r/min。系统选用的步进电动机型号为MP3-57H088，步进驱动器型号为信捷DP3L-565。

　　该系统的动作流程如下：上电后取料机械手自动回原点0°位置。按下起动按钮后，1#传送带起动。此时，若在取料位置A点处（安装有位置开关SQ1）检测到有工件，则1#传送带停止运行，取料机械手手爪自动夹紧工件，5s后自动旋转120°将工件放置到检测区域检测，5s后待检测完毕，取料机械手反转90°，手爪松开，将工件放置到2#传送带的送料位置B点（安装有位置开关SQ2），1#、2#传送带同时起动，同时取料机械手自动回原点，等待SQ1位置再有工件到来，重复上述过程。若按下停止按钮，系统立即停止。

　　试利用信捷XD系列PLC进行系统软硬件设计，实现上述物料传输系统的控制功能需求。

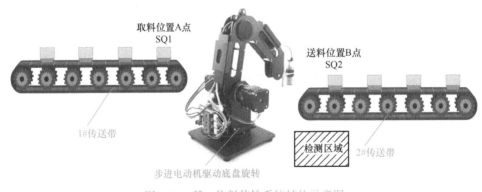

取料位置A点
SQ1
送料位置B点
SQ2
1#传送带
检测区域
2#传送带
步进电动机驱动底盘旋转

图2-73　某一物料传输系统结构示意图

# 项目3

# 温度控制系统设计与调试

| 可编程控制器应用编程职业技能等级证书技能要求（中级） | |
|---|---|
| 序号 | 职业技能要求 |
| 1.3.1 | 能够根据要求完成简单过程控制系统的方案设计 |
| 1.3.2 | 能够根据要求完成简单过程控制系统的设备选型 |
| 1.3.3 | 能够根据要求完成简单过程控制系统的原理图绘制 |
| 1.3.4 | 能够根据要求完成简单过程控制系统的接线图绘制 |
| 2.3.1 | 能够根据要求完成电压型模拟量输入模块配置 |
| 2.3.4 | 能够根据要求完成电流型模拟量输出模块配置 |
| 2.3.5 | 能够根据要求完成 PID 参数配置 |
| 3.3.1 | 能够调用 PID 指令，并完成 PID 参数设定 |
| 3.3.2 | 能够根据要求完成模拟量到工程量的转换 |
| 3.3.3 | 能够根据要求完成过程控制程序的编写 |
| 3.3.4 | 能够使用人机界面完成过程数据的图形化展示 |
| 4.3.1 | 能够完成 PLC 程序的调试 |
| 4.3.2 | 能够通过 PID 参数整定，完成任务要求 |
| 4.3.3 | 能够使用图形化工件显示数据 |
| 4.3.4 | 能够使用图形化数据优化 PID 参数 |

## 项目导入

温度控制系统是自动控制系统中最常见的过程控制系统之一，该系统集成了温度传感器、模拟量输入/输出模块、PID 算法控制模块以及触摸屏等，通过本项目的学习，读者可以学习如何设计人机界面、如何实现人机界面与 PLC 的通信、如何实现温度的模拟量输入/输出、如何实现 PID 算法控制等。

本项目包含3个任务：任务1人机界面的设计与调试，学习人机界面的界面设计、人机界面与 PLC 的联机调试等；任务2温度控制系统控制电路设计，学习温度控制系统的硬件组成、PLC 的模拟量输入/输出模块、温度控制系统的接线等；任务3温度控制系统程序设计，学习顺序功能图、模拟量输入/输出程序、PID 指令应用，编写温度控制系统的控制程序并完成调试。

项目实施过程中需注重团队协作，调试过程中需注意设备功能精准度、稳定性，追求精益求精的工匠精神。

## 学习目标

| | |
|---|---|
| 知识目标 | 了解温控模块的组成<br>理解人机界面的工作原理<br>理解模拟量输入/输出模块的工作原理<br>理解 PID 算法的工作原理<br>掌握过程控制类程序的设计方法 |
| 技能目标 | 能够设置人机界面的参数<br>能够绘制 PLC、模拟量模块的外部接线图<br>能够编制温度控制系统程序<br>能够实现简单过程控制系统的调试 |
| 素养目标 | 提高自我学习、信息处理、数字应用等方法能力<br>提高与人合作、解决问题、创新发展等社会能力<br>提高整理、整顿、清扫、清洁、素养、安全等6S 整理素养能力 |

## 实施条件

| | 名称 | 实物 | 数量 |
|---|---|---|---|
| 硬件<br>准备 | 温度控制系统模块 | | 1 |
| | 软件 | 版本 | 备注 |
| 软件<br>准备 | TouchWin 编辑工具 | TouchWin V2. E. 5 及以上 | 软件版本周期性更新 |
| | 信捷 PLC 编程工具软件 | XDPPro_3. 7. 4a 及以上 | 软件版本周期性更新 |

# 任务1　人机界面设计与调试

**任务分析**

## 一、控制要求

使用信捷 TGM765S－ET 人机界面显示温度控制系统的相关参数，实现温度控制系统的起动、停止、温度设定、温度显示、实时曲线显示等功能，完成画面设计、变量连接和系统调试。人机界面如图 3-1 所示。

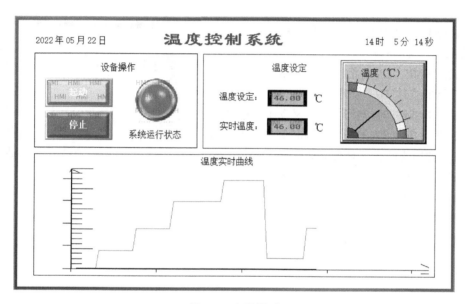

图 3-1　人机界面

## 二、学习目标

1. 了解人机界面的组成、特点。
2. 掌握人机界面的绘制和模拟调试。
3. 掌握人机界面与 PLC 的模拟调试。

## 三、实施条件

| 硬件准备 | 名称 | 型号 | 数量 |
|---|---|---|---|
|  | 工业触摸屏 | TGM765S－ET | 1 |
| 软件准备 | 软件 | 版本 | 备注 |
|  | TouchWin 编辑工具 | TouchWin V2. E. 5 及以上 | 软件版本周期性更新 |

## 相关知识

### 一、TGM765S－ET 人机界面

本系统中用的是 TGM765S－ET 型号的人机界面，它具有超薄外观设计和多种下载方式(以太网、USB 口、U 盘导入)，具备穿透功能，可通过触摸屏上/下载信捷 XD/XL/XG 系列 PLC 程序。设备参数如下：

① 1677 万色，画质细腻无痕，显示效果媲美液晶显示器。

② 具有下载、起动、运行三位一体的超高速响应。

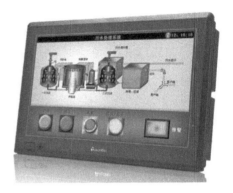

③ 支持 C 语言脚本功能，可实现运算、自由协议编写、绘图，提高编程自由度。

④ 支持 BMP、JPEG 格式图片显示。

⑤ 丰富的立体 3D 图库，画面更生动。

⑥ 灵活的部件选择空间，自定义动画轨迹设计。

⑦ 数据采集保存功能，支持时间趋势图、XY 趋势图等多种形式的数据管理方式。

⑧ 配方数据的存储与双向传送，提高工作效率。

TGM 765S－MT 人机界面如图 3-2 所示。

图 3-2　TGM765S－MT 人机界面

1. 型号说明

TGM 系列触摸屏型号表示如下：

$$\underset{1}{\text{TGM}}\ \underset{2}{\bigcirc\bigcirc\bigcirc}\ \underset{3}{\square}-\underset{4}{\square\square}$$

型号说明见表 3-1。

表 3-1　型号说明

| 1 | 系列名称 | TGM 系列触摸屏 |
|---|---|---|
| 2 | 显示尺寸 | 465：4.3in① |
| | | 765：7in |
| | | 865：8in |
| | | A63：10.1in |
| | | C65：15.6in |
| 3 | 产品类型 | S：超薄款，黑色面膜 |
| 4 | 接口类型 | ET：配备 USB－B 接口、USB－A 接口、U 盘口、以太网口、两个串口 |
| | | MT：配备 USB－B 接口、USB－A 接口、U 盘口、两个串口 |
| | | MT2：配备两个串口、USB－B 接口、USB－A 接口 |

① 1in＝0.0254m。

**2. 接口说明**

TGM 系列人机界面背面如图 3-3 所示。

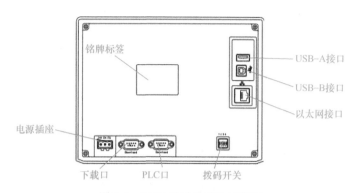

图 3-3　TGM 系列人机界面背面

信捷 TGM 系列人机界面接口说明见表 3-2。

表 3-2　人机界面接口说明表

| 外观 | 名称 | 功能 |
|---|---|---|
| | 拨码开关 | 用于设置强制下载、触控校准等 |
| Download | COM1 通信口（Download 口） | 支持 RS232/RS485 通信 |
| PLC | COM2 通信口（PLC 口） | 支持 RS232/RS485/RS422 通信 |
| | USB－A 接口 | 可插入 U 盘存储数据和导入工程（下位机版本为 V2.D.3c 及以上） |
| | USB－B 接口 | 连接 USB 线可上/下载程序 |
| | 以太网接口 | 支持与 TBOX、西门子 S7－1200、西门子 S7－200 Smart 及其他 Modbus－TCP 设备通信 |

## 二、人机界面编辑软件 TouchWin

**1. TouchWin 软件的安装**

软件来源：进入信捷官方网站 www.xinje.com 获取安装软件及安装说明书。

计算机硬件配置：INTEL Pentium II 以上等级 CPU；64MB 以上内存；2.5GB 以上，最少有 1GB 以上磁盘空间的硬盘；分辨率 800×600 以上的 32 位彩色显示器。

操作系统：Windows XP/Windows 7/Windows 8/Windows 10 均可。

安装步骤：

1）在安装文件包中找到"setup. exe"并双击，出现如图 3-4 所示对话框。

2）单击"下一步（N）"，进入如图 3-5 所示界面，选择"我同意此协议（A）"，并单击"下一步（N）"。

图 3-4　软件安装示意图 1

图 3-5　软件安装示意图 2

3）输入用户名、组织和序列号（用户名和组织一般默认为计算机信息，或根据个人情况实际填写），序列号为 XinjeTouchWin（可至软件安装包"serial_no. txt"复制双引号里面的内容），然后单击"下一步（N）"，如图 3-6 所示。

4）在图 3-7 中单击"浏览（R）"，设置软件安装目录或使用默认安装路径，并单击"下一步（N）"。

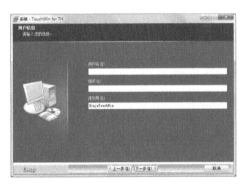

图 3-6　软件安装示意图 3

图 3-7　软件安装示意图 4

5）在图 3-8 中单击"浏览（R）"，选择在开始菜单中创建程序快捷方式的路径，单击"下一步（N）"。

6）根据向导提示，单击"安装（I）"按钮，系统会自动执行软件安装，最后单击"完成（F）"按钮，即软件安装成功，如图 3-9 所示。

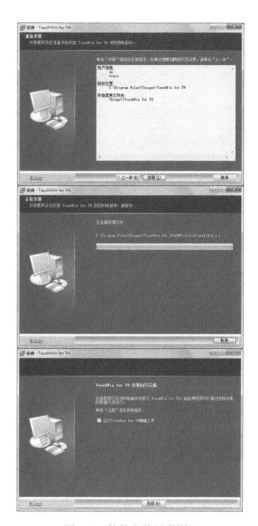

图 3-8 软件安装示意图 5　　　　　图 3-9 软件安装示意图 6

7）安装完成后在桌面上出现如图 3-10a 所示快捷图标，要执行程序时，可双击该图标，或从 "Windowns/所有程序" 中选择 "TouchWin 编辑工具/TouchWin 编辑工具"，如图 3-10b 所示，打开编辑软件。

a)　　　　　　　b)

图 3-10 软件打开示意图

2. TouchWin 软件画面及窗口

打开 TouchWin 软件，新建工程，软件界面如图 3-11 所示。

1）工程区：涉及画面及窗口的新建、删除、复制、剪切等基本操作。

2）画面编辑区：工程画面制作平台。

3）菜单栏：共有 7 组菜单，包括文件、编辑、查看、部件、工具、视图、帮助。

4）工具栏：包括 Stand、画图、操作、缩放、图形调整、显示器、状态、部件等。

5）状态栏：显示人机界面型号、PLC 口连接设备、下载口连接设备显示信息等。

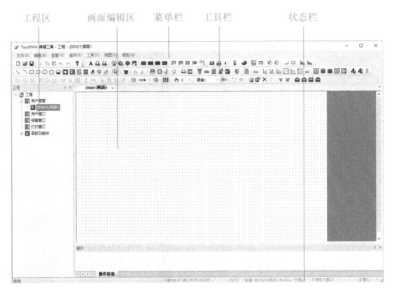

图 3-11    TouchWin 软件界面

## 三、人机界面的常用元件及功能

### 1. 文字串

文字串主要用于人机界面的文字输入显示，单击菜单栏"部件（P）/文字（T）/文字串（T）"或部件栏" A "图标，移动光标至画面中，单击鼠标左键放置，单击鼠标右键或通过〈ESC〉键取消放置。通过边界点进行文字串边框长度、高度的修改。文字串控件的设置窗口如图3-12所示。

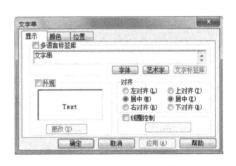

图 3-12    文字串控件的设置窗口

### 2. 指示灯

指示灯用来显示对象状态。单击菜单栏"部件（P）/操作键（O）/指示灯（L）"或部件栏" ⑨ "图标，移动光标至画面中，单击鼠标左键放置，单击鼠标右键或通过〈ESC〉键取消放置。指示灯"对象"和"灯"设置如图3-13所示。

图 3-13b 中各项含义如下：

ON 状态：选中后右框显示对象线圈处于 ON 状态下的指示灯显示。

OFF 状态：选中后右框显示对象线圈处于 OFF 状态下的指示灯显示。

更换外观：修改指示灯外观，属于软件自带的图库，用户可以自行选择；选择库 1 和库 2 的外观，除文字颜色外，其他颜色不支持修改。

自定义外观：打开素材库修改指示灯外观，属于用户定义的图库，ON 状态和 OFF 状态需分别设置。

保存外观：存储指示灯外观，方便在设计程序的时候使用。

文字：修改指示灯文字内容、字体、对齐方式，可设置是否使用多语言。

a) b)

图 3-13 指示灯"对象"和"灯"设置示意图

对齐：设置指示灯文字提示内容在外观样式框中的水平和垂直对齐方式。

线圈控制：使用线圈控制指示灯是否显示，当该线圈置 ON 时，指示灯显示。

指示灯"闪烁"设置如图 3-14 所示，各项含义如下：

不闪烁：无论指示灯处于 ON 还是 OFF 状态，都不闪烁显示。

ON 状态闪烁：指示灯处于 ON 状态时以闪烁的表现形式进行。

OFF 状态闪烁：指示灯处于 OFF 状态时以闪烁的表现形式进行。

速度：设置闪烁速度，即慢闪或快闪。

3. 按钮

实现相关开关量位操作。单击菜单栏"部件（P）/操作键（O）/按钮（B）"或部件栏" "图标，移动光标至画面中，单击鼠标左键放置，单击鼠标右键或通过〈ESC〉键取消放置。按钮的"对象"设置如图 3-15 所示，各项含义如下：

图 3-14 指示灯"闪烁"设置示意图　　　图 3-15 按钮的"对象"设置示意图

设备：当前进行通信的设备口。

站点：通信设备地址号。

对象：设置按钮的触发信号对象类型以及地址号。

间接指定：设置当前地址偏移量，当前位地址随着间接指定寄存器值变化而变化，即 $Mx[Dy] = M[x + Dy 数值]$（x，y = 0，1，2，3，…）。

按钮的"操作"设置如图 3-16 所示，其

图 3-16 按钮的"操作"设置示意图

各项含义如下：

置 ON：将控制线圈置逻辑 1 状态。

置 OFF：将控制线圈置逻辑 0 状态。

取反：将控制线圈置相反状态。

瞬时 ON：按键按下时线圈为逻辑 1 状态，释放时线圈为逻辑 0 状态。

按钮操作状态比较如图 3-17 所示。

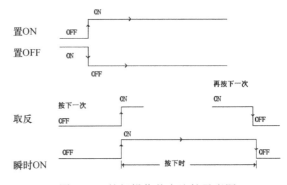

图 3-17　按钮操作状态比较示意图

**4. 数据输入**

通过数字小键盘实现数值输入功能。单击菜单栏"部件（P）/输入（I）/数据输入（I）"或部件栏" 23 "图标，移动光标至画面中，单击鼠标左键放置，单击鼠标右键或通过〈ESC〉键取消放置。数据输入"对象"和"显示"设置如图 3-18 所示，其各项含义如下：

图 3-18　数据输入"对象"和"显示"设置示意图

操作对象：数据输入对象寄存器。

监控对象：勾选时，数据输入框显示寄存器数据值，可选择监控目标和设备站点号及对象类型；未勾选时，默认为监控对象与操作对象一致，不可修改。若需要输入浮点数，则需要将"操作对象"中"数值"的"数据类型"改为 DWord（双字）。

类型：选择数据显示格式，可以是十进制、十六进制、浮点数和无符号数。

长度：设置数据显示的总位数和小数位长度，单字（Word）位数最大为 5，双字（DWord）整数部分位数最大为 10。如果数据设置为十进制或无符号数，并设置了小数位，那么输入通信设备的数据为"假小数"形式，即实际数据无小数位，但被扩大了小数位数倍，例如：设置 D0 为单字无符号数，数据位数为 5，小数位数为 2，在人机界面上输入 123.45，在通信设备中实际监控到的数值是 12345。

外观：选择是否需要数据输入边框，可通过"更改"键进行外观修改；选择库 1 的外观，除文字颜色外，其他颜色不支持修改。

水平对齐：设置数据在外观样式框中的水平对齐方式。

垂直对齐：设置数据在外观样式框中的垂直对齐方式。

显示控制：使用线圈控制数据输入是否显示，当该线圈置 ON 时，显示数据输入。

使能控制：使用线圈控制数据输入是否可被使用，当该线圈置 ON 时，部件不可以被使用。

前导 0：数据位数未满足数据显示设置位数时前面以 0 补充，例如：数据输入设置位数为 5，小数位为 0，选择前导 0 时，输入数据输入 23，输入框中显示 00023。

密码：数据以密码的形式显示，即显示"＊"号。

**5. 数据显示**

实现对象寄存器的数值内容显示。单击菜单栏"部件（P）/显示（D）/数据显示（D）"或部件栏""图标，移动光标至画面中，单击鼠标左键放置，单击鼠标右键或通过〈ESC〉键取消放置。数据显示"对象"设置如图 3-19 所示，其各项含义如下：

对象：设置数据显示对象类型以及地址号。

数值：设置数据类型为单字或双字，浮点数必须设置数据类型为双字（DWord）。

数据显示的"显示"设置如图 3-20 所示，其含义如下：

图 3-19  数据显示"对象"设置示意图

图 3-20  数据显示的"显示"设置示意图

类型：选择数据显示格式，可以是十进制、十六进制、浮点数和无符号数。

长度：数据显示的总位数和小数位长度设置，单字（Word）位数最大为 5，双字（DWord）整数部分位数最大为 10。如果数据设置为十进制或无符号数，并设置了小数位，那么显示在人机界面上的数据为"假小数"，即数据显示有小数位，但被缩小了，例如：设置 D0 为单字无符号数，数据位数为 5，小数位数为 2，通信设备中的实际数值是 12345，在人机界面上会显示 123.45。

外观：选择是否需要数据显示边框，可通过"更改"键进行外观修改；选择库 1 的外观，除文字颜色外，其他颜色不支持修改。

水平对齐：设置数据在外观样式框中的水平对齐方式。

垂直对齐：设置数据在外观样式框中的垂直对齐方式。

比例转换：显示数据由寄存器中的原始数据经过换算后所获得，选择此项功能需设定数据源和输出结果的上下限，上下限可以为常数，也可以由数据寄存器指定。数据源为下位通

81

信设备中的数据，结果为经过比例转换后显示在人机界面上的数据。

计算公式：比例转换后结果 = $\dfrac{B1 - B2}{A1 - A2} \times ($数据源数据$- A2) + B2$

式中，A1 代表比例转换中数据源上限；A2 代表比例转换中数据源下限；B1 代表比例转换中结果的上限；B2 代表比例转换中结果的下限。

线圈控制：使用线圈控制数据显示是否显示，当该线圈置 ON 时，显示数据显示。

前导 0：数据位数未满足数据显示设置位数时以 0 补充，例如：寄存器数值为 23，数据显示设置位数为 5，小数位为 0，选择前导 0 时，数据显示则为 00023。

6. 日期和时钟

1）日期，可以实现年、月、日的显示，日期"显示"设置如图 3-21 所示。

单击菜单栏"部件（P）/基本工具（C）/日期（D）"或显示器栏" 图标，移动光标至画面中，单击鼠标左键放置，单击鼠标右键或通过〈ESC〉键取消放置。

2）时钟，可以实现时、分、秒的显示，时钟"显示"设置如图 3-22 所示。

图 3-21 日期"显示"设置示意图

图 3-22 时钟"显示"设置示意图

单击菜单栏"部件（P）/基本工具（C）/时钟（T）"或显示器栏" 图标，移动光标至画面中，单击鼠标左键放置，单击鼠标右键或通过〈ESC〉键取消放置。

7. 仪表

将对象寄存器数据以仪表指针形式表现，仪表"设置"选项卡如图 3-23 所示，其各项含义如下：

图 3-23 仪表"设置"选项卡

方向：指针随刻度增加旋转方向设定。

图形：设置仪表指针的粗细、主副刻度数。

数据类型：设置仪表对象的数据类型。

数据：设置仪表量程、危险值、报警值，并且危险值、报警值根据需要可选。

1）上危险值：设定数值后，最大危险值监控范围在设定值与最大量程之间，如图 3-23 所示为 90 ~ 100。

2）下危险值：设定数值后，最小危险值范围在最小量程与设定值之间，如图 3-23 所示为 0 ~ 10。

3）上报警值：设定数值后，最大报警值监控范围在设定值与上危险值之间，如图 3-23 所示为 80 ~ 90。

4）下报警值：设定数值后，最小报警值监控范围在下危险值与设定值之间，如图 3-23 所示为 10 ~ 20。

### 8. 实时曲线图

采集现场数据并以图像实时显示，如采集温度、压力、液位等数据，以曲线、柱形图或点状图显示出来。实时曲线图如图 3-24 所示。

单击菜单栏"部件（P）/图形显示（L）/实时趋势图（R）"或显示器栏" "图标，移动光标至画面中，单击鼠标左键放置，单击鼠标右键或通过〈ESC〉键取消放置。

双击"实时趋势图"，选中"实时趋势图"后单击鼠标右键，或选择"属性"或通过" "按钮进行属性修改。

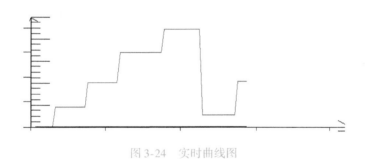

图 3-24　实时曲线图

**任务实施**

### 一、创建工程

1）打开编辑软件，单击标准工具栏" "图标或"文件/新建"，如图 3-25 所示。

2）选择合适的显示器型号，选择"TGM765（S）- MT/UT/ET/XT/NT"，如图 3-26 所示。

3）设置 PLC 口，设备模式选择为"单机模式"，PLC 口选择"信捷 XD/XL/XG 系列（Modbus RTU）"，通信参数设置如图 3-27 所示。

图 3-25　创建新工程示意图

4）设置以太网设备，即设定触摸屏本地 IP 地址和与其通信的以太网设备的目标 IP 地址。此处设定触摸屏本地 IP 地址后，需下载程序（此时应使用 USB 下载）且重启触摸屏后才能生效，如需通过以太网下载程序，则需要事先在触摸屏的系统菜单中设置触摸屏本地

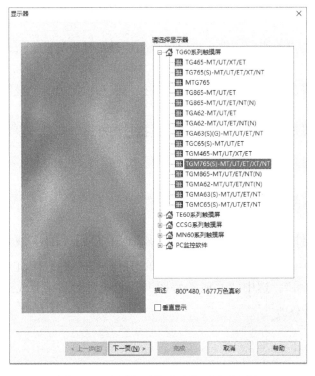

图 3-26　选择合适的显示器型号示意图

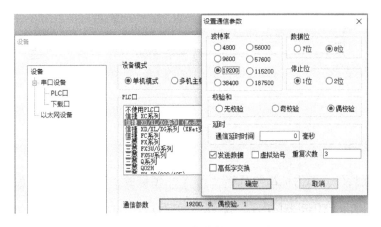

图 3-27　PLC 口通信参数设置示意图

IP 地址。单击"设备/以太网设备",设定触摸屏"本机使用 IP 地址",根据项目要求,此时设定本机使用 IP 地址为"192.168.0.1",子网掩码为"255.255.255.0",默认网关为"192.168.0.1",如图 3-28 所示。

本机使用 IP 地址设定完成后,右击窗口左侧目录的"以太网设备",单击"新建"选项,弹出设备名称命名窗口,此时应输入与触摸屏以太网通信的设备名称,以免后期使用时出现错误,考虑到项目要求,此时应输入"XDH-60T4-E",即与触摸屏以太网通信的 PLC 的型号,如图 3-29 所示。

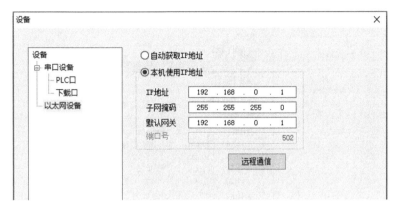

图 3-28  设置触摸屏本机使用 IP 地址示意图

确认输入名称后，则窗口左侧目录中以太网设备下多了 1 个设备选项，单击进入此选项，设置该设备的基本参数。根据项目要求，通信对象的设备类型或型号为信捷 XD 系列 PLC，则选择"信捷 XD/XL/XG 系列（Modbus TCP）"，设定其IP 地址为"192.168.0.2"，其他参数默认即可，具体如图 3-30 所示。

图 3-29  设置以太网设备名称示意图

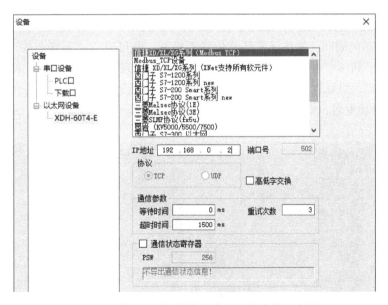

图 3-30  设置以太网设备通信地址等参数示意图

5）设置下载口，下载口不连接外部设备进行通信时，选择"不使用下载口"；下载口连接外部设备进行通信时，选择正确的设备类型并设置通信参数，如图 3-31 所示。

图 3-31　设置下载口示意图

6）设置以太网参数，设置触摸屏的 IP 地址为 "192.168.0.1"，便于触摸屏界面的下载。此处更改触摸屏的本地 IP 地址，是通过触摸屏的 "系统菜单" 来实现的。具体操作是：在重新上电启动触摸屏的瞬间，按住屏幕任意位置不松开，即可进入 "系统菜单" 界面，并选择 "IP 设置" 选型，进入 "IP 设置" 界面，手动输入 IP 地址为 "192.168.0.1"，子网掩码为 "255.255.255.0"，默认网关为 "192.168.0.1"，输入完成后单击画面右下角的 "重启" 按钮，使触摸屏自动重启，即可完成触摸屏本地 IP 地址的设置，如图 3-32 所示。

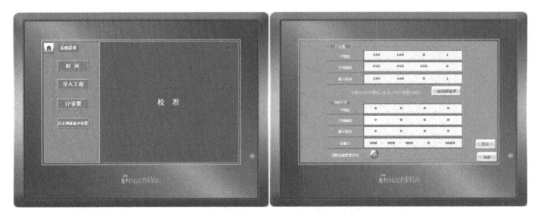

图 3-32　设置本机 IP 地址示意图

## 二、人机界面的画面绘制

### 1. 人机界面的数据变量

人机界面的数据变量分配见表 3-3。

表 3-3　人机界面的数据变量分配表

| 序号 | 名称 | 类型 | 对象 | 初值 | 备注 |
|---|---|---|---|---|---|
| 1 | 起动按钮 | 开关量 | M0 | 0 | 置 ON |
| 2 | 停止按钮 | 开关量 | M0 | 0 | 置 OFF |
| 3 | 运行状态指示灯 | 开关量 | M0 | 0 | ON 绿色, OFF 红色 |
| 4 | 温度设定 | 模拟量 | D0 | 0 | DWord 型, 浮点数 |
| 5 | 实时温度 | 模拟量 | D0 | 0 | DWord 型, 浮点数 |

### 2. 界面设计

根据要求设计人机界面,包括 2 个按钮、1 个指示灯、1 个数据输入、1 个数据显示、1 个仪表显示、1 个实时曲线显示,如图 3-33 所示。

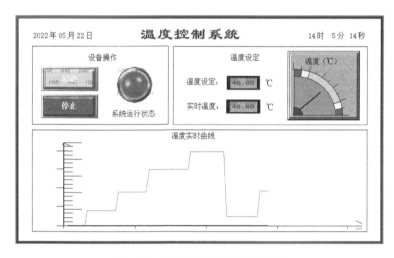

图 3-33　温度控制系统界面设计图

### 3. 模拟调试

单击菜单栏"文件/离线模拟"或标准工具栏"离线模拟"图标 ,进入模拟调试界面,出现图 3-33 的界面,对界面进行操作,验证控制要求。

## 三、人机界面的联机调试

### 1. 设备上电,打开触摸屏

TGM 系列人机界面只能使用直流电源,电源规格为直流 24V(电压范围为 22 ~ 26V),符合大多数工业控制设备 DC 电源的标准。连接直流电源的正极到"+24V"端,直流的负极到"0V"端,如图 3-34 所示。

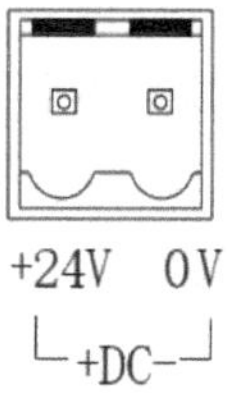

图 3-34　触摸屏电源端子示意图

**注意：**连接高压或交流电到人机界面内电源输入端将导致设备无法使用，并可能引起人体触电。这样的失误或触电严重时会导致设备的损坏，或导致人身伤害，甚至死亡。

**2. 下载程序**

下载程序到触摸屏中，单击菜单栏"文件（F）/下载工程数据（D）"或操作栏"下载"图标""，即可下载程序。

下载程序之前，需对下载端口进行配置。TGM765 - ET 触摸屏支持三种程序下载端口，分别是串口通信下载、USB 口下载和以太网口下载。下载方式的选择是单击操作栏中"上下载协议栈设置"图标""，选择相应的下载端口，具体如图 3-35 所示。

图 3-35　设置上下载通信示意图 1

"连接方式"中选择"指定端口"，并指定触摸屏本地的 IP 地址，如图 3-36 所示。

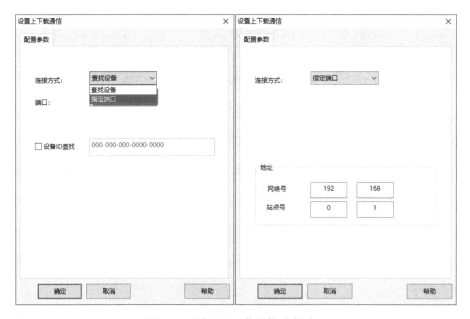

图 3-36　设置上下载通信示意图 2

这样就完成了触摸屏下载方式的设置，即可通过以太网下载。

这种下载方式，不具有上传功能，即人机界面中的程序无法上传到计算机上，下载界面如图 3-37 所示。若想要使触摸屏中的程序具备上传功能，则需要选择进行完整下载，即单击菜单栏"文件（F）/完整下载工程数据（D）"或操作栏"完整下载"图标""。

**3. 程序调试**

单击触摸屏上的"起动按钮""停止按钮"，系统运行指示灯有相应的显示；设定"温

图 3-37　下载界面示意图

度设置"为50℃，"实时温度"自动显示为"50℃"，温度表指针、实时温度曲线能自动显示当前温度状态。

4. 任务结束

任务完成后，关闭触摸屏及设备电源。

四、6S 整理

在所有的任务都完成后，按照 6S 职业标准打扫实训场地。

整理：要与不要，一留一弃；

整顿：科学布局，取用快捷；

清扫：清除垃圾，美化环境；

清洁：清洁环境，贯彻到底；

素养：形成制度，养成习惯；

安全：安全操作，以人为本。

## 任务检查与评价（评分标准）

| 评分点 | | 得分 |
|---|---|---|
| 软件设计和调试<br>（50分） | 能正确打开软件、创建新工程、保存工程，并选择合适的触摸屏型号（10分） | |
| | 能正确设置 PLC 口、下载口、以太网口参数（10分） | |
| | 能正确设计人机界面、连接相应变量（10分） | |
| | 界面设计美观大方，颜色配色、按键功能、温度显示、实时曲线符合要求（10分） | |
| | 能对设计的触摸屏界面进行离线模拟调试（5分） | |
| | 能把设计的程序下载到触摸屏中，进行联机调试（5分） | |
| 安全素养<br>（10分） | 存在危险用电等情况（每次扣3分，上不封顶） | |
| | 存在带电插拔工作站上的电缆、电线等情况（每次扣3分，上不封顶） | |
| | 穿着不符合要求（每次扣4分，上不封顶） | |
| 6S 素养<br>（20分） | 桌面物品及工具摆放整齐、整洁（10分） | |
| | 地面清理干净（10分） | |
| 发展素养<br>（20分） | 表达沟通能力（10分） | |
| | 团队协作能力（10分） | |

## 任务 2　温度控制系统控制电路设计

### 一、控制要求

温度控制系统模块如图 3-38 所示，根据温度控制系统的 PID 控制要求，进行温度控制系统的 PLC 控制电路的设计，完成 PLC 控制系统外部接线图的绘制及硬件安装。

### 二、学习目标

1. 了解温度控制系统的机械结构组成。
2. 掌握 PLC 的模拟量输入/输出模块的功能。
2. 掌握温度传感器与模拟量输入/输出模块连线。
4. 掌握温度控制系统的外部接线图的绘制。

图 3-38　温度控制系统模块图

### 三、实施条件

| | 名称 | 实物 | 数量 |
|---|---|---|---|
| 硬件准备 | 温度控制系统模块 |  | 1 |
| 软件准备 | 软件 | 版本 | 备注 |
| | 信捷 PLC 编程工具软件 | XDPPro_3.7.4a 及以上 | 软件版本周期性更新 |
| | TouchWin 编辑工具 | TouchWin V2.E.5 及以上 | 软件版本周期性更新 |

### 一、温度控制系统的硬件组成

温度控制系统主要由控制电路板、仪表、底板等组成。通过 PID 调节，为产品的烘干提供恒定的温度。温度控制系统如图 3-39 所示。

温度控制系统机械组件与控制组件见表 3-4。

图 3-39　温度控制系统的组成示意图

1—设定值数显表　2—运行指示灯　3—光电开关　4—物料台　5—反馈值数显表
6—电源指示灯　7—导杆气缸　8—电磁阀　9—端子排

表 3-4　温度控制系统机械组件与控制组件表

| 名称 | 型号/参数 | 数量 |
|---|---|---|
| 可编程控制器 | XDH－60T4－E | 1 |
| 触摸屏 | TGM765S－ET | 1 |
| 模拟量输入/输出模块 | XD－E4AD2DA | 1 |
| 光电开关 | GTB6－N1212 | 1 |
| 双联双杆气缸 | CXSJM10－50 | 1 |
| 磁性开关 | D－M9BL | 2 |
| 电磁阀 | SY3120－5LZD－M5 | 1 |
| PLC 工控板 | FX2N－10MT | 1 |
| 智能可编程数显表（模拟量） | 4～20mA | 1 |
| 智能可编程数显表（模拟量） | 0～10V | 1 |
| 温度控制模块 | YL－36A | 1 |
| 指示灯 AD58 | AD58－16D（AD105－16C） | 1 |
| 指示灯 AD58 | AD58－16D（AD105－16C） | 1 |

## 二、光电开关 GTB6－N1212

光电传感器是利用光的各种性质，检测物体有无和表面状态变化等的传感器。其中输出形式为开关量的传感器为光电式接近开关。

光电式接近开关主要由光发射器和光接收器构成。如果光发射器发射的光线因检测物体不同而被遮掩或反射，到达光接收器的量将会发生变化。光接收器的敏感元件将检测这种变化，并转换为电气信号进行输出。按照光接收器接收光方式的不同，光电式接近开关可分为对射式、漫射式和反射式 3 种，如图 3-40 所示。

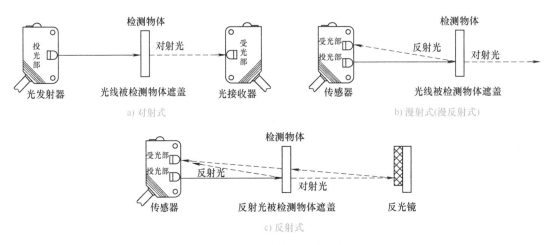

图 3-40    光电式接近开关分类图

温度控制系统中采用的漫反射传感器是 GTB6－N1212 迷你型光电传感器，开关距离为 5～250mm，感应距离为 35～140mm，感应的光源种类为可见红光，平均使用寿命为10 万 h，传感器工作电压为 DC 10～30V，工作电流为 30mA，响应时间＜625μs，传感器可通过电位计调整灵敏度，光电传感器外形及灵敏度调整旋钮如图 3-41 所示。

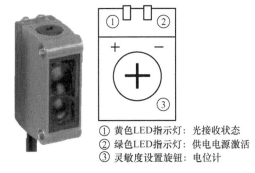

① 黄色LED指示灯：光接收状态
② 绿色LED指示灯：供电电源激活
③ 灵敏度设置旋钮：电位计

图 3-41    光电传感器外形及灵敏度调整旋钮示意图

光电传感器有三根连接线（棕、蓝、黑）：棕色接电源的正极（24V），蓝色接电源的负极（0V，与 PLC 的 COM 端相连），黑色为输出信号线（接 PLC 输入）。当与挡块接近时输出电平为低电平，否则为高电平。光电传感器的接线方式如图 3-42 所示。

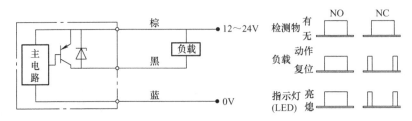

图 3-42    光电传感器的接线方式图

### 三、PLC 的模拟量输入/输出模块

温度控制系统通过模拟量输入/输出模块 XD－E4AD2DA 进行温度的采集与控制，其外观如图 3-43 所示。

**1. 模块特点及规格**

XD－E4AD2DA 模拟量输入/输出模块将 4 路模拟输入数值转换成数字量，2 路数字量转换成模拟量，并且把它们传输到 PLC 主单元，且与 PLC 主单元进行实时数据交互。模块特点及规格见表 3-5。

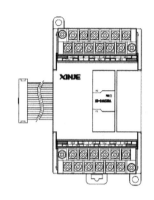

图 3-43　模拟量输入/输出模块
XD－E4AD2DA 外观图

表 3-5　模块特点及规格表

| 项目 | 模拟量输入 | | 模拟量输出 | |
| --- | --- | --- | --- | --- |
| | 电压输入 | 电流输入 | 电压输出 | 电流输出 |
| 模拟量输入范围 | $0 \sim 5V$、$0 \sim 10V$ $-5 \sim 5V$、$-10 \sim 10V$ | $0 \sim 20mA$、$4 \sim 20mA$、$-20 \sim 20mA$ | — | — |
| 最大输入范围 | $DC-15 \sim 15V$ | $-40 \sim 40mA$ | — | — |
| 模拟量输出范围 | — | — | $0 \sim 5V$、$0 \sim 10V$ $-5 \sim 5V$、$-10 \sim 10V$ （外部负载电阻为 $2k\Omega \sim 1M\Omega$） | $0 \sim 20mA$、$4 \sim 20mA$ （外部负载电阻 小于 $500\Omega$） |
| 数字量输入范围 | — | | 12 位二进制数（$0 \sim 4095$ 或 $-2048 \sim 2047$） | |
| 数字量输出范围 | 14 位二进制数（$0 \sim 16383$ 或 $-8192 \sim 8191$） | | — | |
| 分辨率 | $1/16383$（14bit） | | $1/4095$（12bit） | |
| 综合精确度 | 1% | | | |
| 转换速度 | 2ms/通道 | | 2ms/通道 | |
| 模块供电电源 | DC 24（$1 \pm 10\%$）V，150mA | | | |
| 安装方式 | 可用 M3 的螺钉固定或直接安装在 DIN46277（宽 35mm）的导轨上 | | | |
| 外形尺寸 | $63mm \times 108mm \times 89.9mm$ | | | |

**2. 端子说明**

端子排布如图 3-44 所示。其中 24V＋、24V－为正、负电源，C0～C3 为模拟量输入公共端，AI0～AI3 为电流模拟量输入端，VI0～VI3 为电压模拟量输入端，AO0、AO1 为电流模拟量输出端，VO0、VO1 为电压模拟量输出端，端子说明见表 3-6。

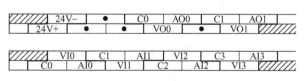

图 3-44　端子排布图

表 3-6　端子说明表

| 通道 | 端子名 | 信号名 |
|---|---|---|
| CH0 | AI0 | 电流模拟量输入 |
| | VI0 | 电压模拟量输入 |
| | C0 | CH0 模拟量输入公共端 |
| CH1 | AI1 | 电流模拟量输入 |
| | VI1 | 电压模拟量输入 |
| | C1 | CH1 模拟量输入公共端 |
| CH2 | AI2 | 电流模拟量输入 |
| | VI2 | 电压模拟量输入 |
| | C2 | CH2 模拟量输入公共端 |
| CH3 | AI3 | 电流模拟量输入 |
| | VI3 | 电压模拟量输入 |
| | C3 | CH3 模拟量输入公共端 |
| CH0 | AO0 | 电流模拟量输出 |
| | VO0 | 电压模拟量输出 |
| | C0 | CH0 模拟量输出公共端 |
| CH1 | AO1 | 电流模拟量输出 |
| | VO1 | 电压模拟量输出 |
| | C1 | CH1 模拟量输出公共端 |
| — | 24V + | 24V 电源 |
| | 24V − | −24V 电源 |

3. 外部连接

外部连接时，注意以下几个方面：为避免干扰，请使用屏蔽线，并对屏蔽层单点接地。XD‑E4AD2DA 外接 24V 电源时，请使用 PLC 本体上的 24V 电源，避免干扰。

1）电压单端输入如图 3-45 所示。

2）电压单端输出如图 3-46 所示。

3）电流单端输入如图 3-47 所示。

4）电流单端输出如图 3-48 所示。

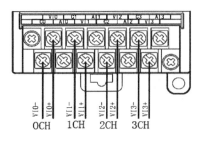

图 3-45　电压单端输入示意图

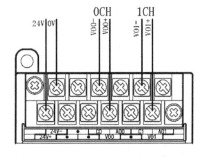

图 3-46　电压单端输出示意图

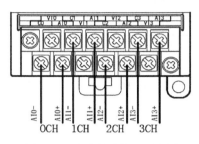

图 3-47　电流单端输入示意图

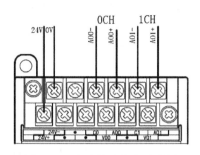

图 3-48　电流单端输出示意图

注：电流输出无需串接 DC 24V 电源！

▶▶任务实施

## 一、温度控制系统的输入/输出信号

根据温度控制系统的控制要求，有 8 路开关量输入信号，1 路模拟量输入信号，5 路开关量输出信号，2 路模拟量输出信号，具体见表 3-7。其中，入料检测用光电开关检测，料台伸出到位、料台缩回到位用磁性传感器检测。为了能够控制温度控制系统的起动和停止，在紧急情况下，能够使温控系统及时停止，需要手动输入信号，包括起动按钮、停止按钮、复位按钮、转换开关、急停按钮等。料台伸出气缸由电磁阀控制，黄色、绿色、红色指示灯用来表示系统的运行状态。温度设定值为模拟量输入信号，温度反馈值为模拟量输出信号。

表 3-7　温度控制系统输入/输出信号表

| 序号 | 输入信号 | 序号 | 输出信号 |
|---|---|---|---|
| 1 | 入料检测 | 1 | 料台伸出阀 |
| 2 | 料台伸出到位 | 2 | 黄色指示灯 |
| 3 | 料台缩回到位 | 3 | 绿色指示灯 |
| 4 | 起动按钮 | 4 | 红色指示灯 |
| 5 | 停止按钮 | 5 | 蜂鸣器 |
| 6 | 复位按钮 | 6 | 温控模块工控板 AD0 |
| 7 | 转换开关 | 7 | 温度设定数显表 AD1 |
| 8 | 急停按钮 | | |
| 9 | 反馈值数显表 DA1 | | |

## 二、温度控制系统的 I/O 口分配

从温度控制系统的输入/输出点数来看，温度控制系统的 PLC 需要 8 点以上的输入点、5 点以上的输出点、1 个模拟量输入、2 个模拟量输出，因此选择型号为 XDH－60T4－E 的 PLC 作为主控单元，选择 XD－E4AD2DA 作为模拟量输入/输出扩展模块，选择 XD－E8X8YR 作为

数字量输入/输出扩展模块。PLC 的 I/O 信号分配见表 3-8。

表 3-8  温度控制系统 PLC 的 I/O 信号表

| 输入信号 | | | | 输出信号 | | | |
|---|---|---|---|---|---|---|---|
| 序号 | PLC 输入点 | 信号名称 | 信号来源 | 序号 | PLC 输出点 | 信号名称 | 信号输出目标 |
| 1 | X32 | 入料检测 | 温控模块 | 1 | Y27 | 料台伸出阀 | 温控模块 |
| 2 | X33 | 料台伸出到位 | | | | | |
| 3 | X34 | 料台缩回到位 | | | | | |
| 4 | X10003 | 起动按钮 | 按钮模块 | 2 | Y10003 | 黄色指示灯 | 按钮模块 |
| 5 | X10004 | 停止按钮 | | 3 | Y10004 | 绿色指示灯 | |
| 6 | X10005 | 复位按钮 | | 4 | Y10005 | 红色指示灯 | |
| 7 | X10006 | 转换开关 | | 5 | Y10006 | 蜂鸣器 | |
| 8 | X10007 | 急停按钮 | | 6 | QD10100 | 温控模块工控板 AD0 | 模拟量模块 |
| 9 | ID10100 | 温控模块工控板 DA1/反馈值数显表 AD1 | 模拟量模块 | 7 | QD10101 | 温度设定数显表 AD1 | |

## 三、接线原理图设计

温度控制系统的接线原理图如图 3-49 所示。

## 四、电气接线

电气接线包括：在工作单元装置侧完成各传感器、电磁阀、电源端子等引线到装置侧接线端口之间的接线；在 PLC 侧进行电源连接、I/O 点接线等。

电气接线的工艺应符合如下专业规范的规定：

### 1. 一般规定

① 电线连接时必须用合适的冷压端子，端子制作时切勿损伤电线绝缘部分。

② 连接线须有符合规定的标号；每一端子连接的导线不超过 2 根；电线金属材料不外露，冷压端子金属部分不外露。

③ 电缆在线槽里最少有 10cm 余量（若是一根短接线的话，在同一个线槽里不要求）。

④ 电缆绝缘部分应在线槽里。接线完毕后线槽应盖住，没有翘起和未完全盖住现象。

### 2. 装置侧接线注意事项

① 输入端口的上层端子（VCC）只能作为传感器的正电源端，切勿用于电磁阀等执行元件的负载。电磁阀等执行元件的正电源端应连接到输出端口上层端子（24V），0V 端子则应连接到输出端口下层端子上。

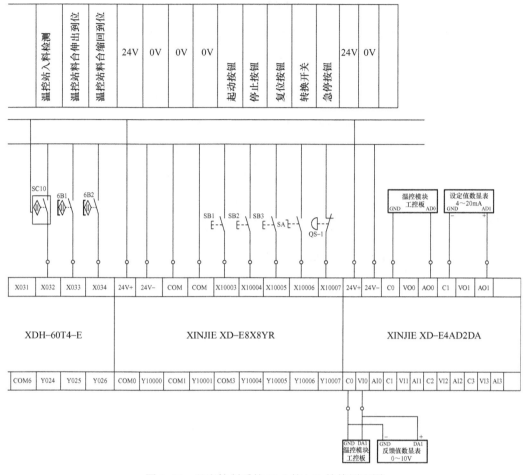

图 3-49　温度控制系统 PLC 的 I/O 接线原理图

② 装置侧接线完毕后，应用绑扎带绑扎，两个绑扎带之间的距离不超过 50mm。电缆和气管应分开绑扎，但当它们都来自同一个移动模块上时，允许绑扎在一起。

五、6S 整理

在所有的任务都完成后，按照 6S 职业标准打扫实训场地，6S 整理现场标准图如图 3-50 所示。

整理：要与不要，一留一弃；
整顿：科学布局，取用快捷；
清扫：清除垃圾，美化环境；
清洁：清洁环境，贯彻到底；
素养：形成制度，养成习惯；
安全：安全操作，以人为本。

图 3-50　6S 整理现场标准图

## 任务检查与评价（评分标准）

| 评分点 | | 得分 |
|---|---|---|
| 硬件设计<br>（50分） | 能正确进行温度控制系统的 I/O 信号分配（5分） | |
| | 能正确按照信号分配表设计 PLC 的 I/O 接线原理图（15分） | |
| | 能按照要求正确实施电气接线（10分） | |
| | 电气接线设计美观大方，线号、线色、线路绑扎等符合电气要求规范（10分） | |
| | 能对按钮、开关、传感器、气缸等信号进行测试（10分） | |
| 安全素养<br>（10分） | 存在危险用电等情况（每次扣3分，上不封顶） | |
| | 存在带电插拔工作站上的电缆、电线等情况（每次扣3分，上不封顶） | |
| | 穿着不符合要求（每次扣4分，上不封顶） | |
| 6S 素养<br>（20分） | 桌面物品及工具摆放整齐、整洁（10分） | |
| | 地面清理干净（10分） | |
| 发展素养<br>（20分） | 表达沟通能力（10分） | |
| | 团队协作能力（10分） | |

## 任务 3　温度控制系统程序设计

**任务分析**

根据控制要求编写温度控制系统的 PLC 程序并下载运行。

### 一、控制要求

温度控制系统的初始步为系统的复位状态，此时料台气缸伸出到位；当按下起动按钮后，设备进入入料检测状态，等待工件到位；检测到有工件时延时 2s，料台缩回，进行模拟加温操作；当温度达到设定值时，加热完成，料台伸出；伸出到位后取走工件，整个周期完成，系统回到入料检测状态，等待下一周期的加热工作。

### 二、学习目标

1. 掌握模拟量模块的端子功能和参数设置。
2. 掌握模拟量与数字量转换规则。
3. 掌握 PLC 的 PID 指令格式及功能。
4. 掌握温度控制系统的 PLC 程序编写及调试方法。

### 三、实施条件

| | 名称 | 实物 | 数量 |
|---|---|---|---|
| 硬件准备 | 温度控制系统模块 | 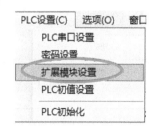 | 1 |
| 软件准备 | 软件 | 版本 | 备注 |
| | TouchWin 编程软件 | TouchWin V2. E. 5 及以上 | 软件版本周期性更新 |
| | 信捷 PLC 编程工具软件 | XDPPro_3.7.4a 及以上 | 软件版本周期性更新 |

**任务准备**

### 一、模拟量输入/输出模块参数设置

**1. 模拟量模块定义号分配**

XD 系列模拟量模块不占用 I/O 单元，转换的数值直接送入 PLC 寄存器，其中第一扩展模块通道对应的 PLC 寄存器定义号见表 3-9。**注意**：每一通道只有将使能开关开启才可以使用。

表 3-9 第一扩展模块通道对应的 PLC 寄存器定义号说明表

| 输入通道 | AD 信号 | 通道的使能开关 | 输出通道 | DA 信号 | 通道的使能开关 |
|---|---|---|---|---|---|
| 0CH | ID10000 | Y10000 | 0CH | QD10000 | Y10004 |
| 1CH | ID10001 | Y10001 | 1CH | QD10001 | Y10005 |
| 2CH | ID10002 | Y10002 | | | |
| 3CH | ID10003 | Y10003 | | | |

**2. 模拟量工作模式设定**

（1）通过信捷 PLC 编程工具软件菜单栏选项设置

将编程软件打开，单击菜单栏的" PLC设置(C) "，选择"扩展模块设置"，如图 3-51 所示。

之后出现以下配置面板，选择对应的模块型号和配置信息，如图 3-52 所示。

具体配置步骤如下：

第一步：在图示"2"处选择对应的模块型号。

第二步：完成第一步后"1"处会显示出对应的型号。

第三步：在"3"处可以选择 AD 的滤波系数和 AD/DA 通道对应的电压或电流输出模式。

图 3-51 控制面板配置
参数示意图 1

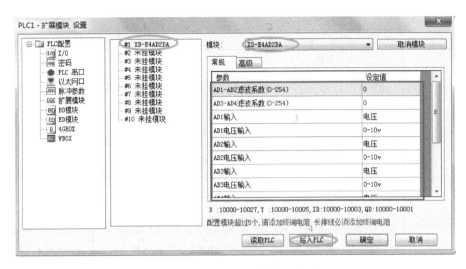

图 3-52　控制面板配置参数示意图 2

第四步：配置完成后单击"4"写入 PLC，然后给 PLC 断电后重新上电，此配置才可生效。

**注**：一阶低通滤波法采用本次采样值与上次滤波输出值进行加权，得到有效滤波值。滤波系数由用户设置为 0~254，数值越小数据越稳定，但可能导致数据滞后；设置为 1 时滤波效果最强，254 时滤波效果最弱，默认为 0（不滤波）。

（2）通过 Flash 寄存器设置

扩展模块输入/输出通道有电压、电流两种模式可选，电流有 0~20mA、4~20mA、-20~20mA 可选，电压有 0~5V、0~10V、-5~5V、-10~10V 可选，可通过 PLC 内部的特殊 Flash 数据寄存器 SFD 进行设置，见表 3-10。

表 3-10　通过 Flash 寄存器设置参数表

| 模块 ID 号 | 配置信息地址 | 模块 ID 号 | 配置信息地址 |
|---|---|---|---|
| #1 | SFD350 ~ SFD359 | #9 | SFD430 ~ SFD439 |
| #2 | SFD360 ~ SFD369 | #10 | SFD440 ~ SFD449 |
| #3 | SFD370 ~ SFD379 | #11 | SFD450 ~ SFD459 |
| #4 | SFD380 ~ SFD389 | #12 | SFD460 ~ SFD469 |
| #5 | SFD390 ~ SFD399 | #13 | SFD470 ~ SFD479 |
| #6 | SFD400 ~ SFD409 | #14 | SFD480 ~ SFD489 |
| #7 | SFD410 ~ SFD419 | #15 | SFD490 ~ SFD499 |
| #8 | SFD420 ~ SFD429 | #16 | SFD500 ~ SFD509 |

SFD 的位定义，以第一模块为例，说明其设置方式，见表 3-11。

表 3-11　SFD 的位定义表

| 寄存器 | | bit7 | bit6 | bit5 | bit4 | bit3 | bit2 | bit1 | bit0 | 说明 |
|---|---|---|---|---|---|---|---|---|---|---|
| SFD350 | Byte0 | AD 通道 1、通道 2 滤波系数 | | | | | | | | AD 滤波系数 |
| | Byte1 | AD 通道 3、通道 4 滤波系数 | | | | | | | | |
| SFD351 | Byte2 | bit7 | bit6 | bit5 | bit4 | bit3 | bit2 | bit1 | bit0 | 用来指定 AD 和 DA 模块的输入范围，Byte2 低 4 位为 AD 通道 1 的设置位，高 4 位为 AD 通道 2 的设置位。Byte3 低 4 位为 AD 通道 3 的设置位，高 4 位为 AD 通道 4 的设置位。Byte4 的低 4 位为 DA 通道 1 的设置位，高 4 位为 DA 通道 2 的设置位 |
| | | AD2 | | | | AD1 | | | | |
| | | 保留 | 000：0～10V<br>001：0～5V<br>100：-10～10V<br>101：-5～5V<br>010：0～20mA<br>011：4～20mA<br>110：-20～20mA | | | 保留 | 000：0～10V<br>001：0～5V<br>100：-10～10V<br>101：-5～5V<br>010：0～20mA<br>011：4～20mA<br>110：-20～20mA | | | |
| | Byte2 | bit7 | bit6 | bit5 | bit4 | bit3 | bit2 | bit1 | bit0 | |
| | | AD4 | | | | AD3 | | | | |
| | | 保留 | 000：0～10V<br>001：0～5V<br>100：-10～10V<br>101：-5～5V<br>010：0～20mA<br>011：4～20mA<br>110：-20～20mA | | | 保留 | 000：0～10V<br>001：0～5V<br>100：-10～10V<br>101：-5～5V<br>010：0～20mA<br>011：4～20mA<br>110：-20～20mA | | | |
| SFD352 | Byte4 | bit7 | bit6 | bit5 | bit4 | bit3 | bit2 | bit1 | | |
| | | AD2 | | | | AD1 | | | | |
| | | 保留 | 000：0～10V<br>001：0～5V<br>100：-10～10V<br>101：-5～5V<br>010：0～20mA<br>011：4～20mA | | | 保留 | 000：0～10V<br>001：0～5V<br>100：-10～10V<br>101：-5～5V<br>010：0～20mA<br>011：4～20mA | | | |
| | Byte5 | 保留 | | | | | | | | |
| SFD353～SFD359 | | 保留 | | | | | | | | |

例如：要设置第一个模块输入的第 3、第 2、第 1、第 0 通道的工作模式分别为 0 ~ 20mA、4 ~ 20mA、0 ~ 10V、0 ~ 5V，第 1、第 2 通道的滤波系数设置为 254，第 3、第 4 通道的滤波系数设置为 100；输出第 1、第 0 通道的工作模式分别为 0 ~ 10V、0 ~ 20mA。

方法一：可以在配置面板上直接配置，其配置方法如前所述。

方法二：直接将 SFD 特殊寄存器设定为如下数值：SFD350 = 64FEH，SFD351 = 4C1H，SFD352 = 10H。

**3. 模数转换图**

输入模拟量与转换的数字量关系如图 3-53 所示。

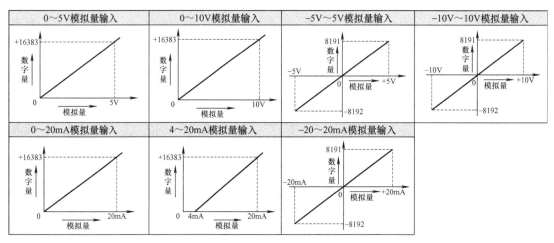

图 3-53　输入模拟量与转换的数字量关系示意图

输出数字量与其对应的模拟量数据的关系如图 3-54 所示。

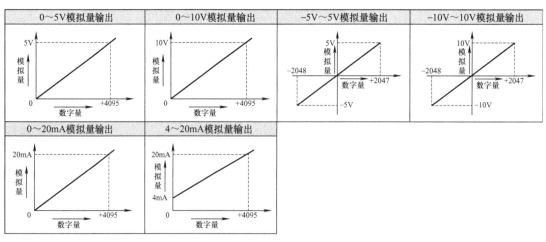

图 3-54　输出数字量与其对应的模拟量数据的关系示意图

**注：**

1）AD 电压输入悬空时，对应的 ID 寄存器显示为 16383；AD 电流输入悬空时，对应的 ID 寄存器显示为 0。

2）当输入数据超出 K4095 时，DA 转换的模拟量数据保持 5V、10V 或 20mA 不变。

### 4. 编程举例

**例**：现有一路气压传感器输出信号需要采集（气压传感器性能参数：检测压强范围为 0～10MPa，输出模拟量信号为 4～20mA），同时需要输出一路 0～10V 电压信号给变频器。

**分析**：由于气压传感器的压强检测范围为 0～10MPa，对应输出的模拟量为 4～20mA，扩展模块通过模数转换的数字量范围为 0～16383，所以可以跳过中间转换环节的模拟量 4～20mA，直接就是压强检测范围 0～10MPa 对应的数字量范围 0～16383；10MPa/16383 = 0.000610388MPa 为扩展模块所采集的数字量每个数字 1 所对应的压强值，所以只要将扩展模块 ID 寄存器中采集的实时数值乘以 0.000610388MPa 就能计算出当前气压传感器的实时压强，例如在 ID 寄存器里采集的数字量是 4095，则对应压强为 2.5MPa。

同理，扩展模块寄存器 QD 中的设定数字量范围 0～4095 对应电压输出信号 0～10V，10V/4095 = 0.002442V 则表示扩展模块寄存器 QD 中每设定一个数字量相对应输出的电压值，例如现在需要输出 3V 电压值，3V/0.002442V = 1228.5，将计算出的数字量数值送到对应的 QD 寄存器。

**注意**：请使用浮点数运算进行计算，否则将会影响计算精度甚至无法计算。

程序如图 3-55 所示。

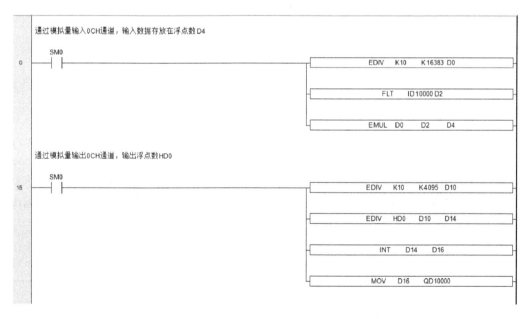

图 3-55　程序示意图

说明：SM0 为常 ON 线圈，在 PLC 运行期间一直为 ON 状态。

PLC 开始运行，模拟量采集时，首先计算出扩展模块所采集的数字量每个数字 1 所对应的压强值，再将 ID10000 寄存器里面采集的数字量（整型）转化为浮点数，所以只要将扩展模块 ID10000 寄存器中采集的实时数值乘以扩展模块所采集的数字量每个数字 1 所对应的压强值就可以算出当前所采集的实时压强值。

同理，模拟量输出时，首先计算出扩展模块所采集的数字量每个数字 1 所对应的电压值，将设定的目标电压值除以扩展模块所采集的数字量每个数字 1 所对应的电压值就可以得出需要设定的数字量（浮点数），由于 QD10000 寄存器只能存储整数，所以需要将得出的浮点数数字量转化为整数传送给 QD10000。

**注意**：请将使用到的通道的使能位打开，即将 Y10000、Y1004 置 ON。

## 二、PID 指令

XD/XL 系列 PLC 的本体全部支持 PID 控制指令，并提供了自整定功能。用户可以通过自整定得到最佳的采样时间和 PID 参数值，从而提高控制精度。

XD/XL 系列 PLC 采用 PID 指令形式给用户带来了诸多便利：

1）输出可以是数据形式 D、HD，也可以是开关量形式 Y，在编程时可以自由选择。

2）通过自整定可得到最佳 PID 参数值，提高了控制精度。

3）可通过软件设置来选择逆动作还是正动作。前者用于常规加热控制，后者常用于空调冷却控制。

4）PID 控制可以脱离与扩展模块的联系，扩展了该功能的灵活性。

5）XD/XL 系列 PLC 在本体部分有两种自整定法，分别为阶跃响应法和临界振荡法。

对温度控制对象来说，使用阶跃响应法，需要保证被控对象的当前温度与环境温度一致时，才能开始自整定。而临界振荡法开始整定时，被控对象的当前温度不一定要与环境温度一致，可以从任何温度开始自整定。

**1. PID 指令格式**

PID 指令格式示意图如图 3-56 所示。

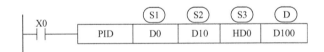

图 3-56　PID 指令格式示意图

S3 ~ S3 + 69 将被该指令占用，不可当作普通的数据寄存器使用。该指令在每次达到采样时间的间隔时执行。对于运算结果，数据寄存器用于存放 PID 输出值；输出点用于输出开关量信号。PLC 的输出类型需为晶体管型。

软元件说明见表 3-12。

表 3-12　PID 指令中的软元件说明表

| 操作数 | 字软元件 | | | | | | | | | | | | 位软元件 | | | | | |
| | 系统 | | | | | | | | 常数 | 模块 | | 系统 | | | | | |
| | D | FD | TD | CD | DX | DY | DM | DS | K/H | ID | QD | X | Y | M | S | T | C | Dn. m |
| S1 | ● | ● | | | | | | | ● | | | | | | | | | |
| S2 | ● | ● | | | | | | | | | | | | | | | | |
| S3 | ● | ● | | | | | | | | | | | | | | | | |
| D | ● | ● | | | | | | | | | | | ● | ● | ● | ● | ● | |

PID 的控制框图如图 3-57 所示。

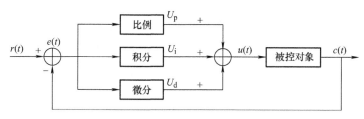

图 3-57　PID 的控制框图

对应公式为

$$e(t) = r(t) - c(t) \tag{3-1}$$

$$u(t) = K_p\left[e(t) + \frac{1}{T_i}\int e(t)\,\mathrm{d}t + T_d\,\mathrm{d}e(t)/\mathrm{d}t\right] \tag{3-2}$$

式中，$e(t)$ 为偏差；$r(t)$ 为给定值；$c(t)$ 为实际输出值；$u(t)$ 为控制量；$K_p$、$T_i$、$T_d$ 分别为比例增益系数、积分时间系数、微分时间系数。

运算结果如下：

模拟量输出：$MV = u(t)$ 的数字量形式，默认范围为 0 ~ 4095。

开关量输出：$Y = T(MV/\text{PID 输出上限})$。$Y$ 为控制周期内输出点接通时间，$T$ 为控制周期，与采样时间相等。PID 输出上限默认值为 4095。

**2. 参数设置**

用户在信捷 PLC 编程工具软件中直接调用 PID 指令时，可在窗口中进行设置，如图 3-58所示，也可通过 MOV 等指令在 PID 运算前，将目标值、采样时间等参数写入指定寄存器。

自整定模式设置如图 3-59 所示。

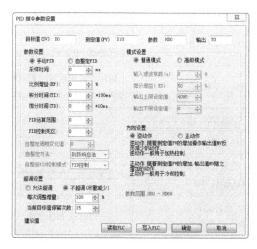

图 3-58　PID 的参数设置示意图

图 3-59　PID 的自整定模式设置示意图

（1）寄存器定义表

PID 控制指令相关参数地址见表 3-13。

表 3-13　PID 控制指令相关参数地址表

| 地址 | 功能 | 说明 | 备注 |
|---|---|---|---|
| S3 | 采样时间 | 无论自整定模式还是手动模式均需设定 | 32 位无符号数，单位 ms |
| S3＋2 | 模式设置 | bit0　0：逆动作<br>　　　1：正动作<br>bit1～bit6 不可使用<br>bit7　0：手动 PID<br>　　　1：自整定 PID<br>bit8　1：自整定成功标志<br>bit9～bit10 为自整定方法<br>　　　00：阶跃响应法<br>　　　01：临界振荡法<br>bit11～bit12 不可使用<br>bit13～bit14 为自整定 PID 控制模式<br>（使用临界振荡法时有效）<br>　　　00：PID 控制<br>　　　01：PI 控制<br>　　　10：P 控制<br>bit15　0：普通模式<br>　　　1：高级模式 | |
| S3＋3 | 比例增益（$K_p$） | 0～32767（单位：%） | |
| S3＋4 | 积分时间（$T_i$） | 0～32767（单位：100ms） | 0 时作为无积分处理 |
| S3＋5 | 微分时间（$T_d$） | 0～32767（单位：10ms） | 0 时作为无微分处理 |
| S3＋6 | PID 运算范围 | 0～32767 | PID 调整带宽 |
| S3＋7 | 控制死区 | 0～32767 | 死区范围内 PID 输出值不变 |
| S3＋8 | 采样温度滤波系数 | 0～100（单位：%） | 高级模式下，对输入采样温度滤波，0 时没有输入滤波 |
| S3＋9 | 微分增益（$K_D$） | 0～100（单位：%） | 仅用于高级模式（普通模式默认 50%），0 时无微分增益 |
| S3＋10 | 输出上限设定值 | 0～32767 | |
| S3＋11 | 输出下限设定值 | 0～32767 | |
| S3＋12 | 单位温度变化对应 AD 值变化 | 满量程 AD 值×（0.3%～1%）<br>默认值：10 | 16 位无符号，仅阶跃 PID 整定 |
| S3＋13 | PID 自整定是否允许超调 | 0：允许超调<br>1：不超调（尽量减少超调） | 仅阶跃 PID 整定 |
| S3＋14 | 自整定结束过渡阶段当前目标值每次调整的百分比 | 不可调 | 16 位无符号，仅阶跃 PID 整定 |
| S3＋15 | 限制超调时自整定结束过渡阶段超过目标值次数 | 仅阶跃 PID 整定，默认允许最大 15 次 | |

（续）

| 地址 | 功能 | 说明 | 备注 |
|---|---|---|---|
| S3 + 16 | PID 类型及状态 | bit0 ~ bit1　00：手动 PID 模式<br>01：阶跃整定模式<br>10：临界振荡整定模式<br>bit8　0：手动控制状态<br>1：自整定结束，进入手动控制状态 | 系统内部使用参数，仅供监测用 |
| S3 + 17 | PID 最大输出值 | 0 ~ 32767 | 系统内部使用参数，仅供监测用 |
| S3 + 18 | PID 最小输出值 | 0 ~ 32767 | 系统内部使用参数，仅供监测用 |
| S3 + 19 | 上次采样时间 | 0 ~ 采样时间（单位：ms） | 16 位无符号，系统内部使用参数，仅供监测用 |
| S3 + 20 | 实际采样时间间隔 | 值在采样时间左右 | 32 位无符号，系统内部使用参数，仅供监测用 |
| S3 + 22 | 上次用户设定的目标温度 | 修改目标温度前的值 | 系统内部使用参数，仅供监测用 |
| S3 + 23 | — | — | 参数保留 |

（2）参数说明

1）动作方向。

① 正动作：随着测定值 PV 的增加操作输出值 MV 随之增加的动作，一般用于冷却控制。

② 逆动作：随着测定值 PV 的增加操作输出值 MV 反而减少的动作，一般用于加热控制。

2）模式设置。

① 普通模式：使用参数寄存器的范围为 S3 ~ S3 + 69，其中 S3 ~ S3 + 7 需要用户设置；S3 + 8 ~ S3 + 69 为系统所占用，用户不可以使用。

② 高级模式：使用参数寄存器的范围为 S3 ~ S3 + 69，其中 S3 ~ S3 + 7 和 S3 + 8 ~ S3 + 11 需要用户设置；S3 + 16 ~ S3 + 69 为系统所占用，用户不可以使用。

3）采样时间［S3］。系统按照一定的时间间隔对当前值进行采样并与输出值比较，这个时间间隔即为采样时间 $T$。当 DA 输出时，$T$ 无限制；当端口输出时，$T$ 必须大于 1 个 PLC 程序扫描周期。$T$ 的取值宜在 100 ~ 1000 个 PLC 扫描周期的范围内。

4）PID 运算范围［S3 + 6］。系统在运行时，一开始处于 PID 全开阶段，即以最快的速度（默认为 4095）接近目标值，当达到 PID 的运算范围时，参数 $K_p$、$T_i$、$T_d$ 开始起控制作用，如图 3-60 所示。

如目标值为 100，PID 运算范围的值取 10，那么 PID 真正进行运算的范围即为 90 ~ 110。

5）控制死区［S3 + 7］。当 PID 输出值在较小的范围内波动时，不会对被控系统造成多大的影响，因此实际上没有必要将系统输出的有功功率控制得非常准确，为此可以在控制有功功率的 PID 控制器中设置死区。另外，如果不停地调节输出值，有关的机械元件将会磨损得很快。通过设置控制死区，可以避免这种情况，PID 的控制死区如图 3-61 所示。

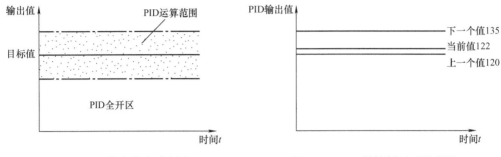

图 3-60 PID 的自整定示意图　　　　　图 3-61 PID 的控制死区示意图

假设，此时我们设定控制死区值为 10，那么在图 3-61 中，PID 输出当前值（122）对上一个值（120）来说，变化量仅为 2，PID 运算后将结果（122）保持在内部寄存器，最终输出值保持上一次的输出值（仍为 120），下一个值 135 对 122 具有变化量 13，大于控制死区值，PID 实际输出值变为 135。

应用要点如下：

1）在持续输出的情况下，作用能力随反馈值持续增强而逐渐变弱的系统，可以进行自整定，如温度或压力。对于流量或液位对象，则不一定适合做自整定。

2）在允许超调的条件下，自整定得出的 PID 参数为系统最佳参数。

3）在不允许超调的前提下，自整定得出的 PID 参数视目标值而定，即不同的设定目标值可能得出不同的 PID 参数，且这组参数可能并非系统的最佳参数，但可供参考。

4）用户如无法进行自整定，也可以依赖一定的工程经验值手工调整，但在实际调试中，需根据调节效果进行适当修改，下面介绍几种常见控制系统的经验值供用户参考，如图 3-62 所示。

◆　温度系统：P（%）2000～6000，I（分钟）3～10，D（分钟）0.5～3
◆　流量系统：P（%）4000～10000，I（分钟）0.1～1
◆　压力系统：P（%）3000～7000，I（分钟）0.4～3
◆　液位系统：P（%）2000～8000，I（分钟）1～5

图 3-62 常用 PID 参数设置经验值示意图

任务实施

一、系统控制分析

温度控制系统的初始步为系统的复位状态，此时料台气缸伸出到位；当按下起动按钮后，设备进入入料检测状态，等待工件到位；检测到有工件时延时 2s，料台缩回，进行模拟加温操作；当温度达到设定值时，加热完成，料台伸出；伸出到位后取走工件，整个周期完成，系统回到入料检测状态，等待下一周期的加热工作。程序流程图如图 3-63 所示。

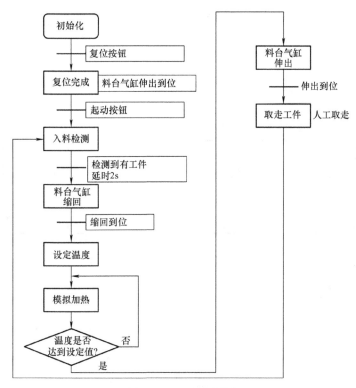

图 3-63 程序流程图

二、编程思路及程序设计

1. 编程思路

1）分析温度控制系统的控制要求，可以把温度控制系统的程序分为四个部分，分别为：PID 温度控制程序、复位操作程序、手动操作程序、自动运行程序。每部分程序利用GROUP 指令单独分类。

2）利用辅助继电器表示温度控制系统的中间状态，其功能见表3-14。

表 3-14 温度控制系统的辅助继电器功能表

| 辅助继电器 | 功能 | 辅助继电器 | 功能 |
|---|---|---|---|
| M0 | 开启 PID | M141 | 温控模块停止单机 |
| M1 | 开启 PID 自整定 | M142 | 温控模块复位单机 |
| M600 | 温控模块加热完成 | M143 | 温控模块复位标志位 |
| M601 | 物料到位准备加热 | M144 | 温控模块复位完成 |
| M650 | 温控模块料台手动伸出控制 | M145 | 温控模块电动机回原完成 |
| M140 | 温控模块起动单机 | M146 | 温控模块起动标志位 |

2. 触摸屏设计

1）组态界面包括4 个按钮、1 个手动开关、2 个数据输入、1 个数据显示、6 个画面切换开关等。组态界面如图3-64 所示，可根据表现形式进行适当增减。

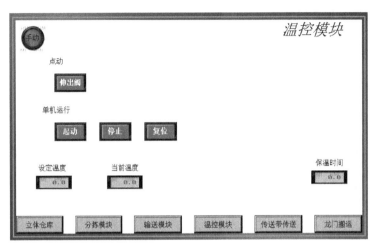

图 3-64　温度控制系统组态界面示意图

2）触摸屏变量连接见表 3-15。

表 3-15　触摸屏变量连接表

| 序号 | 名称 | 类型 | 对象 | 初值 | 备注 |
|---|---|---|---|---|---|
| 1 | 手动/自动切换 | 开关量 | M100 | 0 | 取反 |
| 2 | 点动-伸出阀 | 开关量 | M650 | 0 | 瞬时 ON |
| 3 | 单机-起动 | 开关量 | M140 | 0 | 瞬时 ON |
| 4 | 单机-停止 | 开关量 | M141 | 0 | 瞬时 ON |
| 5 | 单机-复位 | 开关量 | M142 | 0 | 瞬时 ON |
| 6 | 温度设定 | 数字量 | HD180 | 0 | DWord、无符号型 |
| 7 | 当前温度 | 数字量 | D0 | 0 | DWord、无符号型 |
| 8 | 保温时间 | 数字量 | HD600 | 0 | DWord、无符号型 |

## 3. PLC 程序设计

1）PID 参数设置如图 3-65 所示。

图 3-65　PID 参数设置示意图

2）PID 温控设置程序如图 3-66 所示。

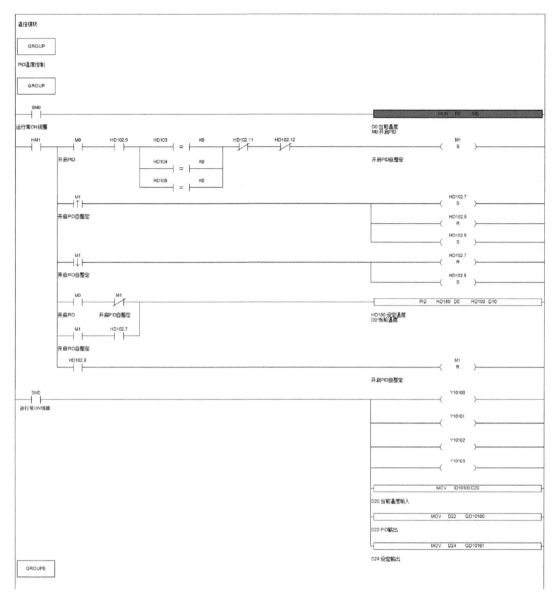

图 3-66 PID 温控设置程序示意图

3）复位操作程序如图 3-67 所示。

4）手动操作程序如图 3-68 所示。

5）自动运行程序如图 3-69 所示。

三、程序下载和运行

使用网线连接计算机、触摸屏和 PLC 系统，将编译好的程序下载到 PLC 中。观察实际运行效果，记录在表 3-16 中。

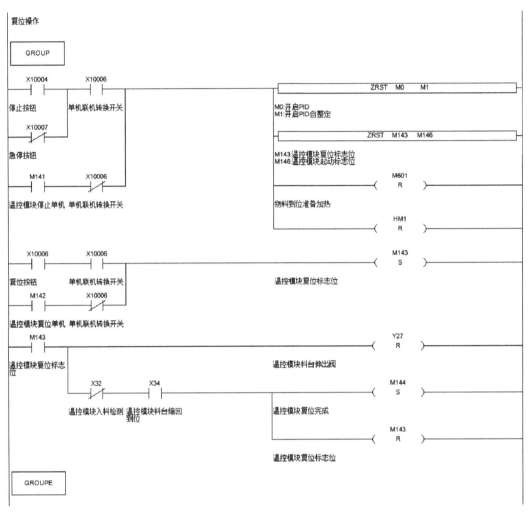

图 3-67　复位操作程序示意图

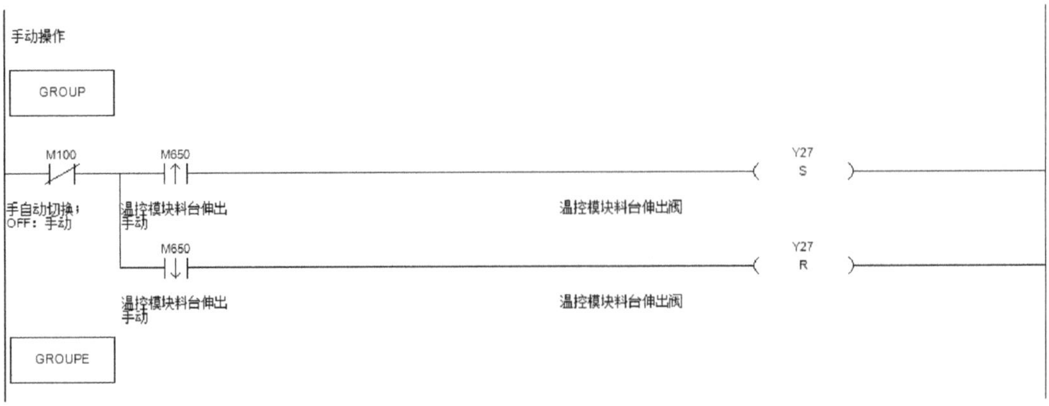

图 3-68　手动操作程序示意图

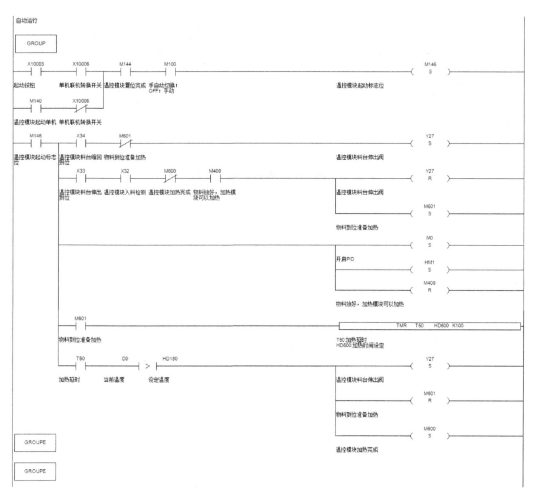

图 3-69　自动运行程序示意图

表 3-16　运行效果表

| 当前状态 | 观测对象 | 变化 |
|---|---|---|
| 按下复位按钮 | 温度控制恢复到初始状态 | |
| 按下手动按钮 | 料台伸出 | |
| | 料台缩回 | |
| 切换到自动运行状态 | 料台检测到物料，料台缩回 | |
| | 缩回到位后，温度加热 | |
| | 加热到设定温度时，停止加热，料台伸出 | |
| | 料台伸出到位后，机械手夹走工件 | |
| 按下停止按钮 | 系统停止工作 | |
| 按下急停按钮 | 系统立即停止工作 | |

## 四、6S 整理

在所有的任务都完成后，按照 6S 职业标准打扫实训场地，6S 整理现场标准图如图 3-70

所示。

整理：要与不要，一留一弃；

整顿：科学布局，取用快捷；

清扫：清除垃圾，美化环境；

清洁：清洁环境，贯彻到底；

素养：形成制度，养成习惯；

安全：安全操作，以人为本。

图 3-70　6S 整理现场标准图

## 任务检查与评价（评分标准）

| | 评分点 | 得分 |
|---|---|---|
| 程序设计（50 分） | 能正确进行组态界面设计与离线调试（10 分） | |
| | 能正确进行 PLC 温控设置程序设计（10 分） | |
| | 能正确进行 PLC 复位、手动、自动运行程序设计（10 分） | |
| | 能准确进行程序下载，进行 PLC、触摸屏的联机调试（10 分） | |
| | 能进行复位操作、手动操作、自动运行操作、急停操作等（10 分） | |
| 安全素养（10 分） | 存在危险用电等情况（每次扣 3 分，上不封顶） | |
| | 存在带电插拔工作站上的电缆、电线等情况（每次扣 3 分，上不封顶） | |
| | 穿着不符合要求（每次扣 4 分，上不封顶） | |
| 6S 素养（20 分） | 桌面物品及工具摆放整齐、整洁（10 分） | |
| | 地面清理干净（10 分） | |
| 发展素养（20 分） | 表达沟通能力（10 分） | |
| | 团队协作能力（10 分） | |

## 行业案例拓展

某校学生宿舍电热水箱的控制示意图如图 3-71 所示。该设备自动化控制要求指出当水箱中水位低于低位液位开关时，进水电磁阀打开，向水箱中加水，当水位高于高位液位开关时关闭进水电磁阀来停止加水；加热时，打开外部控制开关，则加

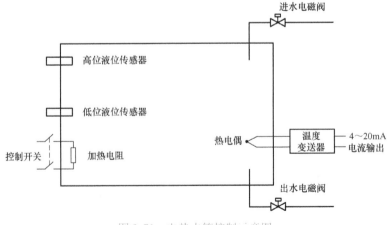

图 3-71　电热水箱控制示意图

热电阻开始升温，当水烧开时（水温 98 ~ 100℃），停止持续加热并开始自动保温，使水箱

水温可以持续保持在80℃。试用 PLC 完成此温度控制系统的设计。

## 常见故障及对策

| 故障类别 | 故障现象 | 原因分析 |
|---|---|---|
| 机械 | 气缸传感器未检测到信号 | 传感器未安装到位 |
| 调试 | 控制器未接收到气缸传感器信号 | 传感器接线错误 |
| | 温度设定值或反馈值数显表不显示或显示异常 | 1. 接线错误<br>2. 数显表参数设定错误或损坏 |

解决方案如下：

传感器未安装到位：传感器未安装到位或螺钉可能松动。排查传感器螺钉是否拧紧，将气缸分别手动控制伸出和缩回，观察传感器检测信号灯是否亮起，若无亮起，则移动传感器位置，直到信号灯亮起为止。

传感器接线错误：结合电气原理图和传感器线号定义排查接线问题，观察线头冷压端子是否有脱落现象，观察接线端子排是否有虚接现象。

接线错误：温度设定值或反馈值数显表不显示或显示异常。根据电气原理图，利用万用表蜂鸣器档位检测线路通断情况，观察线头冷压端子是否有脱落现象，观察接线端子排是否有虚接现象。

数显表参数设定错误或损坏：若硬件线路连接排查没有出错，则考虑数显表损坏或温度工控板参数有误，建议联系厂家维护。

# 项目4

# 分拣系统设计与调试

| 可编程控制器应用编程职业技能等级证书技能要求（中级） | |
|---|---|
| 序号 | 职业技能要求 |
| 1.1.1 | 能够根据要求完成速度控制系统（变频器）的方案设计 |
| 1.1.2 | 能够根据要求完成速度控制系统（变频器）的设备选型 |
| 1.1.3 | 能够根据要求完成速度控制系统（变频器）的原理图绘制 |
| 1.1.4 | 能够根据要求完成速度控制系统（变频器）的接线图绘制 |
| 1.4.1 | 能够根据要求完成相机的选型 |
| 1.4.2 | 能够根据要求完成光源的选型 |
| 1.4.3 | 能够根据要求完成镜头的选型 |
| 1.4.4 | 能够根据要求完成架设方案的设计 |
| 2.2.1 | 能够根据要求完成变频器参数配置 |
| 2.4.1 | 能够根据要求完成相机通信参数的配置 |
| 2.4.2 | 能够根据要求完成相机采图所需配置 |
| 2.4.3 | 能够根据要求完成镜头的调节 |
| 2.4.4 | 能够根据要求完成光源的调节 |
| 3.1.1 | 能够完成工程量与数字量之间的转换 |
| 3.1.2 | 能够根据要求完成速度控制系统（变频器）的多段速控制编程 |
| 3.1.3 | 能够根据要求完成速度控制系统（变频器）的通信控制编程 |
| 3.1.4 | 能够根据要求完成速度控制系统（变频器）的模拟量控制编程 |
| 3.4.1 | 能够根据要求完成图像采集程序的编写 |
| 3.4.2 | 能够根据要求完成相机轮廓识别程序的编写 |
| 3.4.3 | 能够根据要求完成相机瑕疵检测程序的编写 |
| 3.4.5 | 能够根据要求完成相机与 PLC 的联动程序的编写 |
| 4.1.1 | 能够完成 PLC 的通信测试 |

（续）

| 可编程控制器应用编程职业技能等级证书技能要求（中级） | |
|---|---|
| 序号 | 职业技能要求 |
| 4.1.2 | 能够完成 PLC 与变频系统的调试 |
| 4.1.3 | 能够完成速度控制系统（变频器）参数调整 |
| 4.1.4 | 能够完成速度控制系统（变频器）的优化 |
| 4.1.5 | 能够完成变频器和其他站点的数据通信及联机调试 |
| 4.4.1 | 能够完成相机与 PLC 的 I/O 通信 |
| 4.4.2 | 能够完成相机与 PLC 的数据通信 |
| 4.4.3 | 能够通过 PLC 触发相机拍照并传送数据 |
| 4.4.4 | 能够完成程序 BUG 修复、算子参数优化等相机系统调试 |
| 4.4.5 | 能够完成相机和 PLC 的联机调试 |

## 项目导入

　　分拣系统是自动化生产线中常见的自动化装置，该系统集成了多种传感器、工业相机、气缸推杆以及变频器等。通过本项目的学习，读者可以掌握如何使用工业相机实现颜色识别，学习到信捷 XD PLC 如何控制变频器实现电动机调速，如何编写程序控制分拣系统。

　　本项目包含4个任务：任务1 机器视觉系统的设计与调试，学习视觉系统架构、选型、安装调试等；任务2 变频器系统的设计，学习变频器的组成、原理、接线等；任务3 分拣系统的控制电路设计，学习分拣系统结构、工作原理，光纤传感器、旋转编码器的使用，变频器与 PLC 的连接等。任务4 分拣系统的程序设计，学习高速计数器的使用、变频器模拟量的使用，编写分拣系统的控制程序并完成调试。

　　项目实施过程中需注重团队协作，调试过程中需注意设备功能精准度、稳定性，追求精益求精的工匠精神。

## 学习目标

| | |
|---|---|
| 知识目标 | 了解分拣系统的机械结构组成<br>熟悉编码器的工作原理<br>熟悉变频器的工作原理<br>熟悉机器视觉系统的工作原理<br>掌握 PLC 控制程序的设计 |
| 技能目标 | 能够设置变频器的参数<br>能够绘制变频器、PLC 的外部接线图<br>能够编制分拣系统程序 |
| 素养目标 | 具有合作探究和团队协作意识<br>养成良好的规范意识、安全意识<br>培养一丝不苟、精益求精的工匠精神 |

| | 名称 | 实物 | 数量 |
|---|---|---|---|
| 硬件<br>准备 | 分拣装置 | | 1 套 |

| | 软件 | 版本 | 备注 |
|---|---|---|---|
| 软件<br>准备 | 信捷 PLC 编程工具软件 | XDPPro3.7.4a 及以上 | 软件版本周期性更新 |
| | TouchWin 编辑工具 | TouchWin V2.E.5 | 软件版本周期性更新 |
| | X-SIGHT 工业视觉编程工具 | X-SIGHT VISION STUDIO-EDU | 软件版本周期性更新 |

# 任务 1　机器视觉系统的设计与调试

任务分析

## 一、控制要求

机器视觉系统根据外部信号采集图像，通过颜色对物料进行识别并判定结果。当判定结果为 NG 品（不合格品）时，使用气缸剔除 NG 品。

## 二、学习目标

1. 了解机器视觉系统硬件架构组成。
2. 掌握机器视觉硬件系统选型。
3. 掌握机器视觉控制器与 PLC 之间的通信。
4. 掌握机器视觉系统硬件调试。

## 三、实施条件

| | 名称 | 型号 | 数量 |
|---|---|---|---|
| 硬件<br>准备 | 相机 | SV-M130C91-1/2 | 1 |
| | 相机电源线 | SC-ZID-H5 | 1 |
| | 光源 | SI-YD100A00-W | 1 |
| | 光源控制器 | SIC-Y242-A | 1 |
| | 视觉控制器 | SP-XN620T-V210 | 1 |

**任务准备**

## 一、机器视觉系统网络拓扑构成

机器视觉系统根据外部信号采集图像，当相机在目标位置检测到物料信息时，对图像进行 RGB 识别并给出判定结果。当判定结果与设定值一致时，向 PLC 发送信号以驱动气缸伺服电动机等执行部分工作。机器视觉系统具有简单、高效的特点，信捷机器视觉系统网络拓扑如图 4-1 所示。

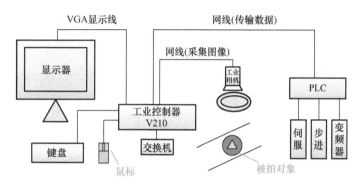

图 4-1　信捷机器视觉系统网络拓扑图

## 二、硬件选型

### 1. 视觉控制器选型

SP V210 超紧凑物联网（IoT）工业控制器采用 Intel Apollo Lake 处理器，提供可靠的 I/O 设计，满足最大数量的连接；采用独特的拓展设计方式，通过 PCIe/USB/SPI/I2C/LPC 的信号转换，可定制丰富的快速功能；支持广泛的应用开发和便捷的服务部署，在视觉检测中表现出色。

SP V210 控制器结构紧凑，部署灵活，实物如图 4-2 所示。

SP V210 控制器参数见表 4-1。

图 4-2　SP V210 控制器实物图

表 4-1　SP V210 控制器参数表

| 属性 | 参数 |
| --- | --- |
| CPU 型号 | Intel Pentium N4200 |
| BIOS | AMI8Mb UEFIBIOS |
| 内存 | 4GB DDR3L 1600MHz（最大 8GB） |
| 显示 | DP，最大分辨率可达 4096×2160@60Hz<br>HDMI，最大分辨率可达 3840×2160@30Hz |

（续）

| 属性 | 参数 |
|---|---|
| 音频 | Line-out、Mic-in，高清晰度音频，RealtekALC662 |
| 以太网 | 1×RTL8111H GbE，支持网络唤醒<br>2×Intel i210 GbE |
| I/O 接口 | 2×USB2.0 接口、2×USB3.0 接口、2×RS232 串口、2×RS485 串口 |
| 扩展插槽 | 全尺寸 Mini-PCIe，支持 WLAN/WWAN 模块<br>USIM，用于 3G/4G LTE 通信 |
| 存储 | eMMC（最大 256GB）、M.2 SSD（2242）、TE 卡槽、SATA3.0、支持 2.5in 硬盘 |
| 电源 | DC 12～32V IN |
| 功耗 | 24W |
| 系统 | Windows 10 IoT Enterprise 64bit、Linux |
| 安装 | 铝合金材质，壁挂套件 |
| 尺寸 | 120 mm×100 mm×51mm（长×宽×高） |
| 重量 | 0.65kg |
| 工作温度 | −20～60℃，带 0.7m/s 气流 |
| 存储温度 | −40～80℃ |
| 相对湿度 | 95%@40℃（非凝结） |
| 抗震保护 | 使用 SSD：3Grms，IEC60068−2−64，随机，5～500Hz，1hr/axis |
| 抗冲击保护 | 使用 SSD：30G，IEC60068−2−27，半正弦，持续 11ms |
| ESD | 接触放电 ±4kV，空气放电 ±8kV |
| 防护等级 | IP30 |
| 认证标准 | CE、FCC、Class A、TUV |

SP V210 控制器接口如图 4-3 所示。

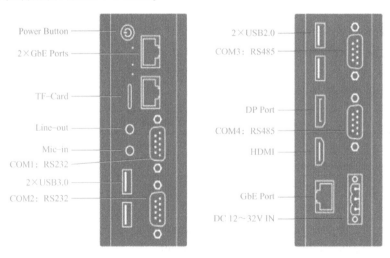

图 4-3　SP V210 控制器接口示意图

### 2. 工业相机选型

（1）像素

大部分图像传感器可以根据光强度将数据分为 256 个等级（8 位）。在最基本的黑白处理中，黑色（纯黑色）的数值为"0"，白色（纯白色）的数值为"255"，其他处于两者之间的颜色则根据光强度转换成其他数值。工业相机像素如图 4-4 所示。

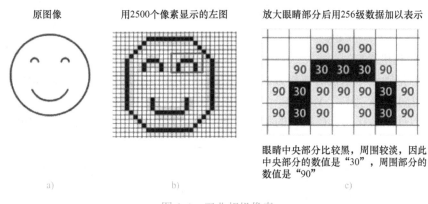

原图像    用2500个像素显示的左图    放大眼睛部分后用256级数据加以表示

眼睛中央部分比较黑，周围较淡，因此中央部分的数值是"30"，周围部分的数值是"90"

a)        b)        c)

图 4-4　工业相机像素

（2）工业相机分类

工业相机分类见表 4-2。

表 4-2　工业相机分类表

| 分类方式 | 具体分类 | |
|---|---|---|
| 芯片类型 | CCD 相机 | CMOS 相机 |
| 传感器结构特征 | 线阵相机 | 面阵相机 |
| 扫描方式 | 隔行扫描 | 逐行扫描 |
| 分辨率大小 | 普通分辨率 | 高分辨率 |
| 信号 | 模拟相机 | 数字相机 |
| 颜色 | 黑白相机 | 彩色相机 |
| 数据速度 | 普通速度相机 | 高速相机 |
| 响应频率范围 | 可见光（普通） | 红外、紫外 |

（3）工业相机传感器

图像传感器是利用光电器件的光电转换功能将感光面上的光像转换为与光像成相应比例关系的电信号。CCD 和 CMOS 相机传感器的对比见表 4-3。

表 4-3　CCD 和 CMOS 相机传感器对比

| | CCD 相机传感器 | CMOS 相机传感器 |
|---|---|---|
| 图像 | 图像质量高、灵敏度高、对比度高，存在光晕现象 | 图像质量一般，灵敏度差，但是没有光晕现象 |
| 结构 | 低噪声 | 存在固定模式噪声 |
| | 集成度较低 | 高集成度 |

（续）

|  | CCD 相机传感器 | CMOS 相机传感器 |
|---|---|---|
| 结构 | 串行处理 | 并行处理，可直接访问单个像素 |
|  | 功耗一般 | 功耗低 |
|  | 电路结构简单 | 电路结复杂 |
|  | 灵敏度高 | 灵敏度低 |
| 成本 | 高 | 低 |

（4）工业相机接口

接口指的是镜头与相机的连接方式，接口有许多不同的类型，工业相机常用的接口包括C 接口、CG 接口、F 接口、V 接口、T2 接口、徕卡接口、M50 接口等。相机与镜头接口不适配时，可以使用转接口；C 接口的相机不能用 CS 口的镜头。工业相机接口如图 4-5 所示。

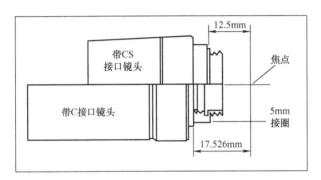

图 4-5　工业相机接口图

（5）工业相机曝光方式

一般来说，CCD 工业相机是全局曝光，CMOS 工业相机既存在全局曝光又存在卷帘曝光。

卷帘曝光：①开始曝光，②卷动快门逐渐打开胶片段，胶片段被曝光以拍摄图像，③完全打开后，将整张图像卷帘式曝光，④快门关闭，⑤直到再次完全遮光。工业相机卷帘曝光方式如图 4-6 所示。

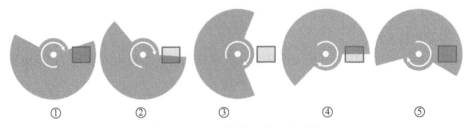

① ② ③ ④ ⑤

图 4-6　工业相机卷帘曝光方式图

全局曝光：快门在释放时会像闪电一样快速打开，在曝光时间结束时会立即关闭，也就是说光圈打开后，整个芯片像元同时曝光。工业相机全局曝光如图 4-7 所示。

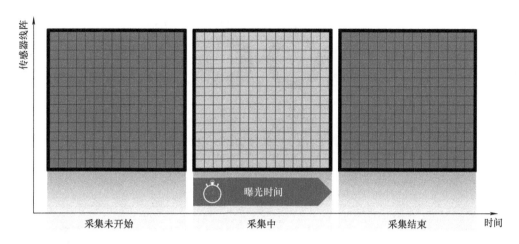

图 4-7　工业相机全局曝光图

（6）镜头选型

镜头类似于人肉眼的晶状体，主要作用是聚光。相机的镜头由多个镜片和光圈/调焦装置构成，根据监视画面进行光圈调整和调焦，可以得到明亮清晰的图像。工业相机镜头选型如图 4-8 所示。

（7）焦距

焦距（$f$）是光学系统中衡量光的聚集或发散的度量方式，指从透镜中心到光聚焦焦点的距离。工业相机焦距如图 4-9 所示。

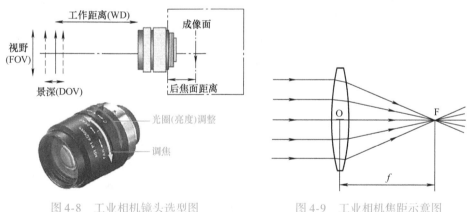

图 4-8　工业相机镜头选型图　　　　图 4-9　工业相机焦距示意图

（8）光圈

光圈是一个用来控制光线透过镜头进入机身内感光面光量的装置，它通常位于镜头内，"$f$/数值"用于表示光圈大小，$f$ = 镜头焦距/镜头有效口径（直径）。在某一光圈范围内，其成像、锐利度、色彩等方面是最好的，该范围被称为"最佳光圈"。光圈示意如图 4-10 所示。

（9）景深

在聚焦完成后，焦点前后的范围内所呈现的清晰图像的距离，这一前一后的范围，便称为景深。光圈、镜头、及焦平面到拍摄物的距离是影响景深的重要因素。工业相机景深如图 4-11 所示。

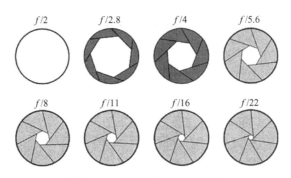

图 4-10　工业相机光圈示意图

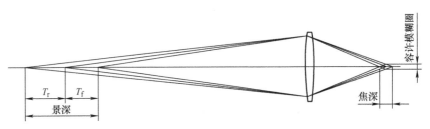

图 4-11　工业相机景深示意图

**3. 光源选型——环形光源**

环形光源如图 4-12 所示，其由高亮 LED 阵列特殊设计而成，可提供不同照射角度（光源发出的光线与被照平面的夹角）、不同颜色组合，更能突出物体的三维信息；若需解决对角照射阴影问题，可选配漫射板导光使光线均匀扩散。

环形光源分为高角度环形光源和低角度环形光源。高角度环形光源常用于显微照明、液晶校正、标签检测；低角度环形光源常用于边缘检测、金属表面检测。

高角度环形光源照明安装如图 4-13 所示。

图 4-12　工业相机环形光源示意图　　　　图 4-13　工业相机高角度环形光源照明安装图

## 三、工业相机软件介绍

工业相机软件界面如图 4-14 所示。

菜单栏　常规工具栏　任务栏　　　　　主窗口

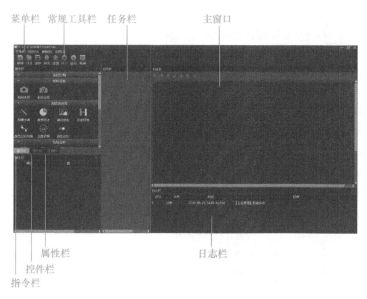

属性栏
控件栏
指令栏　　　　　　　　　　日志栏

图 4-14　工业相机软件界面图

**任务实施**

**1. 相机采集图像**

（1）模拟相机

模拟相机采集的操作步骤为：

1）从指令栏选择模拟相机指令到任务栏，并双击属性栏中相机标识后面的按钮，在弹出的窗口中设置图像的文件路径。相机采集–模拟相机属性栏如图 4-15 所示。

图 4-15　相机采集–模拟相机属性栏图

2）若要将导入的图片显示在主窗体，可以从控件栏拖拽一个图形显示控件到主窗体，如图 4-16a 所示；并将属性栏中背景图与模拟相机的输出图像（0001. outImage）相连，如图 4-16b所示。

（2）工业相机

工业相机采集的操作步骤为：

1）在"相机类型"中拖拽"MV 工业相机"到软件界面的任务栏上。

2）单击属性栏中相机标识后面的按钮，在弹出的相机列表选择窗口中选择相机，选择对应参数值，单击"单次"或"连续"按钮即可出图，图形显示步骤与前文一致。相机采集–工业相机属性栏如图 4-17 所示。

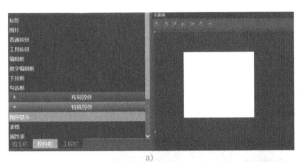

a)

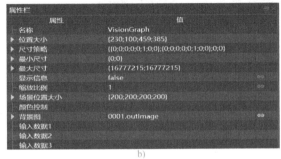

b)

图 4-16 模拟相机设置图

图 4-17 相机采集-工业相机属性栏图

工业相机工具属性见表 4-4。

表 4-4 工业相机工具属性

| 属性 | 类型 | 描述 |
|---|---|---|
| 相机标识 | — | 选择相机 |
| 模拟相机 | Bool | 是否选择模拟相机 |
| 路径 | — | 如果选择模拟相机，请设置本地图片文件路径 |
| 曝光时间 | 整数 | 设置相机曝光时间 |
| 增益 | 整数 | 设置相机增益 |
| 采集方式 | — | 自由采集、内触发、外触发 |
| 是否连接 | Bool | 相机连接是否成功 |
| 是否抓图 | Bool | 相机是否抓图 |
| 软触发信号 | Bool | 设置相机软触发信号 |
| 相机输出是否正常 | Bool | 相机输出是否正常 |
| 输出相机 | — | 输出相机 |
| 是否水平翻转图像 | Bool | 采集的图像是否水平翻转 |
| 是否垂直翻转图像 | Bool | 采集的图像是否垂直翻转 |
| 图像输出是否成功 | Bool | 图像输出是否成功 |
| 输出图像 | 图像 | 输出图像 |

2. 相机设置

（1）曝光时间

曝光时间是为了将光投射到照相感光材料的感光面上，快门所要打开的时间，其值视照相感光材料的感光度和感光面上的照度而定。曝光时间越长进的光越多，适合光线条件比较差的情况；曝光时间短则适合光线比较好的情况。在不过曝的情况下，可以增加信噪比，使图像清晰。曝光工具属性介绍见表4-5，曝光工具属性栏如图4-18。

图4-18  曝光工具属性栏图

表4-5  曝光工具属性表

| 属性 | 类型 | 描述 |
| --- | --- | --- |
| 输入相机 | — | 输入相机 |
| 曝光时间 | 整型 | 设置曝光时间 |
| 是否成功 | Bool | 显示设置是否成功 |

（2）白平衡

白平衡，字面上的理解是白色的平衡。白平衡是描述显示器中红、绿、蓝三基色混合生成后白色精确度的一项指标（如RGB模型）。在使用彩色相机拍摄时都会遇到这样的问题：在日光灯的房间里拍摄的影像会显得发绿，在室内钨丝灯光下拍摄出来的景物就会偏黄，而在日光阴影处拍摄到的照片则莫名其妙地偏蓝，其原因就在于白平衡的设置上，所以它的主要作用是纠正色温，还原拍主体的色彩，使在不同光源条件下拍摄的画面同人眼观看的画面色彩相近，有手动白平衡和自动白平衡等方式。

3. RGB颜色模型

RGB颜色模型是由国际照明委员会（CIE）制定的。RGB颜色模型如图4-19所示，它是三维直角坐标颜色系统的一个单位正方体，原点为黑色，距离原点最远的顶点（1，1，1）对应的颜色为白色，两个点之间的连线是正方体的主对角线，从黑到白的灰度值分布在主对角线线上，该线称为灰色线。

操作步骤如下：

1）在"相机设置"中将"设置白平衡"拖拽到任务栏。

2）连接相应的"输入相机"并校正，RGB颜色模型工具属性栏如图4-20所示，RGB颜色模型工具属性介绍见表4-6。

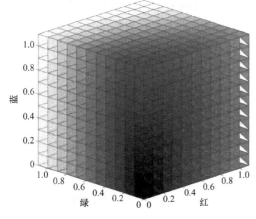

图4-19  RGB颜色模型图

图4-20  RGB颜色模型工具属性栏图

表 4-6　RGB 颜色模型工具属性表

| 属性 | 类型 | 描述 |
|---|---|---|
| 输入相机 | — | 输入相机 |
| 是否自动白平衡 | Bool | 是否自动白平衡 |
| 手动校正一次 | Bool | 手动白平衡 |
| 是否成功 | Bool | 设置白平衡是否成功 |

**4. 逻辑基本指令——if 指令**

if 指令作用：根据条件判断后续指令是否执行

操作步骤如下：

1）拖拽或双击"if"指令到任务栏。

2）双击任务栏中的"if"指令，弹出"表达式编辑"窗口。

3）单击"添加"按钮，在"选择链接的属性节点"中选择所需要的属性节点，然后单击"选择"按钮。if 指令工具属性如图 4-21 所示。

4）双击要添加的属性节点变量，单击"选中"按钮。

5）在文本框中输入条件表达式，单击"确定"按钮。

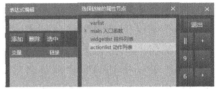

图 4-21　if 指令工具属性图

**5. 灰度阈值化**

灰度阈值化是基于灰度二值化原理，将 256 个亮度等级的灰度图像通过适当的阈值选取（范围为 0 ~ 255）获得仍然可以反映图像整体和局部特征的图像。

如果某特定物体在内部有均匀一致的灰度值，并且其处在一个具有其他等级灰度值的均匀背景下，使用阈值法就可以得到比较好的分割效果。

操作步骤如下：

1）从本地计算机导入图像，操作步骤同模拟相机的操作步骤。如果导入图像是彩色图片，则需要将彩色图像转换为灰度图像，使用 RgbToGray 指令。

2）从指令栏中选择"灰度阈值化"指令到任务栏，将属性栏中的输入图像与模拟相机的输出图像（0001 -模拟相机. 输出图像）相连。

3）单击属性栏中输入区域后面的按钮，在弹出的图形编辑窗口选择感兴趣的区域。

4）根据需要设置最小像素值和最大像素值。灰度阈值化工具属性栏如图 4-22 所示。

5）从控件栏中拖拽一个图形显示控件到主窗体，并将属性栏中输入数据与提取区域的输出区域（0002 -阈值化区域. 输出. 阈值化区域）相连，单击"单次"或"连续"按钮。灰度阈值化效果如图 4-23 所示。

**6. 区域特征**

区域面积指计算区域中包含的像素数。区域面积工具属性见表 4-7。

表 4-7　区域面积工具属性表

| 属性 | 类型 | 描述 |
|---|---|---|
| 输入区域 | 区域 | 输入区域 |
| 输出面积 | 整数 | |

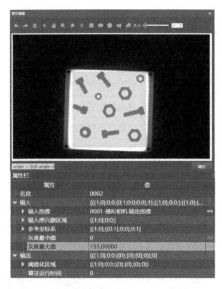

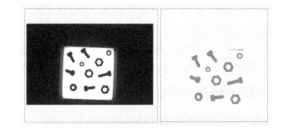

图 4-22　灰度阈值化工具属性栏图　　　　　图 4-23　灰度阈值化效果图

（1）区域外接框

区域外接框如图 4-24 所示，工具属性表见表 4-8。

表 4-8　区域外接框工具属性表

| 属性 | 类型 | 描述 |
|---|---|---|
| 输入区域 | 区域 | 输入区域 |
| 输出框 | 框 | 输出区域的最小边界框 |
| 输出框左上角 | Point2D | 输出框左上角坐标 |
| 输出框右上角 | Point2D | 输出框右上角坐标 |

区域外接框描述该操作所计算区域的最小外接框，其包含属于输入区域的所有像素，然后将生成外接框。

（2）区域外接矩形

区域外接矩形如图 4-25 所示，工具属性表见表 4-9。

图 4-24　区域外接框图　　　　　　　　　图 4-25　区域外接矩形图

表 4-9　区域外接矩形工具属性表

| 属性 | 类型 | 描述 |
|---|---|---|
| 输入区域 | 区域 | 输入区域 |
| 最小外接矩形 | 矩形 2D | 输出最小外接矩形 |

（续）

| 属性 | 类型 | 描述 |
|---|---|---|
| 左上角顶点 | Point2D | 输出外接矩形左上角顶点 |
| 右上角顶点 | Point2D | 输出外接矩形右上角顶点 |
| 左下角顶点 | Point2D | 输出外接矩形左下角顶点 |
| 右下角顶点 | Point2D | 输出外接矩形右下角顶点 |
| 中心点 | Point2D | 输出外接矩形中心点 |

区域外接矩形描述该操作所计算的一个矩形，该矩形包含输入区域的所有像素。

7. 开、闭运算

开运算能够使图像的轮廓变得光滑，还能使狭窄的连接断开及消除细毛刺。闭运算相比开运算也会平滑一部分轮廓，但与开运算不同的是闭运算通常会弥合较窄的间断和细长的沟壑，还能消除小的孔洞及填充轮廓线的断裂。区域开、闭运算效果分别如图 4-26 和图 4-27 所示。

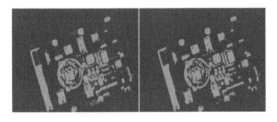

图 4-26　区域开运算效果图

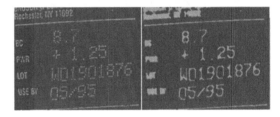

图 4-27　区域闭运算效果图

区域运算工具属性见表 4-10。

表 4-10　区域运算工具属性表

| 属性 | 类型 | 描述 |
|---|---|---|
| 输入区域 | 区域 | 输入区域 |
| 运算类型 | 膨胀 | 使用预定义内核在区域上执行形态扩张 |
| | 腐蚀 | 使用预定义内核对区域执行形态腐蚀 |
| | 开运算 | 先腐蚀后膨胀 |
| | 闭运算 | 先膨胀后腐蚀 |
| | 形态学梯度 | 膨胀图与腐蚀图之差 |
| | 顶帽运算 | 原图像与"开运算"的结果图之差 |
| | 黑帽运算 | "闭运算"结果图与原图像之差 |
| 内核形状 | 圆 | 描述结构元素状态 |
| | 椭圆 | |
| | 交叉 | |
| 核宽 | 整型 | 接近内核宽度的一半（$2 \times R + 1$） |
| 核高 | 整型 | 接近内核宽度的一半（$2 \times R + 1$），或者与宽度相同 |
| 输出区域 | 区域 | 输出区域 |

操作步骤如下：

1）从本地计算机导入图像，操作步骤同模拟相机的操作步骤。如果导入图像是彩色图片，则需要将彩色图像转换为灰度图像，使用 RgbToGray 指令。

2）使用"阈值化区域"指令提取对象区域，操作步骤同"阈值化区域"指令的操作步骤。

3）使用形态变换指令（以膨胀为例），将属性栏中的输入区域与"阈值化区域"指令的输出区域（0002-阈值化区域 . 输出 . 阈值化区域）相连，根据需求设置内核形状、核宽和核高。

**8. 字符串比较**

字符串比较工具属性见表4-11。

表4-11　字符串比较工具属性表

| 属性 | 数据类型 | 描述 |
| --- | --- | --- |
| 字符串1 | String | 输入字符串1 |
| 字符串2 | String | 输入字符串2 |
| 是否区分大小 | Bool | 字符是否区分大小 |
| 是否相等 | Bool | 两个字符是否相等 |

其作用是判断两个字符串是否相等。

**9. 通信**

操作步骤如下：

1）在计算机"开始"界面中双击"设置"，然后再双击"网络和 Internet"得到图4-28所示的界面。

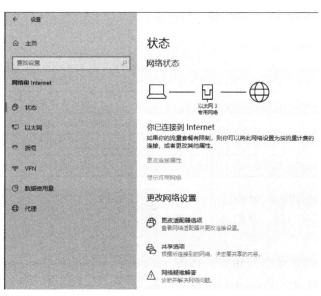

图4-28　计算机网络设置图

2）在图4-28中双击"更改适配器选项"，选中相应的"以太网"，双击"更改此连接的设置"，然后双击"Internet 协议版本 4（TCP/IPv4）"修改 IP 地址，最后单击"确定"即可。计算机修改 IP 地址如图 4-29 所示。

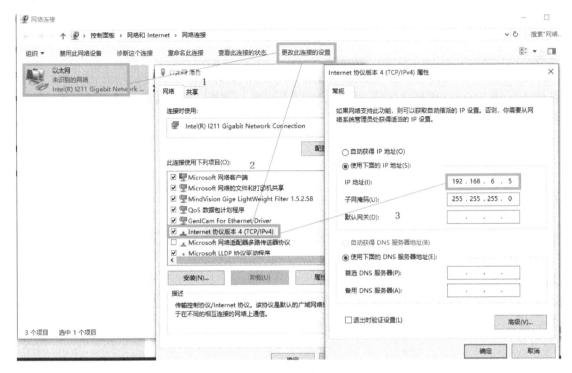

图 4-29　计算机修改 IP 地址图

3）在"X‐SIGHT Vision Studio"软件的指令栏中双击"Modbus"，再双击"Modbus TCP"，根据 PLC 配置属性设置属性栏参数（IP 地址与 PLC 的 IP 地址一致）。Modbus TCP 属性栏参数见表 4-12。

表 4-12　Modbus TCP 属性栏参数表

| 属性 | 描述 |
| --- | --- |
| IP 地址 | 连接的 IP 地址 |
| 端口 | 连接的主机的 Modbus 端口，默认值为 502 |
| 站号 | 连接主机站号 |
| 状态 | 显示通信状态 |

相机设置 IP 地址如图 4-30 所示

4）以写单字指令为例，从指令栏选择"写单字"指令到任务栏，将属性栏中的通信与"ModbusTCP 通信实例"相连，接着设置寄存器的起始地址，然后右击"写入单字数组"，根据需求"添加子页"或者"删除子页"，并设置寄存器的值。图 4-31 分别将 D0、D1、D2、D3 寄存器里的值设

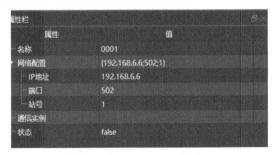

图 4-30　相机设置 IP 地址图

为1、1、0、1。

5）PLC 编程工具软件的"PLC–自由监控"界面的效果图如图 4-32 所示，D0、D1、D2、D3 寄存器里的值分别为 1、1、0、1，其显示了通信成功效果。

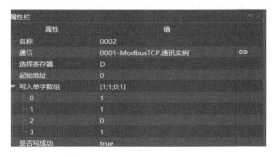

图 4-31　写单字指令属性图　　　　　　　图 4-32　通信成功效果图

## 任务检查与评价（评分标准）

| 评分点 | | 得分 |
|---|---|---|
| 硬件连接调试<br>（25 分） | 能完成视觉系统硬件搭建（20 分） | |
| | 相机光源、光圈、焦距调试合理（5 分） | |
| 软件<br>（25 分） | 相机拍照触发模式设置正确（5 分） | |
| | 可实现视觉控制器与 PLC 之间的通信（5 分） | |
| | 编写相机程序可正确识别物料中的不良品（15 分） | |
| 安全素养<br>（10 分） | 存在危险用电等情况（每次扣 3 分，上不封顶） | |
| | 存在带电插拔工作站上的电缆、电线等情况（每次扣 3 分，上不封顶） | |
| | 穿着不符合要求（每次扣 4 分，上不封顶） | |
| 6S 素养<br>（20 分） | 桌面物品及工具摆放整齐、整洁（10 分） | |
| | 地面清理干净（10 分） | |
| 发展素养<br>（20 分） | 表达沟通能力（10 分） | |
| | 团队协作能力（10 分） | |

## 任务 2　变频器系统的设计

> 任务分析

变频器是对电动机进行调速控制的电气设备，是一种集起动/停止控制、变频调速、显示及按键设置、保护等于一体的电动机控制装置。变频器应用广泛，已成为主流的电动机变速设备。本项目选用的 VH5 系列变频器是信捷公司开发的一款简易型变频器。本任务主要是熟练应用信捷 VH5 变频器控制电动机的运行。

## 一、控制要求

应用信捷 VH5 变频器来控制电动机的正转、反转、多段速运转，熟练调整变频器的参数，应用 VH5 变频器对电动机进行模拟量控制、与上位机 PLC 进行通信等。

## 二、学习目标

1. 了解信捷 VH5 系列变频器的组成。
2. 理解变频器的工作原理。
3. 掌握设置和调节变频器参数的方法。
4. 掌握绘制变频器外部接线图的方法。

## 三、实施条件

| 硬件准备 | 名称 | 型号 | 数量 |
|---|---|---|---|
| | 变频器 | VH5 – 20P7 | 1 |

## 任务准备

### 一、变频器相关知识学习

变频器（Frequency Converter）是利用电力电子半导体器件的通断作用，把电压、频率固定不变的交流电转变成电压、频率都可调的交流电，通过改变电动机工作电源频率方式来控制交流电动机的电力控制设备。变频器主要由整流（交流变直流）、滤波、逆变（直流变交流）、制动、驱动、检测、微处理等单元组成。现在使用的变频器主要采用交-直-交的工作方式，先把工频交流电整流成直流电，再把直流电逆变为频率、电压均可控制的交流电。变频器输出的波形是模拟正弦波，主要用于电动机的调速，又称为变频调速器。变频器调速有多种方法，包括选用固定频率的多段速调速、通过模拟量信号来控制变频器的模拟量调速、通过变频器通信实现的无极调速等。

### 二、VH5 系列变频器简介

VH5 系列变频器采用矢量控制技术，实现了异步的开环矢量控制，同时也强化了产品的可靠性和环境适应性。VH5 系列变频器拥有 220V 和 380V 两种电压等级，适配电动机功率范围为 0.75 ~ 5.5kW，可满足众多应用的需求，例如传送带、搅拌机、挤出机、水泵、风机、压缩机以及一些基本的物料处理机械等。

项目 4 分拣系统选用的 VH5 – 20P7 变频器如图 4-33 所示，该变频器自带 RS485 通信功能，支持 modbus RTU 通信，可以通过操作面板进行调试。

图 4-33　信捷 VH5 – 20P7 变频器外形图

### 一、变频器的安装与接线

一般情况下，变频器应立式安装。变频器对电动机的运行控制有三种方式：变频器面板键盘操作控制、外部模拟输入端控制、485 标准通信接口控制。

**1. 主回路接口认识与接线**

VH5－20P7 主回路配线图如图 4-34 所示。

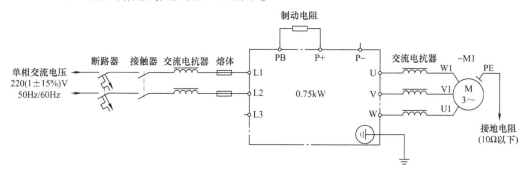

图 4-34　VH5－20P7 主回路配线图

**注意**：断路器、接触器、交流电抗器、保险丝、制动电阻、输出电抗器均为选配件，详细参见厂商说明书外围配件选型指导。VH5－20P7 主回路端子排列如图 4-35 所示。

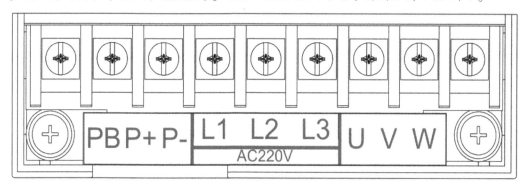

图 4-35　端子排列图

主回路输入/输出端子说明见表 4-13

表 4-13　主回路输入/输出端子说明表

| 端子标记 | 端子名称 | 功能说明 |
|---|---|---|
| R、S、T | 三相电源输入端子 | 交流输入三相电源连接点 |
| U、V、W | 变频器输出端子 | 连接三相电动机 |
| PE | 接地端子 | 保护接地 |
| P＋、PB | 制动电阻连接端子 | 制动电阻连接点 |
| P＋、P－ | 直流母线正、负端子 | 共直流母线输入点 |

**2. 控制回路接口认识与接线**

VH5 系列 0.75kW 单相变频器控制端子如图 4-36 所示。

| | X1 | X3 | COM | 24V | AI | GND | 10V |
|---|---|---|---|---|---|---|---|
| TA TB TC | X2 | X4 | Y1 | 0V | A0 | 485- | 485+ |

图 4-36 VH5 系列变频器控制端子示意图

控制端子说明见表 4-14。

表 4-14 变频器控制端子说明表

| 类别 | 端子 | 名称 | 功能说明 |
|---|---|---|---|
| 通信 | 485 +、485 - | RS485 通信接口 | 标准 RS485 通信接口，使用双绞线或屏蔽线 |
| 电源 | 10V、GND | 10V 电源 | 对外提供 10V 电源，最大输出电流为 20mA；一般用于外接电位器调试使用 |
| 模拟量输入 | AI、GND | 模拟量输入 AI | 输入电压范围：0 ~ 10V（输入阻抗：22kΩ）<br>输入电流范围：0 ~ 20mA（输入阻抗：500Ω）<br>由拨码选择电压/电流入 |
| 模拟量输出 | AO、GND | 模拟量输出 AO | 电压输出范围为 0 ~ 10V；外部负载为 2kΩ ~ 1MΩ<br>电压输出范围为 0 ~ 20mA；外部负载小于 500Ω<br>由拨码选择电压/电流输出 |
| 电源 | 24V、0V | DC 24V 电源 | 给端子提供 24V 电源，不可外接负载 |
| 公共端 | COM | 输入 X 公共端 | COM 与 24V 短接形成 NPN 型输入<br>COM 与 0V 短接形成 PNP 型输入 |
| 数字输入端子 | X1、COM | 输入端子 1 | 光耦隔离输入<br>输入阻抗为 $R = 2kΩ$ |
| | X2、COM | 输入端子 2 | 输入电压范围为 9 ~ 30V，兼容双极性输入 |
| | X3、COM | 输入端子 3 | 除有 X1 ~ X3 的特点外，还可以作为高速脉冲输入通道 |
| | X4、COM | 输入端子 4 | 最高频率为 50kHz |
| 数字输出端子 | Y1、COM | 数字输出端子 1 | 集电极开路输出<br>输出电压范围为 0 ~ 24V<br>输出电流范围为 0 ~ 50mA |
| 继电器输出端子 | TA、TB、TC | 输出继电器 1 | 可编程定义为多种电器输出端子<br>TA - TB：常开<br>TA - TC：常闭<br>触点容量为<br>AC 250V/2A（cosφ = 1）<br>AC 250V/1A（cosφ = 0.4）<br>DC 30V/1A |

**注意：**

1）变频器投入使用前，应正确进行端子配线和设置控制板上的所有跳线开关。

2）拨码开关说明：

S1：当拨码开关 S1 关闭（OFF）时，AI 通道的输入规格为 0 ~ 10V；当拨码开关 S1 开启（ON）时，AI 通道的输入规格为 0 ~ 20mA。拨码开关 S1 默认为 OFF。

S2：当拨码开关 S2 关闭（OFF）时，AO 通道的输出规格为 0 ~ 10V；当拨码开关 S2 开启（ON）时，AO 通道的输入规格为 0～20mA。
拨码开关 S2 默认为 OFF。

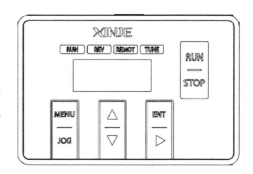

图 4-37 操作面板外观

## 二、变频器操作面板的操作与使用

变频器的操作面板及控制端子可对电动机的
起动、调速、停机、制动、运行参数及外围设备
等进行控制，操作面板的外观如图 4-37 所示。

**1. 操作面板键盘功能说明**

变频器操作面板键盘上设有 8 个按键和一个
模拟电位器，功能定义见表 4-15。

表 4-15 键盘功能说明表

| 按键 | 名称 | 功能说明 |
|---|---|---|
| MENU | 编程/退出键 | 进入或退出编程状态 |
| ENT | 储存/切换键 | 在编程状态时，用于进入下一级菜单或者储存参数数据 |
| RUN | 正向运行键 | 在操作键盘运行命令方式下，按该键即可正向运行 |
| STOP | 停止/复位键 | 停止/故障复位 |
| JOG | 多功能按键 | 通过 P8-00 设置 |
| ▲ | 增加键 | 数据和参数的递增或运行中暂停频率 |
| ▼ | 减少键 | 数据和参数的递减或运行中暂停频率 |
| ▶ | 移位/监控键 | 在编辑状态时，可以选择设定数据的修改位；在其他状态下，可切换显示状态监控参数 |

**2. 数码管 LED 及指示灯说明**

变频器操作面板上有五位 7 段 LED 数码管和四个状态指示灯。

四个状态指示灯位于 LED 数码管的上方，自左往右分别为 RUN、REV、REMOT、
TUNE。状态指示灯的说明见表 4-16。

表 4-16 状态指示灯说明表

| 指示灯 | 含义 | 功能说明 |
|---|---|---|
| RUN | 运行指示灯 | 灯亮：运转状态<br>灯灭：停机状态 |
| REV | 反转指示灯 | 灯亮：反转运行状态<br>灯灭：正转运行状态<br>灯闪：切换状态 |
| REMOT | 命令源指示灯 | 熄灭：面板启停<br>常亮：端子启停<br>闪烁：通信启停 |
| TUNE | 调谐指示灯 | 灯慢闪：调谐状态<br>灯快闪：故障状态<br>灯常闪：转矩状态 |

3. 操作面板操作方法

（1）状态参数的显示切换

方法一：按下 ▭▶▭ 键后，切换 LED 显示参数，运行显示参数设置为 P8 - 07 和 P8 - 08，停机显示参数设置为 P8 - 09。

在查询状态监控参数时，可以按 < ENT > 键直接切换回默认监控参数显示状态。停机状态默认监控参数为设定频率，运行状态默认监控参数为输出频率。

方法二：查看 U0 组参数，假设查看 U0 - 02，操作方法如图 4-38 所示。

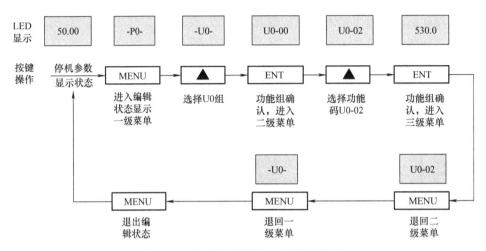

图 4-38　运行状态参数显示操作示例图

（2）功能码参数的设置

假设以参数 PC - 00（点动频率）从 5.00Hz 更改设定为 8.05Hz 为例进行说明，如图 4-39所示。

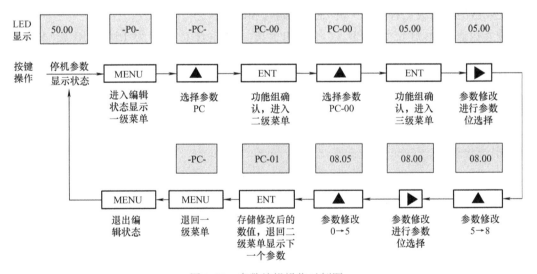

图 4-39　参数编辑操作示例图

138

（3）点动运行操作

假设当前运行命令通道为操作面板，停机状态，JOG 功能键选择为正转点动（P8 - 00 = 2），点动运行频率为 2Hz，点动运行操作如图 4-40 所示。

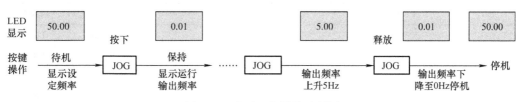

图 4-40　点动运行操作示例图

（4）故障状态查询故障参数

故障状态查询的方法同上 U0 组监控参数。

说明：

1）用户在故障码显示状态下按键可以查询 P6 组参数。

2）当用户查询故障参数时，可以按键直接切换回故障码显示状态。

（5）设定频率键盘 ［ ▲ ］、［ ▼ ］键给定操作

假设当前为停机参数显示状态，P0 - 03 = 0，操作方式如下：

1）频率调节采用数字给定。

2）当按下 ［ ▲ ］键不放时，首先 LED 个位开始递增，当增加到进位至十位时，十位开始递增，当十位增加到进位至百位时，百位开始递增，以此类推。如果放开 ［ ▲ ］键后重新按下 ［ ▲ ］键，开始重新从 LED 个位递增。

3）当按下 ［ ▼ ］键不放时，首先 LED 个位开始递键，当递减到从十位借位时，十位开始递减，当十位递减到从百位借位时，百位开始递减，以此类推。如果放开 ［ ▼ ］键后重新按下 ［ ▼ ］键，开始重新从 LED 个位递减。

本部分只介绍分拣系统所涉及的几种常用设置，其他详见 VH5 系列变频器说明书。

## 三、多段速控制输出频率学习

变频器通过外接开关器件的组合通断，使输入端子的状态发生改变进而实现调速，这种控制频率的方式称为多段速控制功能。

VH5 系列变频器通过输入端子的 ON、OFF 状态组合，对应不同的频率及加减速时间，最多可设置 16 段频率。变频器标配 6 个多功能数字输入端子（其中 X4 可以用作高速脉冲输入端子）和 32 个模拟量输入端子。各功能的详细说明见表 4-17。

表 4-17　各功能详细说明表

| 参数 | 名称 | 功能 |
|---|---|---|
| P2 - 00 | X1 端子功能选择 | 12：多段指令端子 1 |
| P2 - 01 | X2 端子功能选择 | 13：多段指令端子 2 |
| P2 - 02 | X3 端子功能选择 | 14：多段指令端子 3 |
| P2 - 03 | X4 端子功能选择 | 15：多段指令端子 4 |

4 个多段指令端子可以组合为 16 种状态，这 16 种状态对应 16 个指令设定值。具体见表 4-18。

表 4-18　多功能输入选择功能表

| K4 | K3 | K2 | K1 | 指令设定 | 对应参数 |
|---|---|---|---|---|---|
| OFF | OFF | OFF | OFF | 多段指令 0 | PB－00 |
| OFF | OFF | OFF | ON | 多段指令 1 | PB－01 |
| OFF | OFF | ON | OFF | 多段指令 2 | PB－02 |
| OFF | OFF | ON | ON | 多段指令 3 | PB－03 |
| OFF | ON | OFF | OFF | 多段指令 4 | PB－04 |
| OFF | ON | OFF | ON | 多段指令 5 | PB－05 |
| OFF | ON | ON | OFF | 多段指令 6 | PB－06 |
| OFF | ON | ON | ON | 多段指令 7 | PB－07 |
| ON | OFF | OFF | OFF | 多段指令 8 | PB－08 |
| ON | OFF | OFF | ON | 多段指令 9 | PB－09 |
| ON | OFF | ON | OFF | 多段指令 10 | PB－10 |
| ON | OFF | ON | ON | 多段指令 11 | PB－11 |
| ON | ON | OFF | OFF | 多段指令 12 | PB－12 |
| ON | ON | OFF | ON | 多段指令 13 | PB－13 |
| ON | ON | ON | OFF | 多段指令 14 | PB－14 |
| ON | ON | ON | ON | 多段指令 15 | PB－15 |

当频率源选择为多段速时，功能码 PB－00 ~ PB－15 的设定范围为 －100% ~ 100%，对应最大频率 P0－13。多段指令除作为多段速功能外，还可以作为 PID 的给定源，或者作为 VF 分离控制的电压源等，以满足需要在不同给定值之间切换的需求。

多段速控制面板参数说明见表 4-19。

表 4-19　多段速控制面板参数说明表

| 参数 | 名称 | 设定值 |
|---|---|---|
| P0－02 | 命令源选择 | 1：端子运行命令通道 |
| P0－03 | 主频率源 A 选择 | 7：多段速度指令 |
| P2－00 | 输入端子 X1 功能选择 | 1：正转运行 FWD 或运行命令 |
| P2－01 | 输入端子 X2 功能选择 | 2：反转运行 REV 或正反运行方向 |
| P2－02 | 输入端子 X3 功能选择 | 12：多段指令端子 1 |
| P2－03 | 输入端子 X4 功能选择 | 13：多段指令端子 2 |
| PB－00 | 多段数指令 0 | －100.0% ~ 100.0% |
| PB－01 | 多段数指令 1 | －100.0% ~ 100.0% |
| PB－02 | 多段数指令 2 | －100.0% ~ 100.0% |
| PB－03 | 多段数指令 3 | －100.0% ~ 100.0% |

### 四、模拟量控制

在工业控制中，某些输入量（温度、压力、液位、流量等）是连续变化的模拟量信号，某些被控对象也需要模拟信号控制，因此要求 PLC 和变频器具有处理模拟信号的能力。模拟量信号的采集由传感器来完成。PLC 内部执行的均为数字量，模拟量处理需要完成两方面的任务：其一是将模拟量转换成数字量（A/D 转换），其二是将数字量转换为模拟量（D/A 转换）。

本项目 PLC 连接了输入/输出扩展模块 XD－2AD2DA－A－ED。

1）模拟输入端子 AI 的配线，如图 4-41 所示。

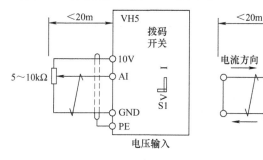

图 4-41　AI 配线图

2）变频器模拟量输入电压与其代表的设定值之间的关系如图 4-42 所示。

当模拟量输入大于所设定的最大给定（小于最小给定）时，按照最大给定（最小给定）计算。

VH5 的 AI3 模拟量输入端支持 PT100 温度传感器。电动机温度值在 U0－40 中显示。当电动机温度超过电动机过热保护阈值 P7－37 时，变频器故障报警，并根据所选择故障保护动作方式处理。当电动机温度超过电动机过热预报警阈值 P7－78 时，变频器数字量输出端口输出电动机过温预报警 ON 信号。

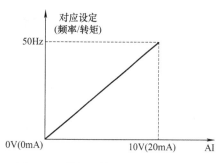

图 4-42　模拟量输入电压与其代表的设定值之间的关系图

3）分拣系统模拟量参数设置见表 4-20。

表 4-20　分拣系统模拟量参数设置表

| 参数 | 名称 | 设定值 |
| --- | --- | --- |
| P0－02 | 命令源选择 | 1：端子运行命令通道 |
| P0－03 | 主频率源 A 选择 | 3：AI |
| P2－00 | 输入端子 X1 功能选择 | 1：正转运行 FWD 或运行命令 |
| P2－01 | 输入端子 X2 功能选择 | 2：反转运行 REV 或正反运行方向 |

### 五、通信控制

VH5 系列变频器向用户提供工业控制中通用的 RS485 通信接口。通信协议采用 Modbus

标准通信协议，该变频器可实现从机与具有相同通信接口并采用相同通信协议的上位机（如 PLC 控制器、PC 机）的通信，实现对变频器的集中监控。另外，用户也可以使用一台变频器作为主机，通过 RS485 接口连接数台变频器作为从机，以实现变频器的多机联动。

具体通信方式如下：

1）变频器为从机，主从式点对点通信。主机使用广播地址发送命令时，从机不应答。

2）变频器作为主机，使用广播地址发送命令到从机，从机不应答。

3）用户可以通过键盘或串行通信方式设置变频器的本机地址、波特率、数据格式。

4）从机在最近一次对主机轮询的应答帧中上报当前故障信息。

分拣系统通信参数设置见表 4-21。

表 4-21　分拣系统通信参数设置表

| 参数 | 名称 | 设定值 |
|---|---|---|
| P0 - 02 | 命令源选择 | 2：串行口运行命令通道 |
| P0 - 03 | 主频率源 A 选择 | 6：通信给定 |
| P9 - 00 | 串口通信协议选择 | 0：Modbus-RTU 协议 |
| P9 - 01 | 本机地址 | 1：站号 1 |
| P9 - 02 | 通信波特率 | 6：19200bit/s |
| P9 - 03 | Modbus 数据格式 | 1：偶校验 |
| P9 - 04 | 通信超时时间 | 0.0：无效 |

## 任务检查与评价（评分标准）

| | 评分点 | 得分 |
|---|---|---|
| 硬件连接调试（35 分） | 能绘制出旋转供料系统电路原理图（20 分） | |
| | 能正确连接变频器多段速控制接线（5 分） | |
| | 能正确连接变频器模拟量控制接线（5 分） | |
| | 能正确连接变频 Modbus 通信控制接线（5 分） | |
| 参数设置（15 分） | 能正确设置变频器多段速控制参数（5 分） | |
| | 能正确设置变频器模拟量控制参数（5 分） | |
| | 能正确设置变频器 Modbus 通信控制参数（5 分） | |
| 安全素养（10 分） | 存在危险用电等情况（每次扣 3 分，上不封顶） | |
| | 存在带电插拔工作站上的电缆、电线等情况（每次扣 3 分，上不封顶） | |
| | 穿着不符合要求（每次扣 4 分，上不封顶） | |
| 6S 素养（20 分） | 桌面物品及工具摆放整齐、整洁（10 分） | |
| | 地面清理干净（10 分） | |
| 发展素养（20 分） | 表达沟通能力（10 分） | |
| | 团队协作能力（10 分） | |

# 任务3　分拣系统的控制电路设计

**任务分析**

分拣系统由哪些部分组成，各组成部分之间的控制逻辑关系是什么，各部分怎么连接构成控制功能电路，这些是编写 PLC 控制程序的基础。

本任务主要是进行分拣电路设计，完成分拣电路的系统硬件接线。

## 一、控制要求

根据分拣系统工作过程控制要求，完成将上一单元送来的工件进行分拣，通过视觉检测，使不同颜色或形状的工件从不同的位置分流。需要进行分拣系统 PLC 控制电路的设计，完成 PLC 控制系统外部接线图的绘制及硬件安装。

## 二、学习目标

1. 了解分拣系统的机械结构组成。
2. 理解光纤传感器、旋转编码器的工作原理。
3. 掌握传感器、变频器与 PLC 的连接。
4. 掌握变频器的参数设置，能够调节光纤传感器。
5. 掌握绘制分拣系统的外部接线图。

## 三、实施条件

| | 名称 | 型号 | 数量 |
|---|---|---|---|
| 硬件准备 | 变频器 | VH5 – 20P7 | 1 |
| | 相机 | SV – M130C91 – 1/2 | 1 |
| | 相机电源线 | SC – ZID – H5 | 1 |
| | 光源 | SI – YD100A00 – W | 1 |
| | 光源控制器 | SIC – Y242 – A | 1 |
| | 视觉控制器 | SP – XN620T – V210 | 1 |

**任务准备**

### 一、分拣模块的组成

分拣模块主要由三相异步电动机、编码器、视觉系统、传送机构、底板、机械手等组成。

分拣模块通过独立轴速度控制可以用于工件的分拣输送，通过视觉检测，根据工件的颜色或形状特征，进行工件的分拣。分拣模块实物如图 4-43 所示。

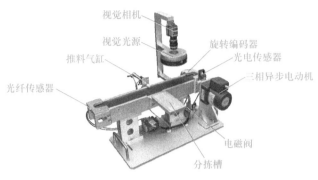

图 4-43　分拣模块实物图

1. 气动机构

出料槽的推料气缸是笔形气缸，由二位五通的单电控电磁阀所驱动，实现将停止在气缸前面的待分拣工件推进出料槽的功能。气动控制回路的工作原理如图 4-44 所示。图中 1B 为安装在推料缸前极限工作位置的磁感应接近开关。通常气缸的初始位置设定在缩回状态。

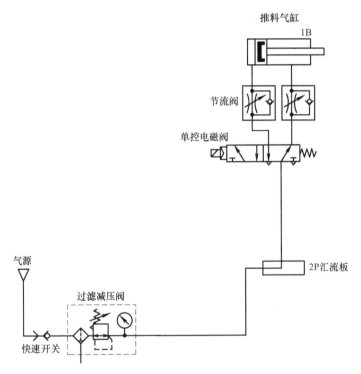

图 4-44　气动控制回路工作原理图

2. 传送带驱动机构

传动带驱动机构采用三相减速电动机拖动传送带输送物料。它主要由电动机支架、电动机、联轴器等组成。三相异步电动机是传动机构的主要部分，电动机转速的快慢由变频器来控制，电动机的轴和输送带主动轮的轴通过联轴器连接起来，从而组成一个传动机构。

## 二、分拣系统的传感器

分拣系统中有光电传感器、光纤传感器、磁性开关、电感式接近开关、旋转编码器等组成，本项目重点介绍光纤传感器、增量式编码器。

### 1. 光纤传感器

光纤传感器由光纤检测头、光纤放大器两部分组成，光纤放大器和光纤检测头是分离的两个部分，光纤检测头的尾端部分分成两条光纤，使用时分别插入光纤放大器的两个光纤孔。光纤传感器组件外形及放大器的安装示意图，如图 4-45 所示。

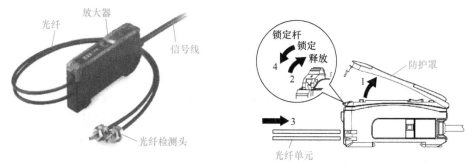

a) 光纤传感器组件外形　　　　　　　　　　　　b) 放大器的安装

图 4-45　光纤传感器组件外形及放大器的安装示意图

光纤传感器是光电传感器的一种。光纤传感器具有下述优点：抗电磁干扰，可工作于恶劣环境，传输距离远，使用寿命长。此外，由于光纤头具有较小的体积，所以可以安装于很小的空间。

光纤式光电接近开关中放大器的灵敏度调节范围较大。当光纤传感器灵敏度调得较小时，光电探测器无法接收到反射性较差的黑色物体的反射信号，而可以接收到反射性较好的白色物体的反射信号。若调高光纤传感器灵敏度，则光电探测器也可以接收到反射性差的黑色物体的反射信号。

图 4-46 给出了光纤传感器放大器单元的俯视图，调节图中 8 旋转灵敏度高速旋钮就能进行放大器灵敏度调节（顺时针旋转灵敏度增大）。调节时，会看到"入光量显示灯"发光的变化。当探测器检测到物料时，"动作显示灯"会亮，提示检测到物料。

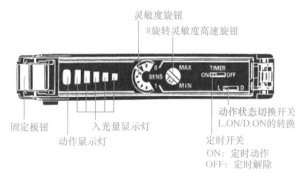

图 4-46　光纤传感器放大器单元的俯视图

E3X－NA11 型光纤传感器原理图如图 4-47 所示，接线时请注意根据导线颜色判断电源极性和信号输出线，切勿把信号输出线直接连接到电源 24V 端。

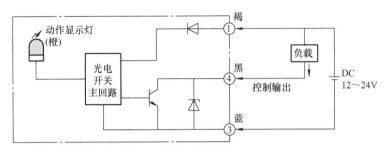

图 4-47　E3X－NA11 型光纤传感器原理图

### 2. 增量式编码器

旋转编码器是通过光电转换，将输出至轴上的机械、几何位移量转换成脉冲或数字信号的传感器，主要用于速度或位置（角度）的检测。旋转编码器根据产生脉冲方式的不同，可以分为增量式、绝对式以及复合式三大类。分拣系统上采用的是增量式旋转编码器（以下简称增量式编码器）。增量式编码器可实现连续位移量的离散化、增量化等。增量式编码器的特点是每产生一个输出脉冲信号就对应于一个增量位移，它能够产生与增量位移等值的脉冲信号。增量式编码器测量的是相对于某个基准点的相对位置增量，而不能够直接检测出绝对位置信息。

增量式编码器结构如图 4-48 所示，主要由光源、码盘、检测光栅、光电检测器件和转换电路组成。在码盘上刻有节距相等的辐射状透光缝隙，相邻两个透光缝隙之间代表一个增量周期。检测光栅上刻有 A、B 两组与码盘相对应的透光缝隙，用以通过或阻挡光源和光电检测器件之间的光线，它们的节距和码盘上的节距相等，并且两组透光缝隙错开 1/4 节距，使得光电检测器件输出的信号在相位上相差 90°。当码盘随着被测转轴转动时，检测光栅不动，光线透过码盘和检测光栅上的透光缝隙照射到光电检测器件上，光电检测器件就输出两组相位相差 90°的近似于正弦波的电信号，电信号经过转换电路的信号处理，就可以得到被测轴的转角或速度信息。

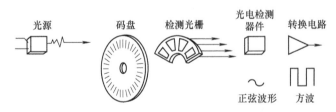

图 4-48　增量式编码器结构示意图

增量式编码器是直接利用光电转换原理输出三组方波脉冲 A、B 和 Z 相；A、B 两组脉冲相位差 90°，用于辨向。当 A 相脉冲超前 B 相时为正转方向，而当 B 相脉冲超前 A 相时则为反转方向。Z 相为零位脉冲信号，即编码器每旋转一圈发出一个 Z 相信号，用于基准点定位，如图 4-49 所示。

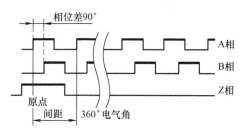

图 4-49　增量式编码器输出的三组方波脉冲图

分拣系统使用了这种具有 A、B 两相（90°相位差）的通用型增量式旋转编码器，用于计算工件在传送带上的位置。编码器直接连接到传送带主动轴上。增量式该旋转编码器的三相脉冲采用 NPN 型集电极开路输出，分辨率为 500P/R（脉冲/转），工作电源为 DC 12 ~ 24V。

**任务实施**

### 一、系统输入/输出信号汇总

根据控制要求，分拣系统要有 10 路输入信号和 9 路输出信号，见表 4-22。

表 4-22　分拣系统输入/输出信号表

| 序号 | 输入信号 | 序号 | 输出信号 |
| --- | --- | --- | --- |
| 1 | 编码器 A 相 | 1 | 变频器正转 |
| 2 | 编码器 B 相 | 2 | 变频器反转 |
| 3 | 入料检测 | 3 | 多段速 1 |
| 4 | 气缸伸出到位 | 4 | 多段速 2 |
| 5 | 到达检测 | 5 | 视觉拍照触发 |
| 6 | 起动按钮 | 6 | 推料阀（气缸） |
| 7 | 停止按钮 | 7 | 变频器 AI |
| 8 | 复位按钮 | 8 | 变频器 GND |
| 9 | 单机/联机转换开关 | 9 | 变频器 485 通信 |
| 10 | 急停按钮 | | |

气缸的伸出、缩回信号使用磁性开关检测，物料检测使用光电开关检测，物料定位采用增量式旋转编码器。为了能够控制供料系统的起动和停止，在紧急情况下，能够使分拣系统及时停止，需要手动输入信号，包括起动按钮、停止按钮、复位按钮、急停按钮等。分拣系统的输出：4 个控制变频器的数字量输入点（根据变频器调速要求可以是正反转信号，也可以控制固定转速的信号），气缸由电磁阀驱动，视觉拍照触发输出信号，变频器 AI、GND 及 485 通信输出等。

### 二、系统 I/O 口的分配

从分拣系统的输入/输出点数来看，控制分拣系统的 PLC 需要 10 点以上的输入点数和 9 点以上的输出点数，因此分拣系统选用 XINJIE XDH‑60T4‑E 作为主控单元，能够满足控制要求，PLC 的 I/O 信号分配见表 4-23。

表 4-23　分拣系统 PLC 的 I/O 信号分配表

| 输入信号 | | | 输出信号 | | |
|---|---|---|---|---|---|
| 序号 | PLC 输入点 | 信号名称 | 序号 | PLC 输出点 | 信号名称 |
| 1 | X000 | 编码器 B 相 | 1 | Y020 | 变频器正转 |
| 2 | X001 | 编码器 A 相 | 2 | Y021 | 变频器反转 |
| 3 | X027 | 入料检测 | 3 | Y022 | 多段速 1 |
| 4 | X030 | 气缸伸出到位 | 4 | Y023 | 多段速 2 |
| 5 | X031 | 到达检测 | 5 | Y025 | 视觉拍照触发 |
| 6 | X10003 | 起动按钮 | 6 | Y026 | 推料阀（气缸） |
| 7 | X10004 | 停止按钮 | 7 | A00 | 变频器 AI |
| 8 | X10005 | 复位按钮 | 8 | C00 | 变频器 GND |
| 9 | X10006 | 单机/联机转换开关 | 9 | A/B 端子 | 变频器 485 通信 |
| 10 | X10007 | 急停按钮 | | | |

## 三、线路连接及原理图设计

项目中 PLC DB5 等端子线在实施前先连接好，PLC 输入 DB5 口接线原理图如图 4-50 所示，X0 和 X1 分别接电动机编码器的 B 相和 A 相，X27 接入料检测，X30 为推料气缸伸出到位传感器，X31 为工件到达检测传感器，Y26 驱动推料气缸动作。24V 和 0V 为工作电源。具体接线如图 4-51 所示。

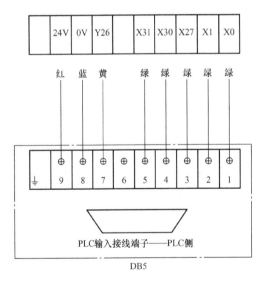

图 4-50　PLC 侧接线端子 DB5 口接线原理图

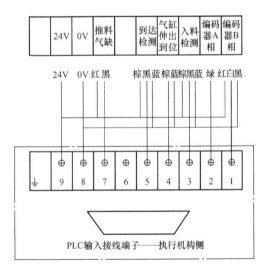

图 4-51　执行机构侧接线端子 DB5 口接线原理图

VH5 变频器的接线原理图如图 4-52 所示。变频器驱动传动电动机，以固定频率速度运行，Y20 为电动机正转，Y21 为电动机反转，Y22 与 Y23 是多段速组合控制，通过参数设置不同的频率（转速）控制。L1、L2、PE 为单相 220V 交流电输入，U、V、W、PE 接传动电动机。AI、GND 接 PLC 拓展模块 XD－2AD2DA－A－ED 的 AO0、CO0 端子，进行模拟量的输出控制。485＋、485－接 PLC 的 XDH－60T4 本体 RS485 的 A、B 端子，进行通信控制。

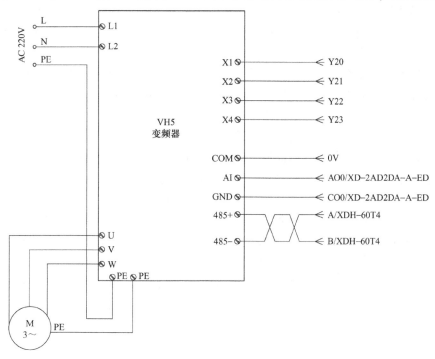

图 4-52　VH5 变频器的接线原理图

## 四、按照原理图完成电气接线

### 1. 电气接线

电气接线包括：在分拣单元装置侧完成各传感器、电磁阀、电源端子等引线到装置侧接线端口之间的接线；在 PLC 侧进行电源、I/O 点等接线。

（1）一般规定

电气接线的工艺应符合如下专业规范的规定：

①电线连接时必须用合适的冷压端子，端子制作时切勿损伤电线绝缘部分。

②连接线须有符合规定的标号；每一端子连接的导线不超过 2 根；电线金属材料不外露，冷压端子金属部分不外露。

③电缆在线槽里最少有 10cm 余量（若是一根短接线，则在同一个线槽里不要求）。

④电缆绝缘部分应在线槽里。接线完毕后线槽应盖住，没有翘起和未完全盖住现象。

（2）装置侧接线注意事项

①输入端口的上层端子（VCC）只能作为传感器的正电源端，切勿用于电磁阀等执行元件的负载。电磁阀等执行元件的正电源端应连接到输出端口上层端子（24V），0V 端子则应连接到输出端口下层端子上。

②装置侧接线完毕后，应用绑扎带绑扎，两个绑扎带之间的距离不超过 50mm。电缆和气管应分开绑扎，但当它们都来自同一个移动模块上时，允许绑扎在一起。

**2. 传感器的调试**

控制电路接线完成后，即可接通电源和气源，对工作单元各传感器进行调试。

光纤传感器的调试：将黑色芯工件放到光纤探头的下方，顺时针调节灵敏度旋钮，当动作指示灯点亮时，再逆时针调节灵敏度旋钮，使动作指示灯熄灭。将白色芯工件放到光纤探头的下方，观察动作指示灯是否点亮。

检测推料到位的磁性开关的调试：用小螺钉旋具将推料电磁阀手控旋钮旋到"LOCK"位置，推料气缸活塞杆将伸出，把工件推出到推料槽。然后调整"推料到位"磁性开关，使其在稳定的动作位置，最后紧定固定螺栓。

增量式编码器的信号输出线分别由绿色、白色和黄色三根线引出，其中黄色线为 Z 相输出线。编码器在出厂时，旋转方向规定为从轴侧看顺时针方向旋转时为正向，这时绿色线的输出信号将超前白色线的输出信号 90°，因此规定绿色线为 A 相线，白色线为 B 相线。然而在分拣系统传送带的实际运行中，使传送带正向运行的电动机转向却恰恰相反，为了确保传送带正向运行时，PLC 的高速计数器的计数为增计数，编码器实际接线时须将白色线作为 A 相使用，绿色线作为 B 相使用，分别连接到 PLC 的 X0 和 X1 输入点（这样连接并不影响编码器的性能）。此外，传送带不需要起始零点信号，Z 相脉冲没有连接。

由于该编码器的工作电流达 110mA，进行电气接线还需注意：编码器的正极电源引线（红色）须连接到装置侧接线端口的 24V 稳压电源端子上，不宜连接到带有内阻的电源端子 VCC 上，否则工作电流在内阻上压降过大，使编码器不能正常工作。

## 五、6S 整理

在所有的任务都完成后，按照 6S 职业标准打扫实训场地，6S 整理现场标准如图 4-53 所示。

整理：要与不要，一留一弃；
整顿：科学布局，取用快捷；
清扫：清除垃圾，美化环境；
清洁：清洁环境，贯彻到底；
素养：形成制度，养成习惯；
安全：安全操作，以人为本。

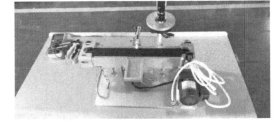

图 4-53　6S 整理现场标准图

# 任务检查与评价（评分标准）

| | 评分点 | 得分 |
|---|---|---|
| 硬件设计连接<br>（50 分） | 能绘制出分拣系统电路原理图（20 分） | |
| | 光电编码器安装正确（5 分） | |
| | 光电编码器接线正确（5 分） | |
| | 变频器电动机接线正确（5 分） | |
| | 分拣系统 PLC 输入/输出接线正确（5 分） | |
| | 会进行变频器的参数设置（10 分） | |

（续）

| 评分点 | | 得分 |
|---|---|---|
| 安全素养<br>（10 分） | 存在危险用电等情况（每次扣 3 分，上不封顶） | |
| | 存在带电插拔工作站上的电缆、电线等情况（每次扣 3 分，上不封顶） | |
| | 穿着不符合要求（每次扣 4 分，上不封顶） | |
| 6S 素养<br>（20 分） | 桌面物品及工具摆放整齐、整洁（10 分） | |
| | 地面清理干净（10 分） | |
| 发展素养<br>（20 分） | 表达沟通能力（10 分） | |
| | 团队协作能力（10 分） | |

# 任务 4  分拣系统的程序设计

**任务分析**

## 一、控制要求

1. 系统上电后，若用户按下复位按钮，气缸缩回到默认状态，系统复位。
2. 若用户按下起动按钮，则传送带开始运动，相机处于拍照状态。
3. 系统能够利用增量型编码器，控制气缸推出时机。

## 二、学习目标

1. 掌握高数计数器指令及参数配置方法。
2. 掌握 PLC 与变频器模拟量控制方法。
3. 掌握系统的外部接线图绘制方法。
4. 掌握分拣系统的 PLC 程序编写方法。

## 三、实施条件

| | 名称 | 版本 | 数量 |
|---|---|---|---|
| 软件<br>准备 | 信捷 PLC 编程工具软件 | XDPPro 3.7.4a 及以上 | 软件版本<br>周期性更新 |
| | TouchWin 编辑工具 | TouchWin V2. E. 5 | 软件版本<br>周期性更新 |
| | X - SIGHT 工业视觉编程工具 | X - SIGHT VISION STUDIO - EDU | 软件版本<br>周期性更新 |

**任务准备**

**1. Modbus 指令**

Modbus 指令分为线圈读写和寄存器读写指令，指令开始执行时，Modbus 读写指令执行标志 SM160（串口 2）置 ON；执行完成时，SM160（串口 2）置 OFF。如果通信发生错误，且设置了重发次数，则会自动重发，用户可查询相关寄存器判断错误原因。串口2的Modbus读写指令执行结果在 SD160 中。

下面具体介绍相应指令的用法。

（1）线圈读（COLR）指令

线圈读指令的 Modbus 功能码为 01H，是将指定局号中指定线圈状态读到本机内指定线圈中的指令。COLR 指令举例形式如图 4-54 所示。

图 4-54　COLR 指令举例形式图

该指令的含义：X0 由 OFF 到 ON 变化时，执行 COLR 指令，将站号为 1#的远端设备的 Modbus 地址 K500 ~ K502 的三个线圈状态，读到本机的 M1 ~ M3 三个线圈。本通信指令通过 PLC 的 port2 发送。

（2）输入线圈读（INPR）指令

输入线圈读指令的 Modbus 功能码为 02H，是将指定局号中指定输入线圈状态读到本机内指定线圈中的指令。该指令不能用于读取信捷 PLC 的输入线圈。INPR 指令举例形式如图 4-55所示。

图 4-55　INPR 指令举例形式图

该指令的含义为：X0 由 OFF 到 ON 变化时，执行 INPR 指令，将站号为 1#的远端设备的 Modbus 地址 K500 ~ K502 的三个输入线圈状态，读到本机的 M1 ~ M3 三个线圈。本通信指令通过 PLC 的 port2 发送。

（3）单个线圈写（COLW）指令

单个线圈写指令的 Modbus 功能码为 05H，是将本机内指定线圈状态写到指定局号中指定线圈的指令。COLW 指令举例形式如图 4-56 所示。

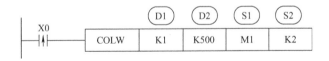

图 4-56　COLW 指令举例形式图

该指令的含义：X0 由 OFF 到 ON 变化时，执行 COLW 指令，将本机的 M1 线圈状态写到站号为 1#的远端设备的 Modbus 地址 K500 的线圈。本通信指令通过 PLC 的 port2 发送。

（4）多个线圈写（MCLW）指令

多个线圈写指令的 Modbus 功能码为 0FH，是将本机内指定的多个线圈的状态写到指定局号中指定线圈的指令。MCLW 指令举例形式如图 4-57 所示。

图 4-57　MCLW 指令举例形式图

该指令的含义为：X0 由 OFF 到 ON 变化时，执行 MCLW 指令，将本机的 M1 ~ M3 三个线圈的状态写到站号为 1# 的远端设备的 Modbus 地址 K500 ~ K502 的三个线圈。本通信指令通过 PLC 的 port2 发送。

（5）寄存器读（REGR）指令

寄存器读指令的 Modbus 功能码为 03H，是将指定局号指定寄存器读到本机内指定寄存器的指令。REGR 指令举例形式如图 4-58 所示。

图 4-58　REGR 指令举例形式图

该指令的含义为：X0 由 OFF 到 ON 变化时，执行 REGR 指令，将站号为 1# 的远端设备的 Modbus 地址 K500 ~ K502 的三个寄存器状态读到本机的 D1 ~ D3 寄存器。本通信指令通过 PLC 的 port2 发送。

（6）输入寄存器读（INRR）指令

输入寄存器读指令的 Modbus 功能码为 04H，是将指定局号指定输入寄存器读到本机内指定寄存器的指令。INRR 指令举例形式如图 4-59 所示。

图 4-59　INRR 指令举例形式图

该指令的含义为：X0 由 OFF 到 ON 变化时，执行 INRR 指令，将站号为 1# 的远端设备的 Modbus 地址 K500 ~ K502 的三个输入寄存器值读到本机的 D1 ~ D3 三个寄存器。本通信指令通过 PLC 的 port2 发送。

（7）单个寄存器写（REGW）指令

单个寄存器写指令的 Modbus 功能码为 06H，是将本机内指定寄存器写到指定局号指定寄存器的指令。REGW 指令举例形式如图 4-60 所示。

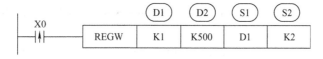

图 4-60　REGW 指令举例形式图

该指令的含义为：X0 由 OFF 到 ON 变化时，执行 REGW 指令，将本机的 D1 线圈的值写到站号为 1# 的远端设备的 Modbus 地址 K500 的寄存器。本通信指令通过 PLC 的 port2 发送。

（8）多个寄存器写（MRGW）指令

多个寄存器写指令的 Modbus 功能码为 10H，是将本机内指定寄存器写到指定局号指定寄存器的指令。MRGW 指令举例形式如图 4-61 所示。

图 4-61　MRGW 指令举例形式图

该指令的含义为：X0 由 OFF 到 ON 变化时，执行 MRGW 指令，将本机的 D1 ~ D3 三个线圈的值写到站号为 1# 的远端设备的 Modbus 地址 K500 ~ K502 的三个寄存器。本通信指令通过 PLC 的 port2 发送。

**2. 高速计数功能**

（1）功能概述

XDH 系列 PLC 具有与可编程控制器扫描周期无关的高速计数功能，通过选择不同的计数器来实现针对测量传感器和旋转编码器等高速输入信号的测定，其最高测量频率可达 80KHz。

（2）高速计数模式

XDH 系列 PLC 内置的高速计数器共有两种计数模式，分别为单相递增模式和 AB 相模式。

1）单相递增模式。此模式下，计数输入脉冲信号，计数值随着每个脉冲信号的上升沿递增计数。工作原理如图 4-62 所示。

2）AB 相模式。此模式下，高速计数值依照相位差 90°的脉冲信号（A 相和 B 相）进行递增或

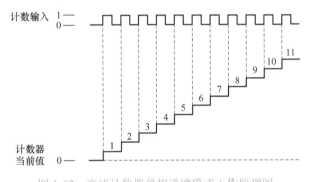

图 4-62　高速计数器单相递增模式工作原理图

递减计数，根据倍频数，又可分为二倍频和四倍频两种模式，但其默认计数模式为四倍频模式。

二倍频计数模式和四倍频计数模式工作原理如图 4-63 所示。

（3）高速计数值范围

高速计数器计数范围为 K－2，147，483，648 ~ K＋2，147，483，647。当计数值超出此范围时，则产生上溢或下溢现象。

所谓产生上溢，就是计数值从 K＋2，147，483，647 跳转为 K－2，147，483，648，并继续计数；而当产生下溢时，计数值从 K－2，147，483，648 跳转为 K＋2，147，483，647，并继续计数。

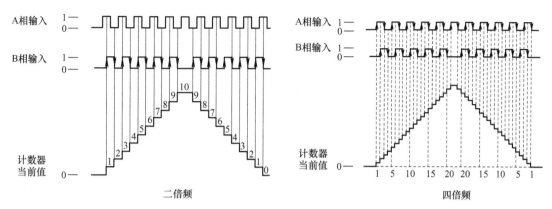

图 4-63 高速计数器二倍频/四倍频计数模式工作原理图

（4）高速计数输入端口分配

XDH-60T4-E 型 PLC 内置有 4 个高速计数器，其输入端口的分配见表 4-24。

表 4-24 XDH-60T4-E 型 PLC 内置的 4 个高速计数器输入端口分配表

| | 单相递增模式 | | | | AB 相模式 | | | |
|---|---|---|---|---|---|---|---|---|
| | HSC0 | HSC2 | HSC4 | HSC6 | HSC0 | HSC2 | HSC4 | HSC6 |
| 最高频率/kHz | 200 | 200 | 200 | 200 | 100 | 100 | 100 | 100 |
| 4 倍频 | | | | | 2/4 | 2/4 | 2/4 | 2/4 |
| 计数中断 | √ | √ | √ | √ | √ | √ | √ | √ |
| X000 | U | | | | A | | | |
| X001 | | | | | B | | | |
| X002 | | | | | Z | | | |
| X003 | | U | | | | A | | |
| X004 | | | | | | B | | |
| X005 | | | | | | Z | | |
| X006 | | | U | | | | A | |
| X007 | | | | | | | B | |
| X010 | | | | | | | Z | |
| X011 | | | | U | | | | A |
| X012 | | | | | | | | B |
| X013 | | | | | | | | Z |

其中：U 代表计数脉冲输入；A 指编码器的 A 相输入；B 指编码器的 B 相输入；Z 指编码器的 Z 相脉冲捕捉；"2/4"表示 2、4 倍频可调，可通过修改特殊 Flash 数据寄存器 SFD321、SFD322、SFD323、…、SFD330 内数据来设定 HSC0、HSC2 等高速计数器的倍频值，当值为 2 时为 2 倍频，当值为 4 时为 4 倍频，具体设置方法见用户手册。

假设采用 HSC0 对光电编码器的输出脉冲进行计数，其工作模式设置为 AB 相模式，则其编码器与 PLC 的输入端接线如图 4-64 所示。

### 3. 高速计数相关指令

（1）单相高速计数指令

单相高速计数（CNT）指令使用方法如图 4-65 所示。其中，S1 为指定高速计数器（如 HSC0），S2 为指定比较值（如 K100、D0），其数据类型为 32 位双整型数据。

图 4- 65 中，M0 导通时，高速计数器 HSC0 对 X0 端口输入的脉冲边沿进行单相高速计数，将高速计数值与寄存器 D20 里面设

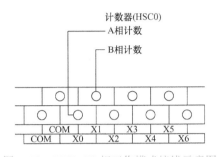

图 4-64　HSC0 AB 相工作模式接线示意图

定的数值进行比较，当高速计数值与设定值相等时，会立即将线圈 HSC0 置 ON，计数值累计在 HSCD0（双字）中。

高速计数器的当前值计算器 HSCD 具有断电保持功能，因此需要使用复位指令将其当前值复位为 0。单相高速计数的边沿（上升沿或下降沿）模式可通过 SFD310～SFD313（分别对应 HSC0～HSC6）设置。

（2）AB 相高速计数指令

AB 相高速计数（CNT_AB）指令使用方法如图 4-66 所示。其中，S1 为指定高速计数器（如 HSC0），S2 为指定比较值（如 K100、D0），其数据类型为 32 位双整型数据。AB 相高速计数指令能够根据输入的 A、B 相信号相位差进行加或减计数。

图 4-65　CNT 指令使用方法图

图 4-66　CNT_AB 指令使用方法图

（3）高速计数复位指令

高速计数器的复位方式为软件复位方式。高速计数复位（RST）指令的使用方法如图 4-67 所示。

图 4-67 中，当 M0 置 ON，HSC0 开始对 X0 端口的脉冲输入进行计数；当 M1 由 OFF 变为 ON 时，对 HSC0 进行复位，同时 HSCD0（双字）中的计数值被清零。

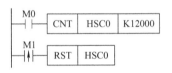

图 4-67　RST 指令使用方法图

### 4. 高速计数应用举例

① 举例一：假设高速计数器设置为递增计数模式，其梯形图如图 4-68 所示。

当线圈 SM0 置 ON 时，高速计数器 HSC0 对 X0 端口进行单相高速计数，设置值为 K88888888，并将高速计数值实时读取至数据寄存器 D0（双字）中。

当 D0（双字）中的高速计数值小于数据寄存器 D2（双字）内的数值时，输出线圈 Y0 置 ON；当 D0（双字）中高速计数值大于或等于数据寄存器 D2（双字）内数值而小于数据寄存器 D4（双字）内数值时，输出线圈 Y1 置 ON；当 D0（双字）中高速计数值大于或等于数据寄存器 D4（双字）内数值时，输出线圈 Y2 置 ON。

当 M1 上升沿来临时，将高速计数器 HSC0 复位，HSCD0（双字）清零。

② 举例二：假设高速计数器设置为 AB 相计数模式，其梯形图如图 4-69 所示。

当初始正向脉冲线圈 SM2 上升沿来临时，即每次扫描周期开始时，高速计数器 HSC0 复位，HSCD0 中的计数值清零。

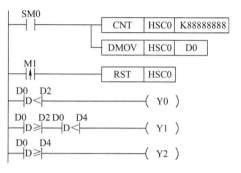

图 4-68　高速计数应用举例一

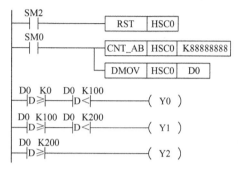

图 4-69　高速计数应用举例二

当线圈 SM0 置 ON 时，HSC0 开始对 X0、X1 端口进行 AB 相高速计数，计数设定值为 K88888888，同时 HSCD0（双字）中的计数值被实时写入 D0（双字）中。

当 D0（双字）中的计数值大于 K0 而小于 K100 时，输出线圈 Y0 置 ON；当 D0（双字）中的计数值大于或等于 K100 而小于 K200 时，输出线圈 Y1 置 ON；而当 D0（双字）中的计数值大于或等于 K200 时，输出线圈 Y2 置 ON。

### 5. 模拟量输入/输出模块 XD－2AD2DA－A－ED

模拟量输入/输出模块 XD－2AD2DA－A－ED 可将 2 路模拟输入数值转换成数字值，2 路数字量转换成模拟量，并且把它们传输到 PLC 主单元，与 PLC 主单元进行实时数据交互。

（1）工作模式的设定

工作模式的设定有两种方法可选（这两种方法的效果是等价的）：通过配置面板配置和通过 Flash 寄存器配置。本项目通过配置面板配置。

（2）配置面板配置

将编程软件打开，单击左侧工程栏 "PLC 配置"下的 "ED 模块"，如图 4-70 所示。

之后出现如图 4-71 所示配置面板，选择对应的模块型号和配置信息，具体步骤如下：

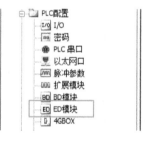

图 4-70　ED 模块配置图

第一步：在图中 "2" 处选择对应的模块型号。

第二步：完成第一步后 "1" 处会显示出对应的型号。

第三步：另外在 "3" 处可以选择 AD 的滤波系数和 AD、DA 通道对应的电流模式。

第四步：配置完成后，单击 "4" "写入 PLC"，然后将 PLC 断电后重新上电，此配置生效。

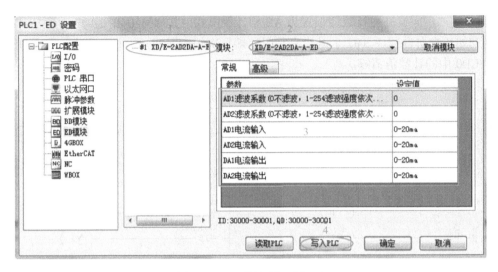

图 4-71　ED 模块配置步骤图

任务实施

一、程序设计

分拣系统工作过程如下：按下"复位"按钮，设备复位到原点（推料气缸缩回到位）。按下"起动"按钮，起动设备运行。当工件放到传送带上并被入料口漫射式光电传感器检测到时，将信号传输给 PLC，延时 2s，变频器以 30Hz 频率开始运行，电动机运转驱动传送带工作，把工件带进分拣区，如果进入分拣区工件为非成品，则推料气缸动作，推料完成；如果进入分拣区工件为成品，则变频器运行，到达检测位置，取走工件，如此循环。如果在运行期间按下停止按钮，该工作单元在本工作周期结束后停止运行。

具体控制流程如图 4-72 所示。

1. 编程思路整理

考虑到整个系统功能，结合实际使用，本项目采用结构化设计思想。将 PLC 控制程序分为：通信程序、复位程序、手动操作程序、自动运行程序和外加相机程序。程序可读性强，编程与运行效率高，操作使用方便，结构化设计是工程设计中常用的方法和技巧。

2. 通信程序设计

通信程序如图 4-73 所示。

如图 4-73 所示，内部辅助继电器 SM11 由 OFF 变为 ON 时，通过 PLC 的 port2（RS485）端口，将 D300 的值写到 1#站 H1100 开始的寄存器，将 D302 的值写到 1#站 H1000 开始的寄存器。

3. 复位程序设计

复位程序如图 4-74 所示。

如图 4-74 所示，按下"复位"按钮（X1005），单机联机转换开关接通（X1006），系

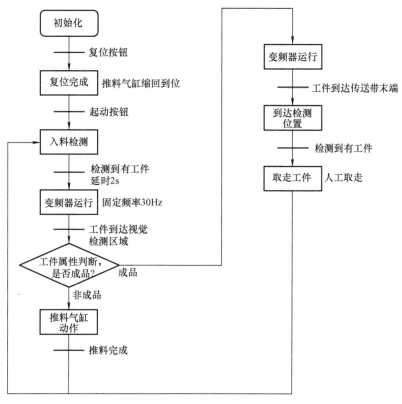

图4-72 分拣系统具体控制流程图

图4-73 通信程序图

统开始复位，PLC输出端子Y20～Y26复位，编码器采集值置0，完成分拣模块立体仓库复位，分拣模块物料到达拍照位置。

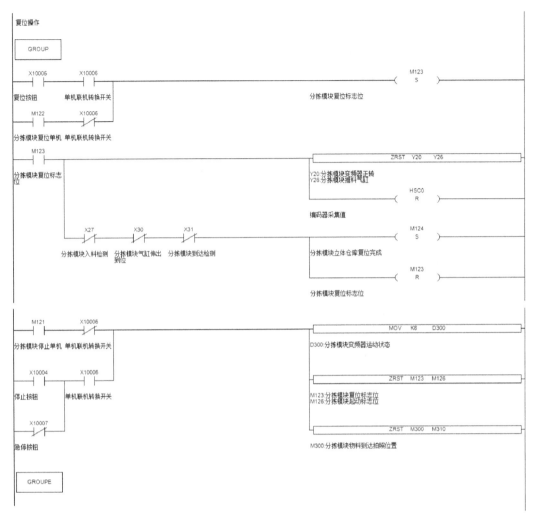

图 4-74　复位程序图

**4. 手动操作程序设计**

手动操作程序图如图 4-75 所示。

按下触摸屏上"电动机正转"按钮（M350），分拣系统传送带按照固定频率正转；按下触摸屏上"电动机反转"按钮（M351），分拣系统传送带按照固定频率反转。按下触摸屏上"推料气缸"手动按钮（M352）或接受到 PLC 的物料剔除信号（M303），推料气缸推料动作。

**5. 自动运行程序设计**

自动运行程序如图 4-76 所示。

如图 4-76 所示，手动自动切换开关位于"自动"档时，立体仓库复位完成，按下起动按钮，起动标志位。机械手从立体仓库中取出工件，送入传送带。

入料检测传感器检测到工件，延时 2s，变频器正转，频率为 30Hz；工件到达视觉检测区域，光电传感器检测到物料，视觉拍照触发，对工件进行检验。

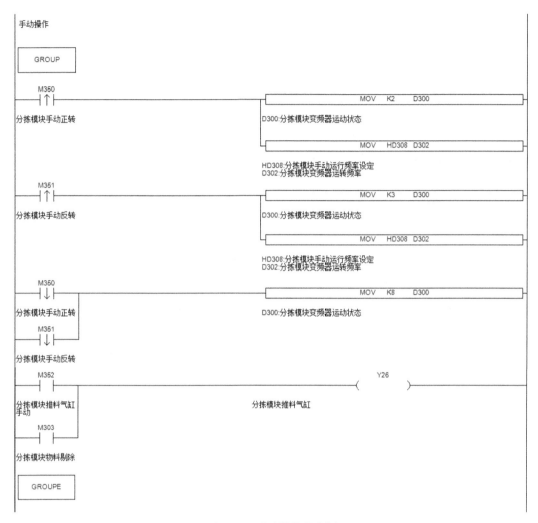

图 4-75  手动操作程序图

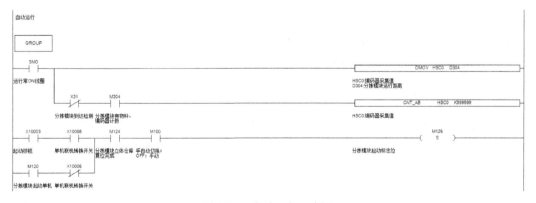

图 4-76  自动运行程序图

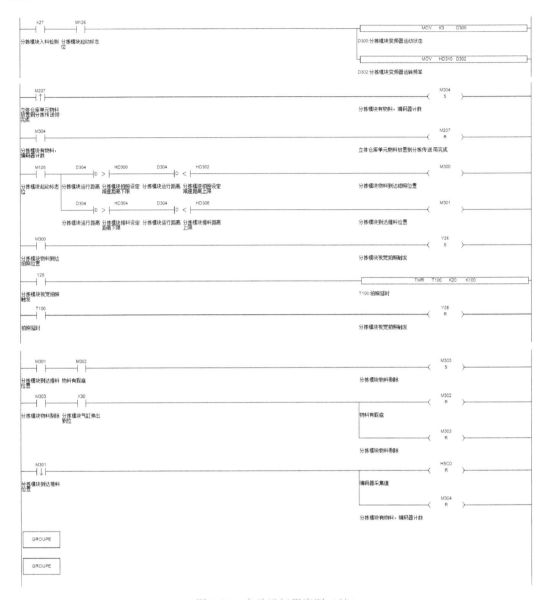

图 4-76　自动运行程序图（续）

如果是不良（NG）品，推料气缸动作，推入分拣槽，物料剔除；如果是成品，继续运转，到达传送带终端位置，机械手取走工件，进入下道工序。

## 二、触摸屏组态设计

利用辅助继电器和停电保持用数据寄存器表示分拣系统的中间状态，见表 4-25。

表 4-25　分拣系统中间状态表示与功能表

| 辅助继电器 | 功能 | 数据继电器 | 功能 |
| --- | --- | --- | --- |
| M100 | 手动/自动转换开关 | HD300 | 设定拍照位置下限 |
| M120 | 起动按钮 | HD302 | 设定拍照位置上限 |

（续）

| 辅助继电器 | 功能 | 数据继电器 | 功能 |
|---|---|---|---|
| M121 | 停止按钮 | HD304 | 设定推料位置下限 |
| M122 | 复位按钮 | HD306 | 设定推料位置上限 |
| M350 | 电动机手动正转 | HD308 | 设定点动速度 |
| M351 | 电动机手动反转 | HD310 | 设定自动运行速度 |
| M352 | 推料气缸手动 | | |

根据控制要求，在 HMI 进行组态。界面设计包含 1 个手动开关、6 个按钮、4 个数据输入、2 个数据输出、画面切换开关等，可根据需要进行适当增减。分拣系统组态界面如图 4-77 所示。

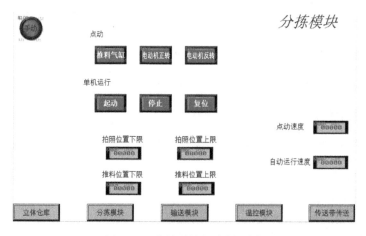

图 4-77　分拣系统组态界面图

## 三、相机程序

### 1. 相机采图

相机采集图片如图 4-78 所示。

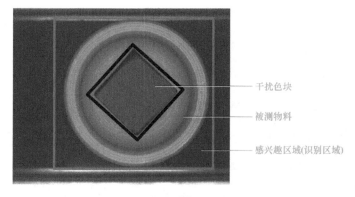

图 4-78　相机采集图片示意图

### 2. 相机用户操作界面

相机用户操作界面如图 4-79 所示。

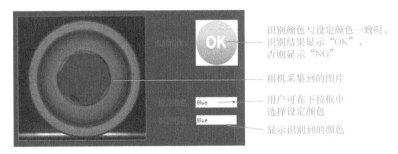

识别颜色与设定颜色一致时，识别结果显示"OK"，否则显示"NG"

相机采集到的图片

用户可在下拉框中选择设定颜色

显示识别到的颜色

图 4-79　相机用户操作界面图

**3. 程序精讲**

程序讲解如图 4-80 所示。

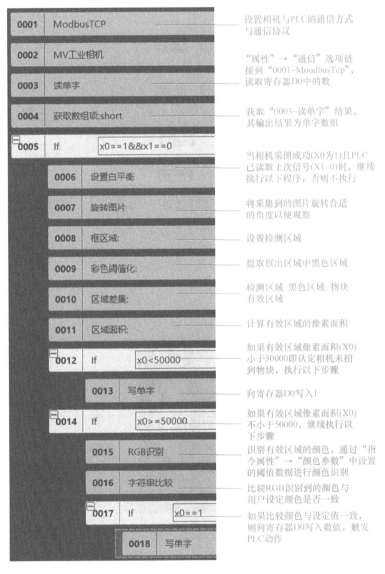

设置相机与PLC的通信方式与通信协议

"属性"→"通信"选项链接到"0001-MoudbusTcp"，读取寄存器D0中的数

获取"0003-读单字"结果，其输出结果为单字数组

当相机采图成功(X0为1)且PLC已读取上次信号(X1=0)时，继续执行以下程序，否则不执行

将采集到的图片旋转合适的角度以便观察

设置检测区域

提取框出区域中黑色区域

检测区域-黑色区域=物块有效区域

计算有效区域的像素面积

如果有效区域像素面积(X0)小于50000即认定相机未拍到物块，执行以下步骤

向寄存器D0写入1

如果有效区域像素面积(X0)不小于50000，继续执行以下步骤

识别有效区域的颜色，通过"指令属性"→"颜色参数"中设置的阈值数据进行颜色识别

比较RGB识别到的颜色与用户设定颜色是否一致

如果比较颜色与设定值一致，则向寄存器D0写入数值，触发PLC动作

图 4-80　相机程序讲解图

#### 4. 指令说明

指令说明见表4-26。

表4-26 指令说明表

| 指令 | 说明 |
|---|---|
| Modbus TCP | 设置相机与PLC的通信方式与通信协议<br>（IP地址与PLC的IP地址一致） |
| MV工业相机 | 采集模式：外触发<br>曝光时间：根据现场需求设置（15000ms左右）<br>设置增益：一般为1 |
| 读单字 | 读取寄存器D0的值 |
| 获取数组项：short | 获取"读单字"单字数组的值 |
| If指令 | 根据条件判断以下指令是否执行 |
| 设置白平衡 | 可选择手动校正白平衡或自动校正白平衡 |
| 旋转图片 | 将采集到的图片旋转合适的角度以便观察 |
| 框区域 | 设置检测区域 |
| 彩色阈值化 | 提取框出区域中黑色区域 |
| 区域差集 | 检测区域 – 黑色区域 = 物块有效区域 |
| 区域面积 | 计算物块有效区域的像素面积 |
| 写单字 | 向寄存器写入数值 |
| RGB识别 | 识别有效区域的颜色 |
| 字符串比较 | 比较RGB识别到的颜色与用户设定颜色是否一致 |

### 四、程序下载和运行

使用网线连接计算机与PLC系统，下载相机程序，将编译好的程序下载到PLC中，观察实际运行效果。

## 任务检查与评价（评分标准）

| 评分点 | | 得分 |
|---|---|---|
| 软件<br>（60分） | 按下复位按钮后，传送带立即停止运行（5分） | |
| | 按下复位按钮后，各气缸可回到初始位置（5分） | |
| | 按下停止按钮后，传送带立即停止运行（5分） | |
| | 按下停止按钮后，气缸立即停止动作（5分） | |
| | 手动模式下，可以点动控制传送带进行正反转，速度可设（5分） | |
| | 手动模式下，可以点动控制推料气缸动作（5分） | |
| | 自动模式下，按下起动按钮，系统运行，可剔除传送带中的不良品（5分） | |
| | 工业相机光圈、光源、焦距调试正确（5分） | |
| | 工业相机触发拍照设备正确（5分） | |
| | 工业相机与PLC通信调试正确（5分） | |
| | 分拣系统程序调试功能正确（10分） | |

（续）

| 评分点 | | 得分 |
|---|---|---|
| 6S 素养<br>（20 分） | 桌面物品及工具摆放整齐、整洁（10 分） | |
| | 地面清理干净（10 分） | |
| 发展素养<br>（20 分） | 表达沟通能力（10 分） | |
| | 团队协作能力（10 分） | |

## 行业案例拓展

某一物料分拣系统如图 4-81 所示，该系统由变频器驱动三相异步电动机实现物料输送任务。使用工业相机对物料进行识别检测，并将检测结果与 PLC 配合驱动气缸对物料进行分类。

其系统动作流程如下：按下起动按钮输送带运行，此时，物料从设备入料口往出料口移动。物料在移动过程中通过编码器反馈物料实时位置，当物料到达相机拍照区域时，相机进行拍照。同时相机控制器识别物料颜色，使用对应颜色的推料气缸将物料推至物料槽中。

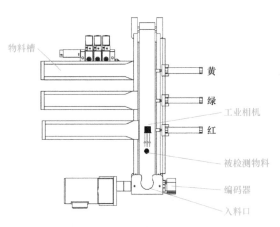

图 4-81 某物料分拣系统结构示意图

使用信捷 XD 系列 PLC 与 X-SIGHT 工业相机进行系统软硬件设计，实现上述物料分拣系统的控制功能需求。

## 常见问题与解决方式

| 故障类别 | 故障现象 | 原因分析 |
|---|---|---|
| 机械 | 传送带运行偏心打滑 | 传送带张紧调整不当 |
| 调试 | 物料在视觉触发区域内无法触发拍照 | 1. 相机触发模式选择不正确<br>2. 相机的光圈、焦距调整不当 |
| | 相机 TCP 连接异常 | 1. 视觉工控机与 PLC 网段不在同一网段<br>2. 通信参数设置不正确 |

解决方法：

1）传送带张紧调整不当：调节传送带张紧度螺栓，使传送带张紧度适中，避免偏向打滑现象。

2）相机触发模式选择不正确：根据任务要求及硬件连接方式选择对应的触发模式。

3）相机的光圈、焦距调整不当：使用光源适配器与相机镜头调焦旋钮，调节光源亮度与镜头焦距，使得相机拍摄的物料图片最大程度接近人眼看见的物料图片。

4）视觉工控机与 PLC 网段不在同一网段：修改相机控制器与 PLC 通信连接网口的 IP 地址，使其与 PLC 的 IP 地址在同一网段。

5）通信参数设置不正确：调整相机编程软件中 Modbus TCP 指令参数。

# 项目5

# 输送系统设计与调试

 证书技能要求

| 可编程控制器应用编程职业技能等级证书技能要求（中级） | |
|---|---|
| 序号 | 职业技能要求 |
| 1.2.1 | 能够根据要求完成位置控制系统（伺服）的方案设计 |
| 1.2.2 | 能够根据要求完成位置控制系统（伺服）的设备选型 |
| 1.2.3 | 能够根据要求完成位置控制系统（伺服）的原理图绘制 |
| 1.2.4 | 能够根据要求完成位置控制系统（伺服）的接线图绘制 |
| 2.1.2 | 能够根据要求完成 PLC 系统组态 |
| 2.1.3 | 能够根据要求完成 PLC 脉冲参数配置 |
| 2.1.4 | 能够根据要求完成 PLC 通信参数配置 |
| 2.2.3 | 能够根据要求完成伺服参数配置 |
| 3.2.1 | 能够根据要求计算脉冲当量 |
| 3.2.3 | 能够根据要求完成伺服控制系统原点回归程序的编写 |
| 3.2.4 | 能够根据要求完成伺服控制系统的单段速位置控制编程 |
| 4.2.1 | 能够完成 PLC 程序的调试 |
| 4.2.2 | 能够完成 PLC 与伺服系统的调试 |
| 4.2.4 | 能够完成位置控制系统（伺服）参数调整 |
| 4.2.5 | 能够完成位置控制系统（伺服）的优化 |
| 4.2.6 | 能够完成伺服系统和其他站点的数据通信及联机调试 |

项目导入

　　输送系统是自动化生产线中常见的模块，其主要作用是通过传送带与机械手的配合，实

168

现工件的自动转移。输送系统中一般集成了各类位置传感器、电动机、减速机构、气动装置、远程 I/O、控制器、人机交互装置等。在本项目中主要使用伺服系统进行位置控制，到达指定位置后利用机械手抓取工件放到温控模块，再抓取工件放到传送带传送模块。

本项目包括两个任务：任务 1 为输送系统控制电路设计，重点介绍伺服驱动系统的结构组成、工作原理等，学习伺服驱动器和光电开关的原理及接线，完成输送系统各部分接线，设计 I/O 接线图；任务 2 为输送系统程序设计，继续深入学习 PLC 内部高速脉冲输出定位控制指令，学习伺服系统位置控制相关参数配置、远程 I/O 配置、伺服系统参数配置等，完成输送系统的程序设计与调试。

项目实施过程中需注重团队协作，调试过程中需注意设备功能精准度、稳定性，追求精益求精的工匠精神。

## 学习目标

| | |
|---|---|
| 知识目标 | 了解输送系统的机械结构组成<br>了解伺服驱动器的内部结构组成<br>理解 U 形光电开关的工作原理<br>理解相对坐标与绝对坐标的概念<br>理解伺服驱动系统的工作原理<br>熟悉远程 I/O 的设置<br>熟悉高速脉冲输出定位控制指令的回零动作流程 |
| 技能目标 | 能够将指令、硬件结构结合，进行伺服驱动器的相关参数计算<br>能够设置远程 I/O 和伺服驱动器的参数<br>能够绘制 PLC 的 I/O 接线图<br>能够编制输送控制系统程序<br>能够进行输送系统的硬件装调<br>能够解决输送系统中常见的故障 |
| 素养目标 | 养成安全用电的意识<br>逐步培养团结协作的能力<br>培养精益求精、勇于创新的工匠精神 |

## 实施条件

| | 名称 | 实物 | 数量 |
|---|---|---|---|
| 硬件准备 | 输送装置 | | 1 |

（续）

| 软件准备 | 软件 | 版本 | 备注 |
|---|---|---|---|
| | 信捷 PLC 编程工具软件 | XDPPro 3.7.4a 及以上 | 软件版本周期性更新 |
| | TouchWin 编辑工具软件 | TouchWin V2.E.5 | 软件版本周期性更新 |

# 任务 1　输送系统控制电路设计

## 一、控制要求

输送系统如图 5-1 所示，其功能是将工件从分拣模块放到温控模块，加热完毕后再自动将工件放到下一级传送带传送模块。输送系统主要由伺服电动机、机械手、直线模组等组成。其中机械手由四个气缸驱动，实现对工件的抓取、放下动作，直线模组由伺服电动机驱动，实现对工件的位置控制。

输送系统的控制要求如下：按下起动按钮，机械手自动进行抓料，回旋摆台 180°至温控模块后，放下工件，等待温控模块工作完成后，机械手再次起动抓料，抓料完成后继续回旋 180°，然后起动伺服电动机驱动直线模组带动机械手前行至下一级传送带工件位置，机械手放下工件后，伺服电动机再次起动，带动机械手后退至初始位置。现请根据控制要求完成输送系统的硬件电路设计以及装调。

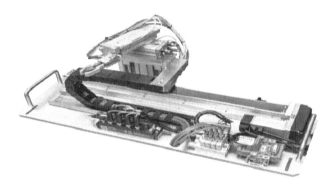

图 5-1　输送系统外观图

## 二、学习目标

1. 了解输送系统的机械结构组成。
2. 了解伺服驱动器以及伺服电动机的结构组成。
3. 理解光电传感器的工作原理。
4. 掌握伺服驱动器的接线。
5. 掌握伺服驱动器的参数设置与流程。
6. 掌握输送系统的电气接线图绘制。
7. 熟悉装接输送系统的硬件电路。
8. 熟悉输送系统的硬件电路检查与测试方法。

## 三、实施条件

| | 名称 | 型号 | 数量 |
|---|---|---|---|
| 硬件准备 | 夹爪气缸 | MHC2 – 10D | 1 |
| | 双联双杆气缸 | CXSJM10 – 75 | 1 |
| | 旋转气缸 | MSQB10R | 1 |
| | 薄型气缸 | CDQ2B32 – 20D | 1 |
| | 磁性开关 | D – M9BL | 7 |
| | U 形光电传感器 | LU674 – 5NA | 3 |
| | 电磁阀 | SY3120 – 5LZD – M5 | 4 |
| | 直线模组 | ATH5 – L10 – 400 – BR | 1 |
| | 远程 I/O 模块 | TBEN – S1 – 8DXP | 1 |
| | 伺服电动机 | MS6H – 40CS30B1 – 20P1 | 1 |

**任务准备**

## 一、输送系统的结构

输送系统的结构如图 5-2 所示，它主要包括伺服电动机、气缸以及直线模组等。伺服电动机主要用来驱动直线模组带动工件传输，气缸主要用作机械手进行物料的抓放动作。

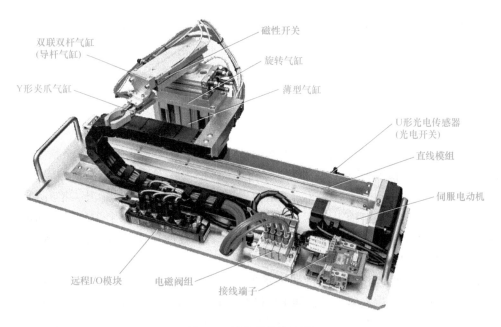

图 5-2　输送系统结构图

### 1. 气缸

系统中主要包含夹爪气缸、导杆气缸、旋转气缸和薄型气缸等。这些气缸分别由 4 个二位五通的带手控开关的单电控电磁阀驱动,实现夹取、旋转、伸出、抬升的功能。其对应的气动控制回路的工作原理如图 5-3 所示。图 5-3 中,2B1、4B1 分别为伸出气缸、抬升气缸的前极限工作位置的磁感应接近开关,2B2、4B2 分别为伸出气缸、抬升气缸的后极限工作位置的磁感应接近开关,3B1、3B2 分别为摆动气缸左、右极限工作位置的磁感应接近开关。

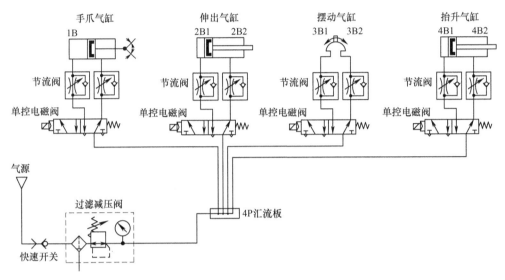

图 5-3　气动控制回路的工作原理图

### 2. 直线模组内的滚珠丝杠传动机构

输送系统中,主要利用直线模组实现机械手的直线运动。直线模组内部带有滚珠丝杠,其滚珠丝杠传动机构是一种精密直线传动机构,主要由伺服电动机、滚珠丝杠、滑台、导轨等组成。通过伺服电动机转动带动丝杠转动,滑台在丝杠的转动作用下沿导轨做直线运动。

## 二、输送系统的工作过程

输送系统工作过程如下:当用户按下起动按钮后,若前道工序有工件送至指定位置,且被对应的光电传感器检测到时,将信号传给 PLC,PLC 接收到信号之后,机械手开始工作,即伸出气缸伸出,伸出到位之后,气动夹爪抓取工件,然后抬升气缸抬升,抬升到位之后,伸出气缸收回,将工件从料槽中取出。取出之后抬升气缸下落,PLC 控制伺服电动机转动带动直线模组将机械手运动到温度控制模块位置,摆动气缸向左摆动 180°,摆动到位之后抬升气缸抬升,抬升到位后伸出气缸伸出,将工件放到温度控制模块,然后气动夹爪松开,工件自动落到温控模块的料槽中。等待加热完成(这里预设 2s)之后,抬升气缸抬升,伸出气缸伸出,气动夹爪再次夹紧工件,伸出气缸缩回将工件取出,之后抬升气缸下落,摆动气缸向右摆动 180°。摆动到位之后 PLC 控制伺服电动机转动,带动直线模组向前运动,待机械手到达下级传送带指定工件后停止。机械手自动将工件放到传送带料槽上,然后所有气缸复位,伺服电动机反转,将机械手送回到起始位置,等待下一工件到来,如此循环往复工作。

### 三、槽型光电传感器

槽型光电传感器是对射式光电开关的一种，又称为 U 形光电开关，是一款红外线感应光电产品，由红外线发射管和红外线接收管组合而成，其槽宽决定了感应接收信号的强弱与接收信号的距离。U 形光电开关以光为媒介，信号由发光体与受光体之间的红外光进行接收与转换，以检测物体的位置。U 形光电开关与接近开关类似，是无接触式的，受检测体的制约少，且检测距离长，可进行长距离的检测（几十米），检测精度高，能检测小物体，应用非常广泛。

**1. U 形光电开关的主要特点**

1）与接近开关等相比，光电开关的检测距离非常长，且是无接触式的，所以不会损伤检测物体，也不受检测物体的影响。

2）响应速度快。与接近开关一样，由于无机械运动，所以能对高速运动的物体进行检测。

**2. 输送系统使用的 U 形光电开关**

本项目中使用的光电开关为 LU674 – 5NA，其实物如图 5-4 所示，外部接线原理图如图 5-5 所示。

图 5-4　U 形光电开关实物图

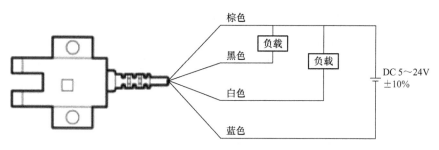

图 5-5　U 形光电接线原理图

### 四、远程 I/O 模块

过去，人们在铺设传感器与控制器之间的线路时，必须点对点连接，大大增加了线缆的成本和施工时间，而且如果距离较远时，还需要面对电压衰减、信号干扰等问题。现在，通过远程 I/O 模块，可以有效地解决这个问题。

远程 I/O 模块是工业级远程采集与控制模块。该模块提供了无源节点的开关量输入采集、继电器输出、高频计数器等功能。它可将系列内多个模块进行总线组网，使得 I/O 点数得到灵活扩展，且模块可以由远程命令进行控制。

在实际应用中，假如盘柜距离现场有 200m，若不使用远程 I/O，则每一条信号线都要放线 200m，若将远程 I/O 模块安装在现场，则节省了众多线缆的成本，减少了施工的复杂性。综合来讲，把一些远程 I/O 模块设置在现场设备集中、距离中控又远的地方，然后通过光纤接回中控室，可以节省电缆采购和施工成本，同时还能优化配线。

本项目中气缸位置检测使用了远程 I/O 模块 TBEN - S1 - 8DXP，实物如图 5-6 所示。

## 五、伺服控制系统

伺服控制系统也称为随动系统，是一种能够跟踪输入的指令信号进行动作，从而获得精确的位置、速度及转矩输出的自动控制系统，它常用来控制被控对象的角位移或线位移，使其自动、连续、精确地复现输入指令的变化。

伺服控制系统一般包括伺服控制器、伺服驱动器、执行机构（伺服电动机）、被控对象（工作台）、测量/反馈环节五部分组成，如图 5-7 所示。

图 5-6　远程 I/O 实物图

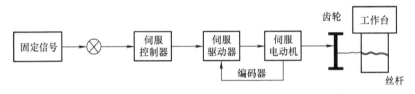

图 5-7　伺服控制系统图

图 5-7 中，伺服驱动器通过执行伺服控制器的指令来控制伺服电动机，进而驱动机械装备的运动部件，实现对机械装备的速度、载荷和位置的快速、准确和稳定的控制；反馈元件是伺服电动机上的光电编码器或旋转编码器，能够将实际机械运动速度、位置等信息反馈至电气控制装置，从而实现闭环控制。伺服控制器是按照系统的给定值和反馈装置测量的实际运行值的偏差调节控制量，使伺服电动机按照要求执行相关动作。

### 1. 伺服电动机概述

伺服电动机是一种应用于运动控制系统中的控制电动机。它的输出参数，如位置、速度、加速度、转矩等是可控的。

伺服电动机在自动控制系统中作为执行机构，把输入的电压信号变换成转轴的角位移或角速度输出。输入的电压信号又称为控制信号或控制电压，改变控制电压可以改变伺服电动机的转速及转向。

伺服电动机按其使用的电源性质不同，可分为直流伺服电动机与交流伺服电动机两大类。

直流伺服电动机有传统型和低惯量型两大类。传统型直流伺服电动机的结构形式和普通直流电动机基本相同，其励磁方式有永磁式与电磁式两种。低惯量直流伺服电动机有：盘形电枢直流伺服电动机、空心杯形电枢永磁式直流伺服电动机、无槽电枢直流伺服电动机。

交流伺服电动机按结构和工作原理的不同，可分为交流异步伺服电动机和交流同步伺服电动机。交流异步伺服电动机又分为两相和三相交流异步伺服电动机，其中两相交流异步伺服电动机又分为笼型转子两相伺服电动机和空心杯形转子两相伺服电动机等。同步伺服电动机又分为永磁式同步电动机、磁阻式同步电动机和磁滞式同步电动机等。

同步永磁式交流伺服电动机的结构如图5-8所示，它主要由定子、转子和检测元件（编码器）三部分组成。

图 5-8　同步永磁式交流伺服电动机的结构图

1—端盖　2—定子绕组出线　3—定子铁心　4—转轴　5—永磁转子
6—编码器引出线　7—编码器　8—机座　9—轴承　10—定子绕组

随着电子技术的飞速发展，伺服电动机的种类越来越多，在进行伺服电动机选型时主要考虑两个方面：

1）使用电动机的外部工况。需要关注以下 5 个主要因素：

① 负载机构，比如滚珠丝杠长度和直径、行程、带轮直径等。

② 动作模式，需要根据控制对象的动作模式，换算为电动机轴上的动作形式，从而确定运行参数，包括加速时间、匀速时间、减速时间、停止时间、循环时间和运动距离等参数。

③ 负载的惯量、转矩和转速，由此换算可得到电动机轴上的全负载惯量和全负载转矩。

④ 定位精度，需要确认编码器的脉冲数是否满足系统要求的分辨率。

⑤ 使用环境，如环境温度、湿度、使用环境大气及振动冲击情况等。

根据以上的信息，基本可以完成电动机初选；然后在选用对应伺服电动机规格的基础上，对伺服电动机的具体参数进行细选。

2）伺服电动机铭牌参数的细选。需要关注以下 6 个方面：

① 电动机容量。

② 电动机额定转速。

③ 额定扭矩及最大扭矩。

④ 转子惯量。

⑤ 抱闸（制动器）。这里主要需要根据动作机构的设计，考虑在停电状态或静止状态下，是否会造成对电动机的转动趋势。如果有转动趋势，就需要选择带抱闸的伺服电动机）。

⑥ 体积、重量、尺寸等。

这里以信捷 MS5 系列的伺服电动机 MS5S - 80STE - CS02430BZ - 20P7 - S01 为例，介绍伺服电动机的命名含义，如图 5-9 所示。

**2. 伺服驱动器的工作原理及控制方式**

伺服驱动器又称为"伺服控制器"或"伺服放大器"，是用来控制伺服电动机的一种控制器，其作用类似于变频器作用于普通交流马达，属于伺服系统的一部分，主要应用于高精

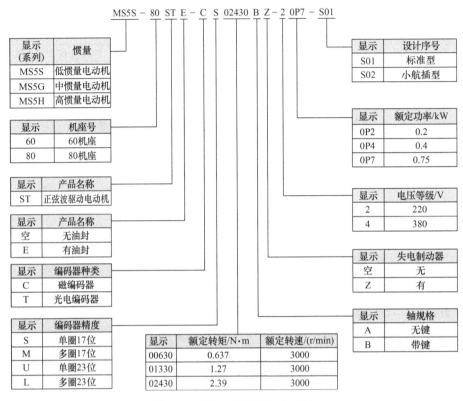

MS5S - 80 ST E - C S 02430 B Z - 2 0P7 - S01

| 显示<br>（系列） | 惯量 |
| --- | --- |
| MS5S | 低惯量电动机 |
| MS5G | 中惯量电动机 |
| MS5H | 高惯量电动机 |

| 显示 | 机座号 |
| --- | --- |
| 60 | 60机座 |
| 80 | 80机座 |

| 显示 | 产品名称 |
| --- | --- |
| ST | 正弦波驱动电动机 |

| 显示 | 产品名称 |
| --- | --- |
| 空 | 无油封 |
| E | 有油封 |

| 显示 | 编码器种类 |
| --- | --- |
| C | 磁编码器 |
| T | 光电编码器 |

| 显示 | 编码器精度 |
| --- | --- |
| S | 单圈17位 |
| M | 多圈17位 |
| U | 单圈23位 |
| L | 多圈23位 |

| 显示 | 额定转矩/N·m | 额定转速/(r/min) |
| --- | --- | --- |
| 00630 | 0.637 | 3000 |
| 01330 | 1.27 | 3000 |
| 02430 | 2.39 | 3000 |

| 显示 | 设计序号 |
| --- | --- |
| S01 | 标准型 |
| S02 | 小航插型 |

| 显示 | 额定功率/kW |
| --- | --- |
| 0P2 | 0.2 |
| 0P4 | 0.4 |
| 0P7 | 0.75 |

| 显示 | 电压等级/V |
| --- | --- |
| 2 | 220 |
| 4 | 380 |

| 显示 | 失电制动器 |
| --- | --- |
| 空 | 无 |
| Z | 有 |

| 显示 | 轴规格 |
| --- | --- |
| A | 无键 |
| B | 带键 |

图 5-9  伺服电动机型号命名图

度的定位系统。

本输送系统所选用的 DS5C 型伺服驱动器实物如图 5-10 所示。

伺服驱动器一般是通过位置、转矩和速度三种方式对伺服电动机进行控制，实现高精度的传动系统定位。

1）位置控制：该方式一般是通过外部输入的脉冲频率来确定转动速度的大小，通过脉冲的个数来确定转动的角度，也有些伺服可以通过通信方式直接对速度和位移进行赋值，由于位置模式可以严格控制速度和位置，所以一般应用于定位装置。

2）转矩控制：该方式是通过外部模拟量的输入或直接的地址赋值来设定电动机轴对外输出转矩的大小，可以通

图 5-10  DS5C 型伺服驱动器实物图

过即时改变模拟量的设定或通过通信方式来改变设定的力矩大小。其主要应用在对材质有严格要求的缠绕和放卷的装置中，例如绕线装置或拉光纤设备，转矩的设定要根据缠绕半径的变化随时更改，以确保材质的受力不会随着缠绕半径的变化而改变。

3）速度控制：通过模拟量的输入或脉冲的频率都可以进行转动速度的控制，当有上位控制装置的外环 PID 控制时，速度模式也可以进行定位，但必须把电动机的位置信号或负载的位置信号反馈给上位机。

**3. DS5C 型伺服驱动器简介**

（1）DS5C 型伺服驱动器型号命名含义

DS5C 型伺服驱动器型号命名含义如图 5-11 所示。在选用伺服驱动器时需要关注其电压类型、功率以及配置的编码器类型等，要与伺服电动机以及控制要求相匹配。

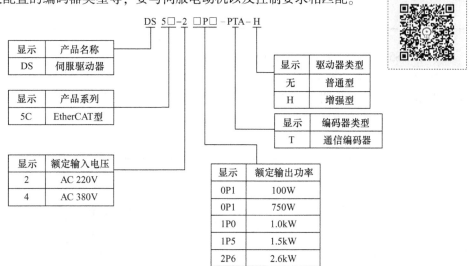

图 5-11　DS5C 型伺服驱动器型号命名含义图

（2）DS5C 型伺服驱动器端子配置

这里以型号为 DS5C - 20P1 - PTA 的伺服驱动器为例，介绍 DS5C 型伺服驱动器端子的具体配置。

DS5C - 20P1 - PTA 型伺服驱动器如图 5-12 所示，包括主电路配线端子（供电电源、电动机配线）、控制电路配线端子（CN0、CN1、CN2）以及通信端子等。

（3）DS5C 型伺服驱动器主电路端子配置

伺服驱动器的左侧盖板下为主电路接线端口，按照从上到下的顺序，端子功能依次见表 5-1。

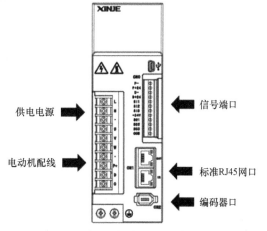

图 5-12　DS5C - 20P1 - PTA 型伺服
驱动器端子配置图

表 5-1　主电路端子功能说明表

| 端子 | 功能 | 说明 |
|---|---|---|
| L、N | 主电路电源输入端子 | 单相交流 200 ~ 240V，50/60Hz |
| · | 空引脚 | — |
| U、V、W | 电动机连接端子 | 与电动机相连接<br>注：1）地线在散热片上，请上电前检查<br>2）若使用的是 40 电动机，则 PE 接 "4 - 黄绿"，U 接 "1 - 棕色"，V 接 "3 - 黑色"，W 接 "2 - 蓝色" |

（续）

| 端子 | 功能 | 说明 |
|------|------|------|
| P + 、D、C | 使用内置再生电阻 | 短接 P + 和 D 端子，P + 和 C 断开；设置 P0 – 24 = 0 |
|  | 使用外置再生电阻 | 将再生电阻接至 P + 和 C 端子，P + 和 D 短接线拆掉；设置 P0 – 24 = 1，P0 – 25 = 功率值，P0 – 26 = 电阻值 |

（4）DS5C 型伺服驱动器控制信号端子配置

DS5C 型伺服驱动器主要包括 CN0、CN1 和 CN2 三大类控制信号端子。其中：CN0 端口为控制电路接线，其说明见表 5-2；CN1 端口用于实现扩展总线功能，具体定义见表 5-3；CN2 端口为驱动器编码器接线，其定义见表 5-4。

表 5-2　CN0 端子说明表

| 编号 | 名称 | 说明 | 编号 | 名称 | 说明 |
|------|------|------|------|------|------|
| 1 | P – | 脉冲输入 PUL – | 7 | SI3 | 输入端子 3 |
| 2 | P + 24 | 集电极开路接入 | 8 | + 24V | 输入 + 24V |
| 3 | D – | 方向输入 DIR – | 9 | SO1 | 输出端子 1 |
| 4 | D + 24 | 集电极开路接入 | 10 | SO2 | 输出端子 2 |
| 5 | SI1 | 输入端子 1 | 11 | SO3 | 输出端子 3 |
| 6 | SI2 | 输入端子 2 | 12 | COM | 输出端子地 |

表 5-3　CN1 端子定义表

| 编号 | 名称 | 编号 | 名称 |
|------|------|------|------|
| 1 | TX A + | 9 | TX B + |
| 2 | TX A – | 10 | TX B – |
| 3 | RX A + | 11 | RX B + |
| 4 | — | 12 | — |
| 5 |  | 13 |  |
| 6 | RX A – | 14 | RX B – |
| 7 |  | 15 |  |
| 8 | — | 16 |  |

表 5-4　CN2 端子定义表

| 序号 | 定义 |
|------|------|
| 1 | 5V |
| 2 | GND |
| 5 | A |
| 6 | B |

注：“—”表示未使用。

4. DS5C 型伺服驱动器参数设置

（1）操作面板介绍

伺服驱动器的操作面板及按键说明如图 5-13 所示。我们可以通过伺服驱动器操作面板来完成基本状态的切换、运行状态的显示、参数的设定、报警状态的设置等操作。

当按下 STA/ESC 键后，将按照图 5-14 所显示的顺序依次切换。

（2）参数类别

伺服驱动器内置有参数设定、监视状态、辅助功能以及报警状态四大类参数，其中：

参数设定 PX – XX：第一个 X 表示组号，后面两个 X 表示该组下的参数序号。

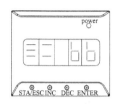

| 按键名称 | 操作说明 |
|---|---|
| STA/ESC | 短按：状态的切换，状态返回 |
| INC | 短按：显示数据递增<br>长按：显示数据连续递增 |
| DEC | 短按：显示数据递减<br>长按：显示数据连续递减 |
| ENTER | 短按：移位<br>长按：设定和查看参数 |

图 5-13　操作面板及按键说明图

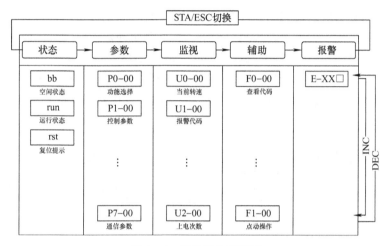

图 5-14　切换操作流程图

监视状态 UX - XX：第一个 X 表示组号，后面两个 X 表示该组下的参数序号。

辅助功能 FX - XX：第一个 X 表示组号，后面两个 X 表示该组下的参数序号。

报警状态 E - XX□：XX 表示报警大类，□表示大类下的小类。

（3）伺服参数设定

【例5-1】　假设需要将伺服驱动器内置参数 P3 - 09 的内容由 2000 变更为 3000，具体操作步骤见表5-5。

表 5-5　伺服参数设定步骤表

| 步骤 | 面板显示 | 使用的按键 | 具体操作 |
|---|---|---|---|
| 1 | bb | STA/ESC INC DEC ENTER ◎ ◎ ◎ ◎ | 无需任何操作 |
| 2 | P0-00 | STA/ESC INC DEC ENTER ◎ ◎ ◎ ◎ | 按一下 STA/ESC 键进入参数设置功能 |
| 3 | P3-00 | STA/ESC INC DEC ENTER ◎ ◎ ◎ ◎ | 按 INC 键（按一下就加1），将参数加到3，显示 P3 - 00 |
| 4 | P3-00 | STA/ESC INC DEC ENTER ◎ ◎ ◎ ◎ | 短按（短时间按）一下 ENTER 键，面板的最后一个 0 会闪烁 |
| 5 | P3-09 | STA/ESC INC DEC ENTER ◎ ◎ ◎ ◎ | 按 INC 键，将参数加到9 |

（续）

| 步骤 | 面板显示 | 使用的按键 | 具体操作 |
|---|---|---|---|
| 6 | P3-09 | STA/ESC INC DEC ENTER ○ ○ ○ ○ | 长按（长时间按）ENTER 键，进入 P3-09 内部进行数值更改 |
| 7 | 3000 | STA/ESC INC DEC ENTER ○ ○ ○ ○ | 按 INC、DEC、ENTER 键进行加减和移位，更改完之后，长按 ENTER 确认 |

### 5. 伺服电动机试运行

试运行主要对动力线以及编码器反馈线路进行检查，确定连接是否正常。在进入试运行模式前，请先确认电动机轴是否连接到机械上，若伺服驱动器连接的是非原配编码器线或动力线，则应先进入试运行模式以验证编码器端子或动力端子连接正确。

试运行的操作流程如图 5-15 所示。通过图 5-15 的操作，可以实现电动机的正反转。若操作过程中出现电动机轴抖动或者伺服驱动器提示报警，则需要立即断开电源，重新检查接线情况。

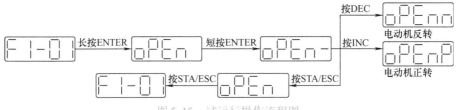

图 5-15　试运行操作流程图

## 一、输送系统输入/输出信号

分析输送系统的控制要求发现，机械手的气动夹爪、伸出气缸、抬升气缸和旋转气缸的到位信号由磁性开关检测，机械手位置通过光电开关检测，合计需要 10 路输入。机械手左右位置由伺服电动机驱动控制，这里采用脉冲+方向控制的方式，因此需要配有 1 路高速脉冲输出端口以及 1 路方向控制端口；气缸动作由单电控电磁阀所驱动，所以还需要配置 4 路输出端口；合计需要 6 路输出。其输入/输出信号列表见表 5-6。

表 5-6　输送系统输入/输出信号

| 序号 | 输入信号 | 序号 | 输出信号 |
|---|---|---|---|
| 1 | 输送站原点 | 1 | 电动机转动方向信号 |
| 2 | 输送站左限位 | 2 | 电动机转动脉冲信号 |
| 3 | 输送站右限位 | 3 | 手爪抬升阀 |
| 4 | 输送模块上升到位 | 4 | 手爪旋转阀 |
| 5 | 输送模块下降到位 | 5 | 手爪伸出阀 |
| 6 | 输送模块左旋到位 | 6 | 手爪夹紧阀 |
| 7 | 输送模块右旋到位 | | |
| 8 | 输送模块伸出到位 | | |
| 9 | 输送模块缩回到位 | | |
| 10 | 输送模块夹紧检测 | | |

## 二、输送系统 I/O 口的分配

通过对输送系统的控制要求分析，结合表5-6，从接线方便、配置灵活等角度全面考虑，这里选用了远程I/O模块连接气缸的到位信号（其通信方法见任务2），采用 XDH60 为主控单元，PLC 的 I/O 信号配置见表 5-7。

表 5-7 输送系统 PLC 的 I/O 信号配置表

| 输入信号 | | | | 输出信号 | | | |
|---|---|---|---|---|---|---|---|
| 序号 | PLC 输入点 | 信号名称 | 信号来源 | 序号 | PLC 输出点 | 信号名称 | 信号输出目标 |
| 1 | X11 | 输送站原点 | | 1 | Y0 | 电动机转动方向信号 | 伺服驱动器 |
| 2 | X12 | 输送站左限位 | | 2 | Y4 | 电动机转动脉冲信号 | 伺服驱动器 |
| 3 | X13 | 输送站右限位 | | 3 | Y10 | 手爪抬升阀 | 电磁换向阀 |
| 4 | M510 | 输送模块上升到位 | | 4 | Y11 | 手爪旋转阀 | 电磁换向阀 |
| 5 | M511 | 输送模块下降到位 | | 5 | Y12 | 手爪伸出阀 | 电磁换向阀 |
| 6 | M512 | 输送模块左旋到位 | 装置侧 | 6 | Y13 | 手爪夹紧阀 | 电磁换向阀 |
| 7 | M513 | 输送模块右旋到位 | | | | | |
| 8 | M514 | 输送模块伸出到位 | | | | | |
| 9 | M515 | 输送模块缩回到位 | | | | | |
| 10 | M516 | 输送模块夹紧检测 | | | | | |

## 三、输送系统硬件电路设计

输送系统的硬件电路主要包括：直线模组用伺服电动机驱动电路、气缸的输入限位信号与远程 I/O 模块之间的连接电路、系统的输入/输出设备与 PLC 之间的连接电路，分别如图 5-16 ~ 图 5-18 所示。

图 5-16 中，Y0 为 PLC 输出的高速脉冲信号，Y4 为 PLC 输出的伺服电动机方向控制信号，X11 ~ X13 为伺服电动机位置开关信号。

图 5-17 中，X1 接口主要是为远程 I/O 模块提供电源，P1 接口主要是实现与远程 PLC 之间的通信连接，C0 ~ C6 接口主要连接气缸的限位开关信号。

PLC 输入接线端子的 4 号 ~ 7 号引脚用于连接控制气缸动作的电磁阀，1 号 ~ 3 号引脚用于连接机械手左右限位和原点位置信号。气缸的限位信号主要通过 PLC 实现与远程 I/O 模块的通信。

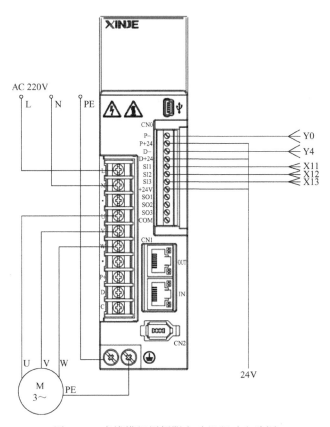

图 5-16　直线模组用伺服电动机驱动电路图

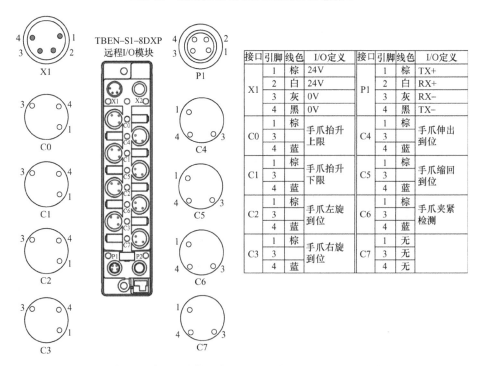

| 接口 | 引脚 | 线色 | I/O定义 | 接口 | 引脚 | 线色 | I/O定义 |
|---|---|---|---|---|---|---|---|
| X1 | 1 | 棕 | 24V | P1 | 1 | 棕 | TX+ |
| | 2 | 白 | 24V | | 2 | 白 | RX+ |
| | 3 | 灰 | 0V | | 3 | 灰 | RX− |
| | 4 | 黑 | 0V | | 4 | 黑 | TX− |
| C0 | 1 | 棕 | 手爪抬升上限 | C4 | 1 | 棕 | 手爪伸出到位 |
| | 3 | | | | 3 | | |
| | 4 | 蓝 | | | 4 | 蓝 | |
| C1 | 1 | 棕 | 手爪抬升下限 | C5 | 1 | 棕 | 手爪缩回到位 |
| | 3 | | | | 3 | | |
| | 4 | 蓝 | | | 4 | 蓝 | |
| C2 | 1 | 棕 | 手爪左旋到位 | C6 | 1 | 棕 | 手爪夹紧检测 |
| | 3 | | | | 3 | | |
| | 4 | 蓝 | | | 4 | 蓝 | |
| C3 | 1 | 棕 | 手爪右旋到位 | C7 | 1 | 无 | |
| | 3 | | | | 3 | 无 | |
| | 4 | 蓝 | | | 4 | 无 | |

图 5-17　气缸的输入限位信号与远程 I/O 模块之间的连接电路示意图

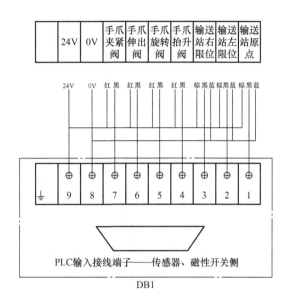

图 5-18　输入/输出设备与 PLC 之间的连接电路图

## 四、电气接线与硬件测试

电气接线包括：在工作单元装置侧完成各传感器、电磁阀、电源端子等引线到装置侧接线端口之间的接线；在 PLC 侧进行电源、I/O 点等的接线。

电气接线时注意按照工艺规范进行线路连接，注意电源的正负极性不要接反。

使用万用表再次核查电路连接的正确性，然后在确认电源正常和机械结构都处于初始状态的情况下，通电，查看输入点位是否正常，手动操作电磁阀，检查气缸动作是否正确，气路是否合适。按照前述伺服电动机手动试运行的方法，进行伺服电动机正反转动作试运行。在确认以上均正常的情况下，断电，排气，整理现场。

## 五、6S 整理

在所有的任务都完成后，按照 6S 职业标准打扫实训场地，6S 整理现场标准如图 5-19 所示。

整理：要与不要，一留一弃；

整顿：科学布局，取用快捷；

清扫：清除垃圾，美化环境；

清洁：清洁环境，贯彻到底；

素养：形成制度，养成习惯；

安全：安全操作，以人为本。

图 5-19　6S 整理现场标准图

## 任务检查与评价（评分标准）

| 评分点 | | 得分 |
|---|---|---|
| 硬件设计连接<br>（50 分） | 能绘制出伺服系统电路原理图（20 分） | |
| | 接近传感器安装正确（5 分） | |
| | 接近传感器接线正确（5 分） | |
| | 伺服电动机接线正确（5 分） | |
| | 输送系统 PLC 输入/输出接线正确（5 分） | |
| | 会进行伺服驱动器的参数设置（10 分） | |
| 安全素养<br>（10 分） | 存在危险用电等情况（每次扣 3 分，上不封顶） | |
| | 存在带电插拔工作站上的电缆、电线等情况（每次扣 3 分，上不封顶） | |
| | 穿着不符合要求（每次扣 4 分，上不封顶） | |
| 6S 素养<br>（20 分） | 桌面物品及工具摆放整齐、整洁（10 分） | |
| | 地面清理干净（10 分） | |
| 发展素养<br>（20 分） | 表达沟通能力（10 分） | |
| | 团队协作能力（10 分） | |

# 任务 2　输送系统程序设计

## 任务描述

### 一、控制要求

输送系统的控制要求如下：按下起动按钮，机械手自动进行抓料，回旋摆台 180° 至加热模块工位后，放下工件，等待加热模块工作完成后，机械手再次起动抓料，抓料完成后继续回旋 180°，然后起动伺服电动机驱动直线模组带动机械手前行至下一级传送带工件位置，机械手放下工件后，伺服电动机再次起动，带动机械手后退至初始位置。反复循环上述流程，直至按下停止按钮，系统停止。试按照要求完成系统 PLC 程序、触摸屏程序设计以及调试。

### 二、学习目标

1. 掌握远程 I/O 模块的使用。
2. 掌握远程 I/O 模块的参数配置。
3. 掌握 PLC 高速脉冲定位控制指令。
4. 掌握电子齿轮比和脉冲当量的计算方法。
5. 掌握伺服驱动器的参数设置。
6. 掌握输送系统的手自动程序设计的方法与流程。

7. 熟练排除输送系统软硬件联调过程中出现的故障。
8. 掌握人机界面组态程序设计方法。

## 三、实施条件

| 硬件准备 | 名称 | 型号 | 数量 |
|---|---|---|---|
| | 夹爪气缸 | MHC2－10D | 1 |
| | 双联双杆气缸 | CXSJM10－75 | 1 |
| | 旋转气缸 | MSQB10R | 1 |
| | 薄型气缸 | CDQ2B32－20D | 1 |
| | 磁性开关 | D－M9BL | 7 |
| | U形光电传感器 | LU674－5NA | 3 |
| | 电磁阀 | SY3120－5LZD－M5 | 4 |
| | 直线模组 | ATH5－L10－400－BR | 1 |
| | 远程I/O模块 | TBEN－S1－8DXP | 1 |
| | 伺服电动机 | MS6H－40CS30B1－20P1 | 1 |
| | 伺服驱动器 | DS5C－20P1－PTA | 1 |
| | 可编程控制器 | XDH－60T4－E | 1 |
| | 触摸屏 | TGM765S－ET | 1 |

## 任务准备

## 一、指令介绍

### 1. 高速脉冲定位控制指令

(1) 可变频率脉冲输出指令

可变频率脉冲输出（PLSF）指令用于按照用户指定的频率输出高速脉冲。其指令用法如图5-20所示。

图5-20中，M0接通，则PLC按照第一套（S1）系统参数，由输出端Y0(D)输出频率为HD0(S0)的高速脉冲。当HD0设定的频率为正时，正向发脉冲；设定的频率为负时，反向发脉冲。频率范围为1Hz～100kHz或－100kHz～－1Hz。

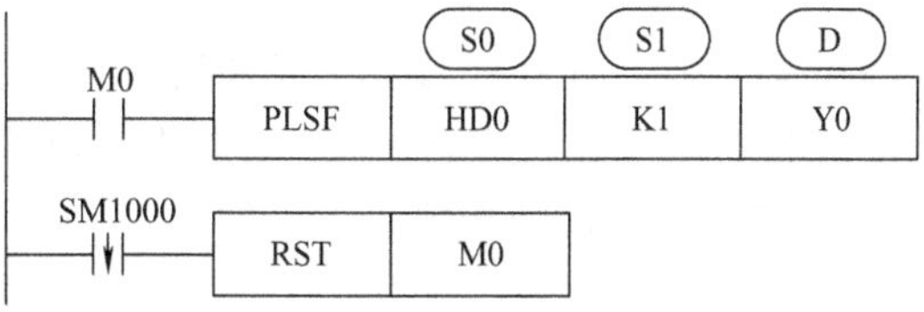


图5-20 PLSF指令用法示例图

(2) 绝对单段定位脉冲指令

绝对单段定位脉冲（DRVA）指令是采用绝对驱动方式，按照指定频率运行至以原点（0点）为基点的对应绝对坐标位置。其指令用法如图5-21所示。

图5-21中，当M0出现上升沿时，将驱动DRVA指令，由Y0(D0)端输出频率为HD2(S1)的HD0(S0)个高速脉冲，其脉冲的加减速度由HD4(S2)寄存器指定，脉冲方向

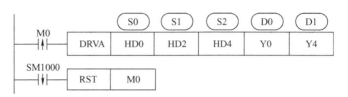

图 5-21　DRVA 指令用法示例图

端子为 Y4(D1)。其中，HD0 是绝对脉冲个数。当指定脉冲发送完成后，复位 M0。

（3）机械归零指令

机械归零（ZRN）指令用于按照用户指定
以设定的加速斜率、回归速度、爬行速度朝原
点回归方向前进。其指令用法如图 5-22 所示。

图 5-22　ZRN 指令用法示例图

2. 以太网通信指令

两台设备进行以太网通信时，一般按照以下步骤进行：

1）开启通信任务：确认通信协议和通信类型，配置通信参数，创建 TCP 连接/UDP 端口监听，并绑定套接字 ID。

2）实现数据通信：开启成功的通信任务，实现以太网自由通信或 MODBUS TCP 数据通信。

3）关闭通信任务：当与目标通信设备通信完成后，或 TCP 连接出现异常时，需要关闭通信任务。

XDH 型的 PLC 包含了通信任务的开启和关闭、发送/接收数据、MODBUS TCP 数据通信等以太网通信指令。下面将逐一进行介绍。

（1）创建 TCP 连接/UDP 端口监听（S_OPEN）指令

S_OPEN 指令是通信任务创建指令，与通信终止（S_CLOSE）指令配合使用。其使用方法如图 5-23 所示。

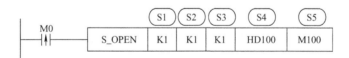

图 5-23　S_OPEN 指令用法示例图

图 5-23 中，当 M0 出现上升沿时，将调用 S_OPEN 指令，即创建一次 TCP 连接或开启一次 UDP 端口监听。其中，TCP 可以为客户端或者服务器。

S_OPEN 指令需要配置以下参数：

1）S1：套接字 ID，范围：K0 ~ K63。注意：同时建立的套接字数量不超过 64 个，TCP 数量不超过 32 个，UDP 数量不超过 32 个。

2）S2：通信类型，范围：K0、K1，K0 为 UDP，K1 为 TCP。

3）S3：模式选择，范围：K0、K1，K0 为服务器，K1 为客户端

4）S4：参数块起始地址，共占用 S4 ~ S4 +8 连续 9 个寄存器。

5）S5：标志起始位置，共占用 S5 ~ S5 +9 连续 10 个线圈。

在使用 S_OPEN 指令时需要注意：服务器需要先打开套接字，等待客户端的连接，否则

套接字可能会建立不成功。

S_OPEN 指令也可以通过 "指令配置" 中的 "以太网连接配置" 面板进行配置,如图 5-24 所示。

图 5-24  S_OPEN 指令用法配置图

(2) 通信终止指令

通信终止 (S_CLOSE) 指令,需和 S_OPEN 指令配合使用。其使用方法如图 5-25 所示。

图 5-25 中,当 M0 上升沿来临时,将终止通信任务。该指令需要由 S1 指定要关闭的套接字 ID,可指定寄存器或常数,范围为 K0 ~ K63。S_CLOSE 指令一旦执行后,基于此套接字 ID 的 M_TCP、S_SEND、S_RCV 指令将无法执行。

(3) 自由格式通信发送指令

自由格式通信发送 (S_SEND) 指令,需和 S_OPEN、S_CLOSE 指令配合使用。其使用方法如图 5-26 所示。

图 5-25  S_CLOSE 指令用法示例图          图 5-26  S_SEND 指令用法示例图

图 5-26 中,当 M0 每出现一次上升沿时,将进行一次数据的发送。

在使用 S_SEND 指令时,需要配置以下参数:

1) S1:套接字 ID,可指定寄存器或常数,范围为 K0 ~ K63。

2) S2:本地寄存器发送数据的首地址。

3) S3:发送数据个数,可指定寄存器或常数。使用时,需要注意所在套接字 ID 中 S_OPEN 指令中定义的数据缓冲类型是 16 位还是 8 位。当缓冲位数为 8 位时,只发送低字节数据,所以 S3 = 发送的寄存器个数,例如:要发送 D100 ~ D107 寄存器中的低字节数据时,S3 应设为 8。当缓冲位数为 16 位时,高、低字节数据都将被发送,所以 S3 = 发送的寄存器个数 ×2,例如:要发送 D100 ~ D107 中的高、低字节数据时,S3 应设为 16,且发送时,低字节在前高字节在后。

(4) Modbus 通信指令

Modbus 通信 (M_TCP) 指令是指 PLC 作为客户端时,基于 Modbus TCP 协议进行数据收发。该指令同样需要与 S_OPEN 指令、S_CLOSE 指令配合使用,其指令的使用方法如图 5-27 所示。

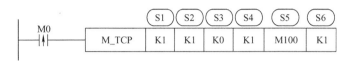

图 5-27　M_TCP 指令用法示例图

图 5-27 中，当 M0 每出现一次上升沿时，将进行一次 Modbus TCP 通信。

在使用 M_TCP 指令时，需要配置以下参数：

1）S1：远端通信站号，范围为 K0 ~ K247。

2）S2：Modbus 通信功能码。

3）S3：目标首地址，此处为 Mod-bus 通信地址。

4）S4：通信数据个数。

5）S5：本地首地址。

6）S6：套接字 ID，指定使用的 TCP 连接，目标端口必须为 502。该指令需要通过"指令配置"中的"Modbus TCP 配置"面板配置，参数配置如图 5-28 所示。

图 5-28　Modbus TCP 指令配置界面

## 二、远程 I/O 模块与 PLC 之间的通信组网配置

使用远程 I/O 模块时，首先要进行组网配置，然后再基于 Modbus TCP 协议，使用 PLC 自带的以太网通信指令进行数据读写，从而实现远程输入设备的信号采集以及远程输出设备的控制。

此处采用 Turck-Service Tool 软件进行组网配置。配置步骤如下：

1）打开 Turck-Service Tool 软件，界面如图 5-29 所示。

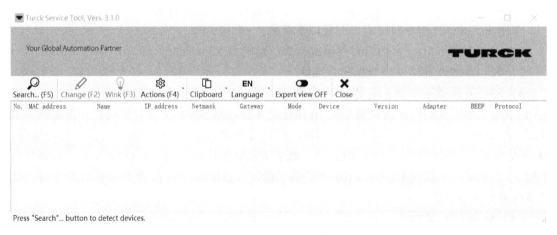

图 5-29　Turck-Service Tool 软件界面图

2）单击 Search 或者按 < F5 >，会出现如图 5-30 所示的界面。

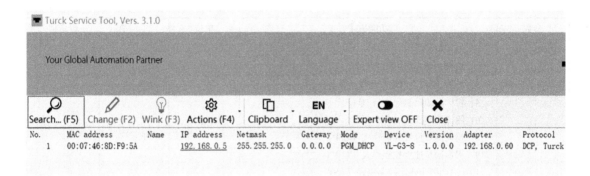

图 5-30 软件模块选择图

3）根据需要设置模块的 IP 地址。单击选中模块，单击"Change"工具，输入 IP 地址，然后单击"Set in device"即可，设置界面如图 5-31 所示。这里注意需要把远程 I/O 模块的 IP 地址与 PLC 设置在同一个网段。

### 三、伺服驱动器基本控制参数设定

根据任务 1 已知，伺服驱动器主要控制方式分为转矩模式、速度模式和位置模式等。这里以输送系统的位置控制为例，讲解伺服驱动器相关参数的设定。

#### 1. P0 - 01 控制模式选择

当选择的伺服驱动器为普通类型（P0 - 00 = 0）或 EtherCat 类型（P0 - 00 = 1）时，P0 - 01 设置的参数值与控制模式对应关系见表 5-8。

例如，输送系统中伺服驱动器为位置控制模式。因此，假设设定驱动器为普通型，即 P0 - 00 = 0，那么 P0 - 01 = 6。

图 5-31 远程 I/O 模块的 IP 地址设置界面图

表 5-8 P0 - 01 参数值与控制模式对应表

| 参数 | 功能描述 | 单位 | 出厂值 | 设定值 |
|---|---|---|---|---|
| P0 - 01 | ① P0 - 00 = 0：普通通用类型<br>1：内部转矩模式<br>2：外部模拟量转矩模式<br>3：内部速度模式<br>4：外部模拟量速度模式<br>5：内部位置模式<br>6：外部脉冲位置模式<br>7：外部脉冲速度模式 | — | 6 | 6 |

（续）

| 参数 | 功能描述 | 单位 | 出厂值 | 设定值 |
|---|---|---|---|---|
| P0 – 01 | ② P0 – 00 = 1<br>1：轮廓位置控制模式（PP）<br>3：轮廓速度控制模式（PV）<br>4：轮廓转矩控制模式（TQ）<br>6：原点回归模式（HM）<br>8：周期同步位置控制模式（CSP）<br>9：周期同步速度控制模式（CSV）<br>10：周期同步转矩控制模式（CST） | | | |

**2．P0 – 03 使能模式选择**

当需要驱动伺服电动机时，伺服驱动器必须使能。其使能的方式有三种：IO/SON 输入信号使能、面板/Modbus 使能、总线使能。其使能模式参数设置说明见表 5-9。由于本项目方案相对比较简单，所以 P0 – 03 = 2。

表 5-9　使能模式参数设置说明表

| 参数 | 功能描述 | 单位 | 出厂值 | 设定值 |
|---|---|---|---|---|
| P0 – 03 | 0：不使能<br>1：IO/SON 输入信号使能<br>2：软件使能（面板/Modbus），面板<br>F1 – 05 写入 1，Modbus 向 0x2105 寄存器写入 1。写入 0 取消使能<br>3：总线使能 | — | 1 | 2 |

**3．P0 – 05 电动机旋转方向设定**

P0 – 05 主要用来设定电动机旋转方向。该参数的设定值需要根据外部机械来定。方法如下：假设 PLC 对应的位置寄存器增加时，机械正移，则 P0 – 05 = 0；反之，P0 – 05 = 1。

**4．P0 – 10 脉冲控制方式选择**

由于伺服电动机脉冲控制的方式有多种，比如 AB 相脉冲、方向脉冲或 CW/CCW 脉冲等。因此，DS5C 型伺服驱动器同样支持以上几种控制方式，具体参数设置见表 5-10。但是，由于信捷 PLC 仅支持方向脉冲控制方式，所以这里 P0 – 10 = 2。

表 5-10　脉冲控制方式说明表

| 参数 | 功能描述 | 单位 | 出厂值 | 设定值 |
|---|---|---|---|---|
| P0 – 10 | 0：CW/CCW<br>1：AB<br>2：P + D | — | 2 | 2 |

**5．P0 – 11、P0 – 12 每转脉冲数设定**

P0 – 11、P0 – 12 两个参数主要用来设定电动机每转一圈所需要的脉冲个数。其计算方法如下：电动机每转脉冲数为（P0 – 12 值）× 10000 +（P0 – 11 值）。具体设置方法见后面举例说明。

**6. P0 – 13、P0 – 14 电子齿轮比设定**

为了配合机械运动工程量与整数个脉冲之间的对应关系，往往通过调整电子齿轮比，以使脉冲量与工程量相对应，从而消除运行误差。其中，P0 – 13 为电子齿轮比中的分子；P0 – 14 为电子齿轮比中的分母。这两个参数仅在 P0 – 11 和 P0 – 12 均为 0 的时候生效。

**7. 每转脉冲数和电子齿轮比的计算**

（1）电子齿轮比概述

由于伺服电动机是通过上位机发送脉冲来进行位置控制的，而电动机旋转位移是用编码器来测量的。但是上位机发送的脉冲数和伺服电动机旋转过程中测量的脉冲数不是一一对应的关系，而是两者之间有一个比值，这个比值就称为电子齿轮比。因此电子齿轮比等于编码器接收脉冲数与上位机发送脉冲数之比。

例如：丝杠螺距设置为 5mm，伺服电动机编码器分辨率为 131072，若上位机发送一个脉冲时，丝杠走 0.001mm，那么丝杠走 5mm，上位机就需要发送 5000 个脉冲，正好电动机转了一圈，编码器采集到的数值正好为 131072，则电子齿轮比为 131072/5000。

电子齿轮比的设置通常有以下两方面的应用：

1）在上位机发出的高速脉冲频率已经达到上限，但电动机转速还未达到要求的情况下，可以通过调电子齿轮比达到要求的转速。

2）在精确定位中，设定 1 指令脉冲对应的物理单位长度，便于计算。

例如：假设滚珠丝杠结构如图 5-32 所示。其伺服电动机自带的编码器为 131072（17 位），丝杠节距为 6mm。若指定单位脉冲对应工件移动 1μm，则负载轴旋转一圈需要的指令量为 6mm/1μm = 6000 个指令脉冲。在减速比为 1∶1 的情况下，可直接设定每转脉冲数 P0 – 11 = 6000，P0 – 12 = 0，则上位机发出 6000 个脉冲，工件移动 6mm。

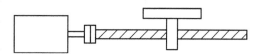

图 5-32　滚珠丝杠示意图

若不更改电子齿轮比，则电动机旋转 1 圈为 131072 个脉冲（P0 – 11 = 0，P0 – 12 = 0 时）。若电动机转 1 圈工件移动 6mm，要将工件移动 10mm，则需要 10/6 × 131072 = 218453.333 个脉冲，实际发送脉冲时会舍去小数，则会产生误差。

（2）每转脉冲数和电子齿轮比的计算

每转脉冲数和电子齿轮比的计算步骤见表 5-11。

表 5-11　每转脉冲数和电子齿轮比的计算步骤表

| 步骤 | 内容 | 说明 |
|---|---|---|
| 1 | 确认机械规格 | 确认减速比 $n:m$（伺服电动机旋转 $m$ 圈时负载轴旋转 $n$ 圈）、滚珠丝杠节距、滑轮直径等 |
| 2 | 确认编码器脉冲数 | 确认所用伺服电动机的编码器分辨率 |
| 3 | 决定指令单位 | 决定指令控制器的 1 个脉冲对应实际运行的距离或角度 |
| 4 | 计算负载轴转 1 圈的指令量 | 以决定的指令单位为基础，计算负载轴旋转 1 圈的指令量 $N$ |
| 5 | 计算电动机轴转 1 圈的脉冲数 $M$ | 电动机轴旋转 1 圈的指令脉冲数 $M = N/(m/n)$ |

（续）

| 步骤 | 内容 | 说明 |
|---|---|---|
| 6 | 设定每转脉冲数（P0 – 11/P0 – 12）<br>或者电子齿轮比（P0 – 13/P0 – 14） | P0 – 11 = M%10000<br>P0 – 12 = M/10000<br>$\dfrac{P0 - 13}{P0 - 14} = \dfrac{编码器分辨率}{M} = \dfrac{编码器分辨率 \times m}{Nn}$<br>备注：优先级由高到低 |

（3）每转脉冲数和电子齿轮比的设定示例

每转脉冲数和电子齿轮比的设定示例见表 5-12。

表 5-12  每转脉冲数和电子齿轮比的设定示例表

| 步骤 | 名称 | 滚珠丝杠 | 圆台 | 传送带 + 滑轮 |
|---|---|---|---|---|
| | | <br>$1圈\dfrac{P}{指令单位}$ | <br>$1圈\dfrac{360°}{指令单位}$ | <br>$1圈\dfrac{\pi D}{指令单位}$ |
| 1 | 确认机械规格 | 滚珠丝杠节距 6mm<br>机械减速比 1:1 | 1 圈旋转角 360°<br>减速比 1:3 | 滑轮直径 100mm<br>减速比 1:2 |
| 2 | 确认编码器脉冲数 | 编码器分辨率 131072 | 编码器分辨率 131072 | 编码器分辨率 131072 |
| 3 | 决定指令单位 | 1 指令单位：0.001mm | 1 指令单位：0.1° | 1 指令单位：0.02mm |
| 4 | 计算负载轴旋转 1 圈的指令量 | 6mm/0.001mm = 6000 | 360°/0.1° = 3600 | 314mm/0.02mm = 15700 |
| 5 | 计算电动机轴转 1 圈的脉冲数 $M$ | $M = 6000/(1/1) = 6000$ | $M = 3600/(3/1) = 1200$ | $M = 15700/(2/1) = 7850$ |
| 6 | 设定每转脉冲数<br>P0 – 11/P0 – 12 | P0 – 11 = 6000<br>P0 – 12 = 0 | P0 – 11 = 1200<br>P0 – 12 = 0 | P0 – 11 = 7850<br>P0 – 12 = 0 |
| | 设定电子齿轮比<br>P0 – 13/P0 – 14 | P0 – 13 = 131072<br>P0 – 14 = 6000<br>约分后<br>P0 – 13 = 8192<br>P0 – 14 = 375 | P0 – 13 = 131072<br>P0 – 14 = 1200<br>约分后<br>P0 – 13 = 8192<br>P0 – 14 = 75 | P0 – 13 = 131072<br>P0 – 14 = 7850<br>约分后<br>P0 – 13 = 65536<br>P0 – 14 = 3925 |

**8. 脉冲当量的计算**

脉冲当量是当控制器输出一个定位控制脉冲时，所产生的定位控制移动的位移，对直线运动来说，是指直线移动的距离。

设螺距为 $D$，编码器分辨率为 $P_m$，即电动机转 1 圈需要的脉冲为 $P_m$，假设当上位机发出

脉冲数为 $P$，丝杠转动 $N_s$ 圈，电动机转动 $N$ 圈，则行程 $d = DN_s$。当机械减速比为 1 时，$N = N_s$，则脉冲当量 $\delta = d/P = DN_s/P = DN/P$，因为 $N = P/P_m$，所以脉冲当量 $\delta = DP/P_m/P = D/P_m$。

## 四、认识 C 语言功能块

### 1. 概述

信捷 XD/XL/XH 系列 PLC 支持用户在编程软件中利用 C 语言编写功能块，在需要的地方进行调用，这样一方面可以增强程序的保密性，另一方面由于它支持几乎所有的 C 语言函数，可以进行多处调用和不同文件的调用，所以大大提高了编程效率。

### 2. C 函数功能块的编写流程

C 函数功能块的编写流程如下：

1）打开 PLC 编程软件，在左侧的"工程"工具栏内选择"函数功能块"，右击选择"添加新源文件"，操作界面如图 5-33 所示。

2）单击"添加新源文件"后，将出现如图 5-34 所示的对话框，填写函数功能块的名称以及函数信息。

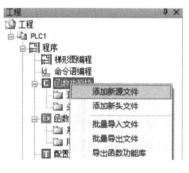

图 5-33 编程软件界面

图 5-34 编辑函数信息界面

3）单击"确定"后，会出现如图 5-35 所示的 C 函数功能块编程画面。在此画面中，直接进行编程即可。

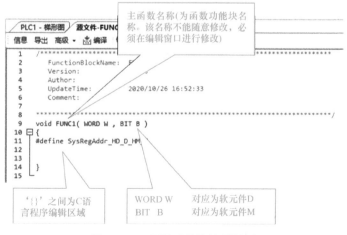

图 5-35 C 函数功能块编程画面

在该函数中，形参 W 表示字软元件，使用时按数组使用，如 W[0] = 1，W[1] = W[2] + W[3]。形参 B 表示位软元件，使用时也按数组使用，支持置位 1、清零、赋值等操作，如 B[0] = 1，B[1] = 0，B[0] = B[1]。

若要执行双字运算，则需要在 W 前加个 D，如 DW[10] = 100000，表示给 W[10]W[11] 合成的双字赋值。

若要执行浮点运算，则需要表示为 FW[0]，如 FW[0] = 123.456。

**3. C 函数功能块的调用**

在梯形图中调用 C 函数功能块时，可以按照如图 5-36 所示的格式进行调用。其中：FUNC1 为 C 函数功能块的名称。D0 以及 M0 为实参，也可以用 HD 或 HM 寄存器。

图 5-36　调用指令格式示例图

调用 C 函数功能块时，其参数传递方式为：传入的 D (HD) 和 M (HM)，即为函数内部对应的形参 W 和 B 的起始地址。

例如，图 5-36 中，当执行指令 FUNC1 D0 M0 时，函数内部的形参 W[0] 即为 D0，W[10] 为 D10，B[0] 为 M0，B[10] 为 M10；若指令修改为 FUNC1 HD0 HM0，则 W[0] 为 HD0，W[10] 为 HD10，B[0] 为 HM0，B[10] 为 HM10；假设指令修改为 FUNC1 D100 HM100，则 W[0] 为 D100，B[0] 为 HM100。也就是说，字与位元件的首地址与是否使用掉电保持型数据寄存器和线圈由用户在 PLC 程序中设定。这里需要注意，C 函数内部定义的局部变量不能多于 100 个字。

**4. C 函数功能块的编辑与调用举例**

【例 5-2】　编写 C 函数并在梯形图中调用，实现 PLC 中寄存器 D0 + D1 = D2 的功能。

1）首先在"工程"工具栏里，新建一个函数功能块，并把它命名为 ADD_2。

2）按照图 5-37a 中内容完成程序编辑。单击编译，即可看到如图 5-37b 中所示的编译信息列表。

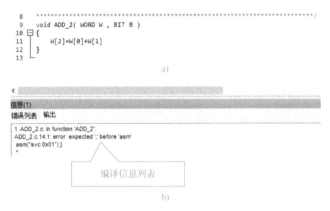

图 5-37　编译界面

根据编译信息列表提示，可以进行语法错误修改。在这里比较容易地发现程序中 W[2] = W[0] + W[1] 的后面缺少符号";"。

194

将程序修改后，再次进行编译。从图 5-38 所示的列表信息里可以确认，程序里面已没有语法错误。

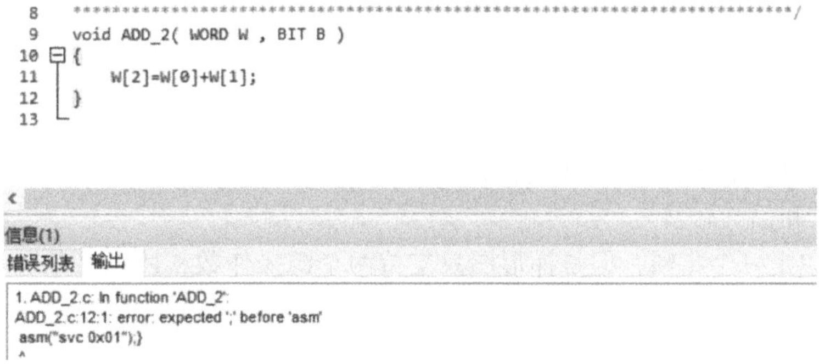

```
 8     **************************************************/
 9     void ADD_2( WORD W , BIT B )
10    {
11        W[2]=W[0]+W[1];
12    }
13
```

信息(1)
错误列表　输出

1. ADD_2.c: In function 'ADD_2':
ADD_2.c:12:1: error: expected ';' before 'asm'
asm("svc 0x01");}
   ^

图 5-38　再次编译信息列表界面

3）然后再编写 PLC 程序，分别赋值十进制数 10、20 到寄存器 D0、D1 中，并调用函数功能块 ADD_2，如图 5-39 所示。

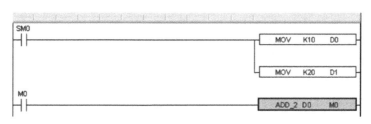

图 5-39　PLC 程序赋值界面

4）然后将程序下载到 PLC 中，运行 PLC，并置位 M0，如图 5-40 所示。

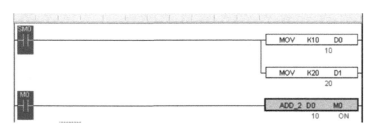

图 5-40　运行并置位界面

5）通过工具栏上的自由监控观察到 D2 的值变成了 30，说明赋值成功了，如图 5-41 所示。

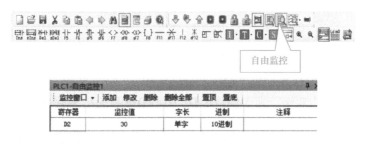

图 5-41　赋值成功界面

【例 5-3】 利用 PLC 编程实现公式 $a = b/c + bc + d(c-3)$ 的运算。

这里可以采用两种方法实现：PLC 梯形图直接编程；梯形图中调用 C 函数功能块编程实现。

方法一：PLC 梯形图直接编程。

具体编程步骤如下：

1）首先求出 $c-3$。

2）然后算出两个乘法和一个除法的值。

3）最后求和。

虽然只有以上三个步骤，但是梯形图只支持两个源操作数，所以必须分成多步求结果，梯形图如图 5-42 所示。

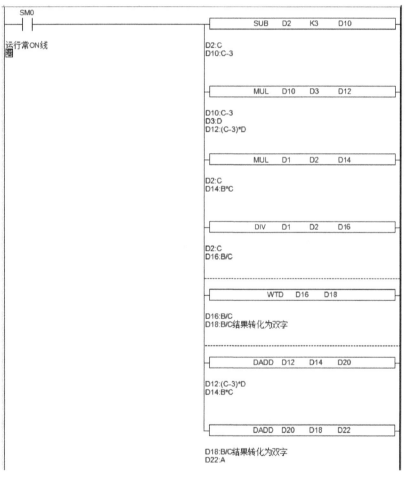

图 5-42 例 5-3 梯形图

在上面梯形图运算中有几点要注意：

1）MUL 运算结果为双字，即 MUL D1 D2 D14［D15］的结果存放在 D14［D15］两个寄存器内。

2）DIV 运算结果分商和余数，即 DIV D1 D2 D16，商在 D16 中，余数在 D17 中，所以如果运算有余数则精度就降低了，要得到精确的结果得用浮点数运算。

3）在求和时，由于 D16 为商，是单字数据，所以加运算的时候得先统一数据类型，最终得到的结果存放在 D22［D23］中。

方法二：编写 C 函数功能块，然后采用梯形图调用。

具体编程步骤如下：

1）首先按照图 5-43 编写 C 函数功能块（RESULT）的程序。

2）然后在梯形图中直接调用，如图 5-44 所示。

```
 9    void RESULT( WORD W , BIT B )
10  ⊟ {
11        long int a,b,c,d;
12        b=W[1];
13        c=W[2];
14        d=W[3];
15        a=b/c+b*c+(c-3)*d;
16        DW[4]=a;
17
18    }
19
```

```
     M0
 ──┤↑├───────────────────────[ RESULT    D0    M0 ]
```

图 5-43　C 函数功能块程序图　　　　图 5-44　调用函数功能块梯形图程序示例图

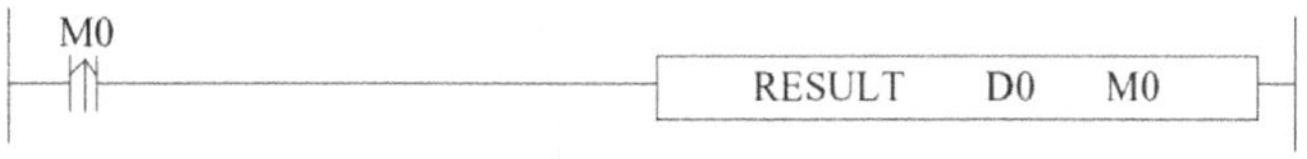

## 任务实施

### 一、系统控制要求分析

根据对输送系统的控制要求分析可知：

1）输送系统的工作目标是实现机械手对工件的输送。为了在输送时能将工件准确送到温控模块和仓库模块，系统中采用的是伺服电动机驱动。所以，我们需要使用脉冲定位指令进行位置控制，PLC 发送的脉冲个数决定其机械手的位移大小，其发送的脉冲频率决定了机械手的移动速度。

2）本设备中机械手由 4 个气缸：气动夹爪、伸出气缸、旋转气缸和抬升气缸构成，机械手要对工件进行抓取、移动和放下动作。这些动作需要由四个气缸共同工作完成，而每个气缸的动作是通过 PLC 发出信号给相应的电磁换向阀，从而改变气路实现的。

3）为了方便人机交互，实现机械手的操作和位置的控制，这里需要增加触摸屏，通过触摸屏和 PLC 之间的通信实现设备的状态监控。

### 二、系统工作流程图的绘制

输送系统支持手动与自动两种工作模式。

手动模式下，能够独立进行机械手的左右移动、手爪夹紧放松、手臂伸缩、摆台旋转、工作台的升降等。

自动模式下，首先检查系统执行机构是否都在初始位置，若不在，则执行复位。复位完成后，若按下起动按钮，假设前道工序有工件送来，则系统开始工作。流程如下：机械手抓取工件，抓取包括伸出、夹紧、上升、缩回四个动作。抓取工件之后手臂左旋，左旋到位后，伺服电动机带动直线模组移动，将机械手送达温控模块。到位之后，手臂将工件放入温控模块，包括手臂伸出、松开、下降、缩回四个动作。等待 2s 之后机械手抓取工件，运行至平面仓库单元，到位之后放下工件，然后右旋。右旋到位之后回到原点，至此完成一个工作循环。

根据以上流程，绘制系统工作流程如图如图 5-45 所示。

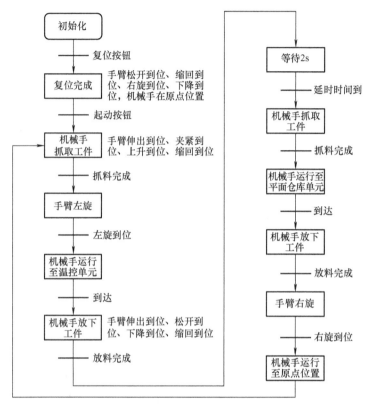

图 5-45　工作流程图

## 三、编程思路及程序设计

### 1. 编程思路

1）系统有两种工作模式：手动和自动。在自动模式下，首先需要检查执行机构是否在初始位置，所以需要执行复位操作。考虑到接线方便，系统对于气缸部分的限位采用了远程 I/O 模块，因此还需要进行通信程序编写。由此可知，系统程序主框架需要包含远程 I/O 模块通信程序、复位操作程序、手动操作程序、自动运行程序四部分。

2）输送单元的主要工作过程是工件的输送，在自动运行程序中需要两次抓取和放下工件，由于两次抓取和放下的步骤相同，每次抓取和放下分别由 4 个动作顺序构成，因此可编写一个子程序供主程序调用。

3）复位操作程序是让机械手回到初始起点，包括伺服电动机原点回归和四个气缸的复位动作。

4）手动操作程序就是分别控制四个气缸单独动作和伺服电动机的正反转，以及程序的起动和停止。

5）自动运行程序是一个步进顺控程序，按照流程图里面的步骤进行顺序流程指令的编写即可。

另外，手动操作部分需要通过触摸屏对四个气缸和伺服电动机单独控制，因此需要设置触摸屏组态软件和绘制界面。

**2. 程序设计**

（1）远程 I/O 模块通信程序

远程 I/O 模块通信程序是为了实现 PLC 与远程 I/O 模块的通信，程序如图 5-46 所示。

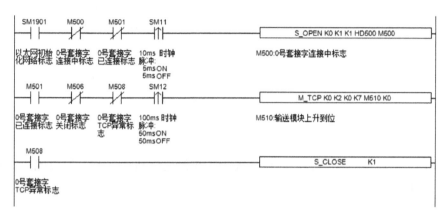

图 5-46　远程 I/O 模块通信程序图

在此需要注意的是，为了实现远程通信，除了编写程序之外还有进行相关的配置。在梯形图中，右击 S_OPEN 指令，选择 S_OPEN 指令参数配置，弹出参数配置对话框，按照图 5-47所示进行配置。

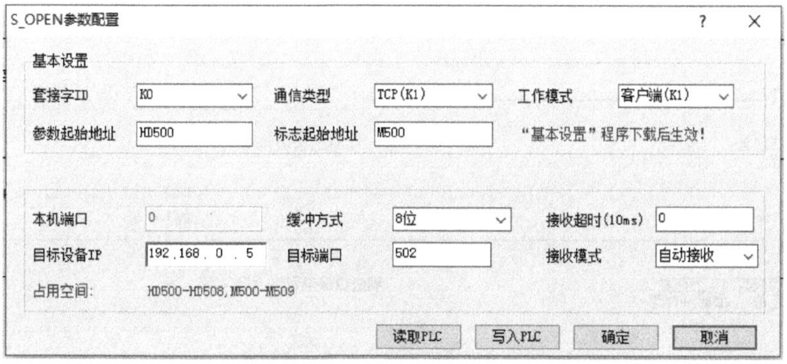

图 5-47　S_OPEN 指令参数配置图

（2）复位操作程序

复位操作程序是指当输送流程完成或按下复位按钮时，PLC 执行复位操作程序，机械手回到初始状态，包括伺服电动机回原点，及四个电磁阀动作分别驱动四个气缸复位，即气动夹爪松开到位、伸出气缸缩回到位、旋转气缸右旋到位、抬升气缸下降到位。气缸电磁阀输出继电器 Y 用复位指令 RST 实现，伺服电动机回原点用归零指令 ZRN 实现。程序如图 5-48 ~ 图 5-50 所示。

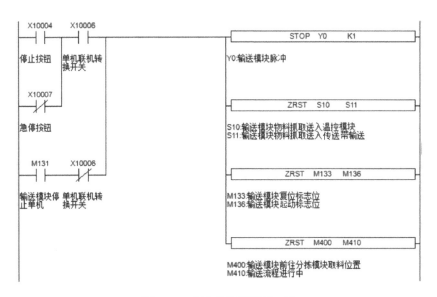

图 5-48　复位操作程序段 1 图

当按下停止按钮或急停按钮的时候，首先停止给电动机发脉冲，结束流程 S10、S11，相关标志位复位。

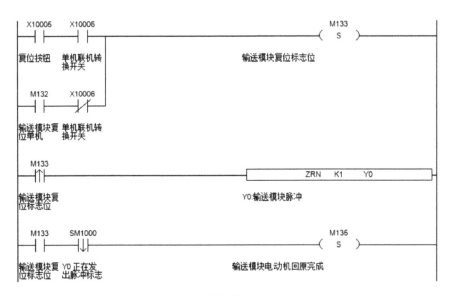

图 5-49　复位操作程序段 2 图

等按下复位按钮或者一个周期动作结束时，将复位标志位置位，然后执行复位指令，通过 ZRN 指令伺服电动机回原点。

将抬升阀和加紧阀复位，结束流程 S10、S11，仓库模块起动标志位复位。如果输送模块几个气缸都动作到位、右旋到位、缩回到位、下降到位、夹紧到位，则说明复位完成，复位标志位置位，相关标志位复位。

（3）手动操作程序

手动操作程序通过触摸屏界面实现伺服电动机的正反转和四个气缸的单独点动动作。程

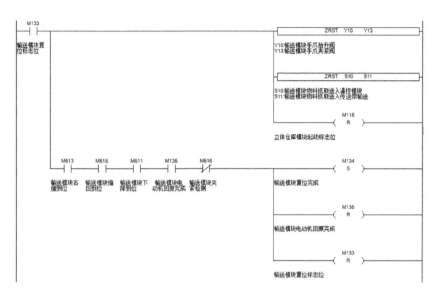

图 5-50  复位操作程序段 3 图

序编写如图 5-51 和图 5-52 所示。

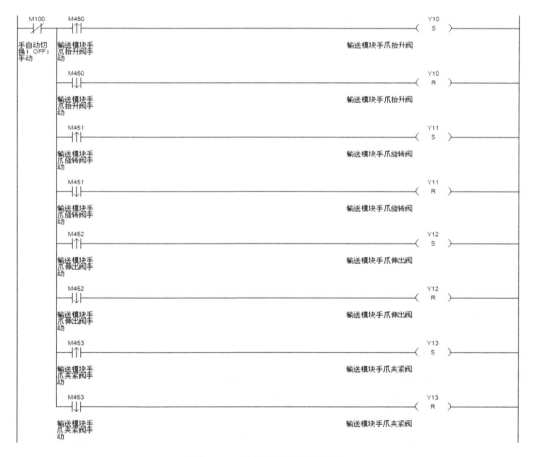

图 5-51  手动操作程序段 1 图

按下手动按钮后,当检测到抬升阀按钮被按下时,打开抬升阀,抬升气缸执行抬升动作。当检测到抬升阀按钮松开时,关闭抬升阀,抬升气缸下降。当检测到旋转阀按钮被按下时,打开旋转阀,旋转气缸左旋。当检测到旋转阀按钮松开时,关闭旋转阀,旋转气缸右旋恢复原位。伸出阀和夹紧阀以此类推。

当检测到电动机正转时,执行相应的脉冲指令,电动机正转;当检测到电动机反转时,执行相应的反转脉冲指令,电动机反转,程序编写如图 5-52 所示。

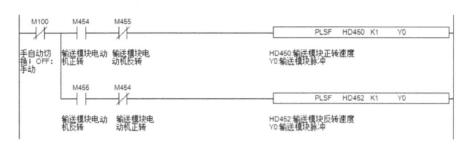

图 5-52　手动操作程序段 2 图

在用到伺服脉冲指令的时候,要对系统参数块进行设置,保证其正确的运行。这里设置的是第一套系统参数块,具体见表 5-13。

表 5-13　相关的参数及其设置表

| 参数 | 设定值 |
| --- | --- |
| Y0 轴-公共参数-脉冲设定-脉冲方向逻辑 | 正逻辑 |
| Y0 轴-公共参数-脉冲设定-机械回原点默认方向 | 正向 |
| Y0 轴-公共参数-脉冲方向端子 | Y4 |
| Y0 轴-公共参数-信号端子开关状态设置-原点开关状态设置 | 常开 |
| Y0 轴-公共参数-信号端子开关状态设置-正极限开关状态设置 | 常开 |
| Y0 轴-公共参数-信号端子开关状态设置-负极限开关状态设置 | 常开 |
| Y0 轴-公共参数-原点信号端子设定 | X11 |
| Y0 轴-公共参数-正极限端子设定 | X12 |
| Y0 轴-公共参数-负极限端子设定 | X13 |
| Y0 轴-公共参数-回归速度 VH | 10000 |
| Y0 轴-公共参数-爬行速度 VC | 800 |

(4) 自动运行程序

输送过程是一个步进顺控程序,首先检测单机起动按钮或者工件是否到位,当满足条件时开始进入流程 S10,即抓取工件送入温控模块。送入温控模块等待温度达到设定值后进入流程 S11,即抓取工件送到传送带。具体程序编写如图 5-53 所示。

当处于联机状态并且按下起动按钮或者单机起动时,如果此时复位完成,则起动标志位置位,表示此时模块处于起动状态。起动状态中,检测到分拣模块已经到位,并且当前温度等于设定温度,此时进入流程 S10,即抓取工件送入温控模块,具体程序编写如图 5-53所示。

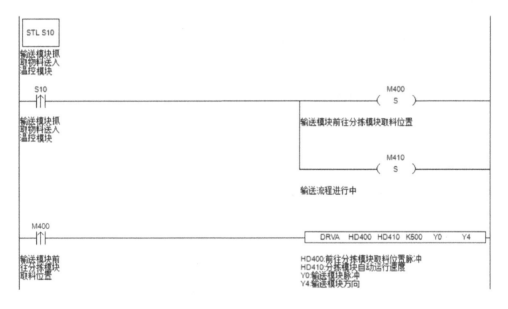

图 5-53 自动运行程序段 1 图

进入 S10 首先将前往分拣模块取料位置，进程标志位置位，然后使用 DRVA 指令使伺服电动机达到指定分拣模块位置，具体程序编写如图 5-54 所示。

图 5-54 自动运行程序段 2 图

当检测到 SM1000 下降沿时，表示已经到达指定位置，置位到达标志位，复位前往分拣模块标志位。到达指定位置后，调用抓取工件子程序 P3（子程序 P3 将在后文中详细讲述），抓取工件。具体程序编写如图 5-55 所示。

取料完成之后，复位到达取料位置标志位，检测取料的最后一步下降到位后，旋转阀打开，机械手开始左旋，检测到左旋到位后，复位抓取物料完成标志位，置位抓取物料完成准备运动标志位，具体程序编写如图 5-56 所示。

准备运动标志位置位后，使用 DRVA 指令使伺服电动机到达指定位置。当检测到 SM1000 下降沿时，表示伺服电动机已经到达指定位置，将到达温控模块标志位置位，准备运动标志位复位。此时如果检测到温控模块物料台伸出到位时，开始调用工件放下子程序 P4，具体程序编写如图 5-57 所示。

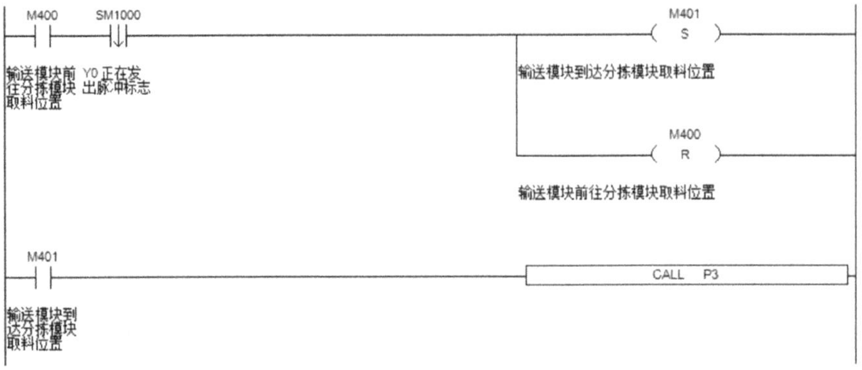

图 5-55　自动运行程序段 3 图

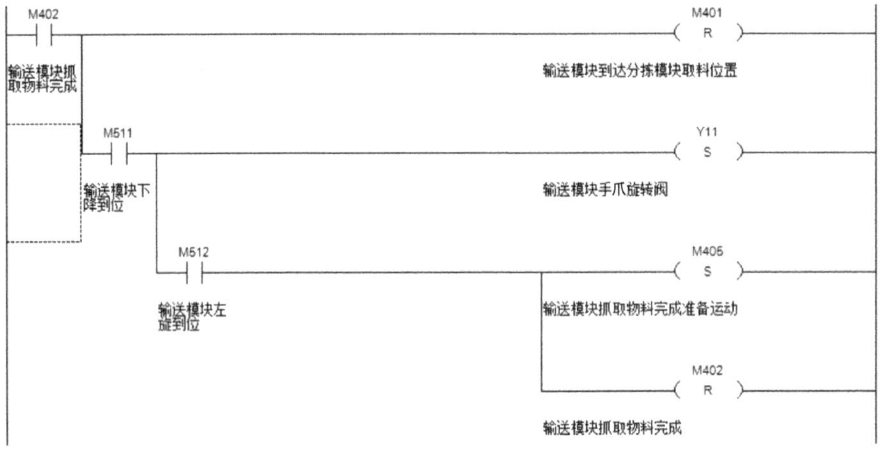

图 5-56　自动运行程序段 4 图

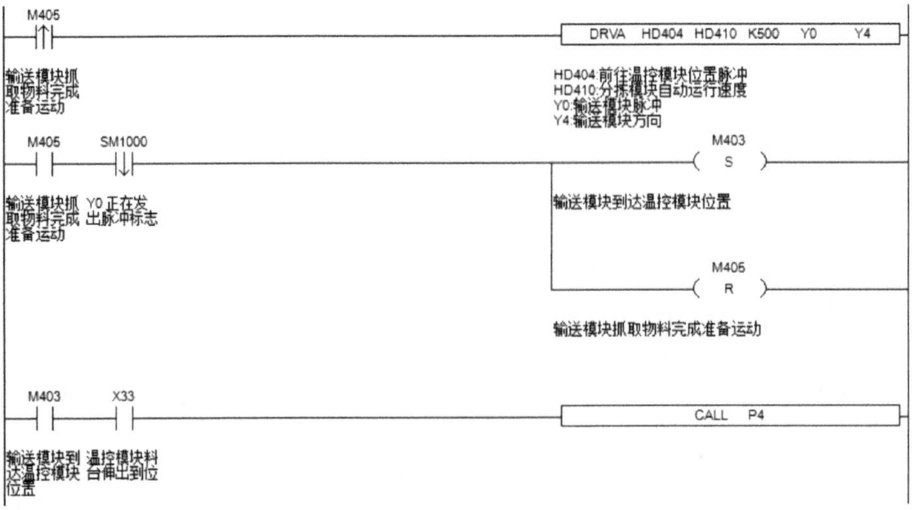

图 5-57　自动运行程序段 5 图

由于篇幅所限，在此并不详细讲解所有程序段。

（5）抓取工件子程序 P3

输送过程中需要机械手抓取工件，两次抓取工件的动作步骤是相同的，即伸出-抓取-抬升-缩回-下降 5 个顺序动作，为节约工作量，设置这 5 步动作为抓取工件子程序 P3。当机械手到达工件位置和工件在温控模块加热完成时，主程序只需调用子程序即可，抓取工件子程序 P3 如图 5-58 所示。

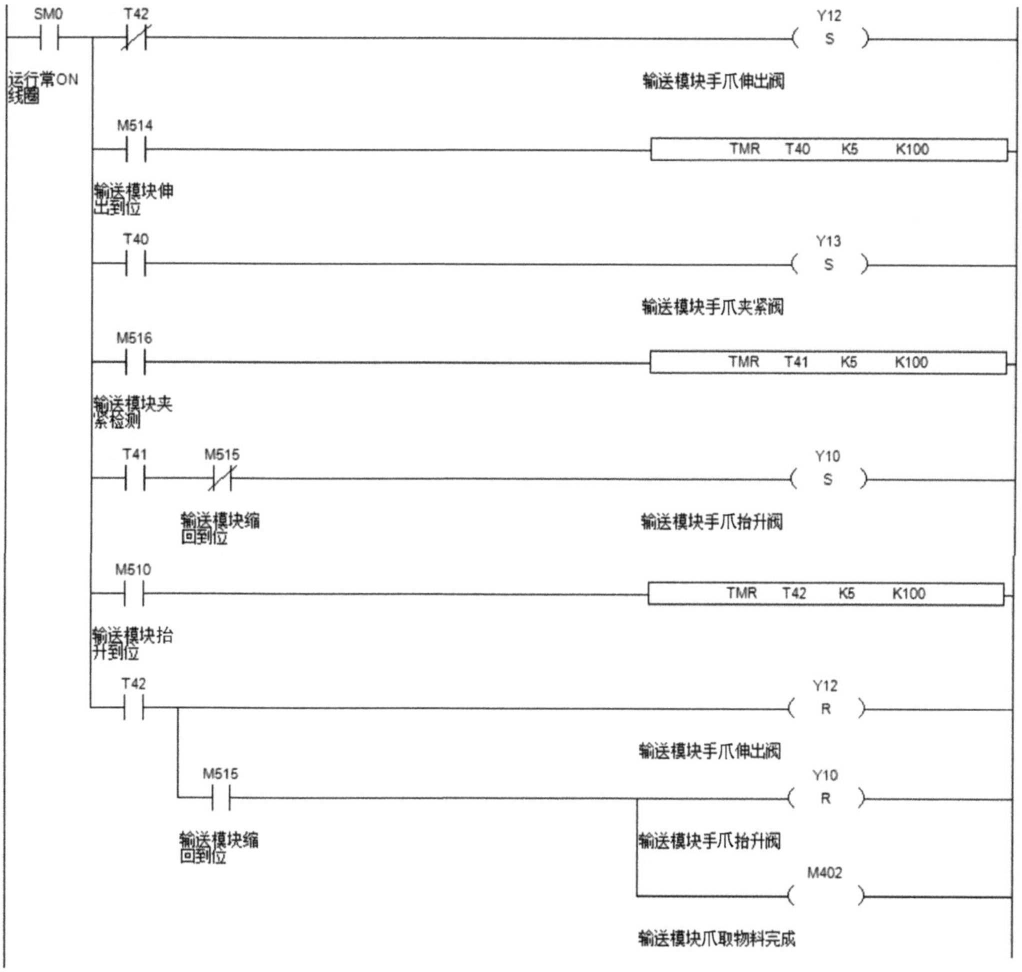

图 5-58　抓取工件子程序 P3 图

首先伸出阀打开，伸出气缸伸出。检测到伸出到位后，定时 0.5 s，0.5 s 后夹紧阀打开，夹紧气缸夹紧。检测到夹紧到位之后，定时 0.5 s，0.5 s 后抬升阀打开，抬升气缸抬升。检测到抬升到位之后，定时 0.5 s，0.5 s 后伸出阀关闭，伸出气缸缩回。检测到缩回到位后，抬升阀关闭，抬升气缸下落。

（6）放下工件子程序 P4

输送过程中需要机械手放下工件，两次放下工件的动作步骤是相同的，即抬升-伸出-松开-缩回-下降 5 个顺序动作，为节约工作量，设置这 5 步动作为放下工件子程序 P4。当机

205

械手到达温控模块位置和到达传送带传送位置时，主程序只需调用子程序即可，放下工件子程序 P4 如图 5-59 所示。

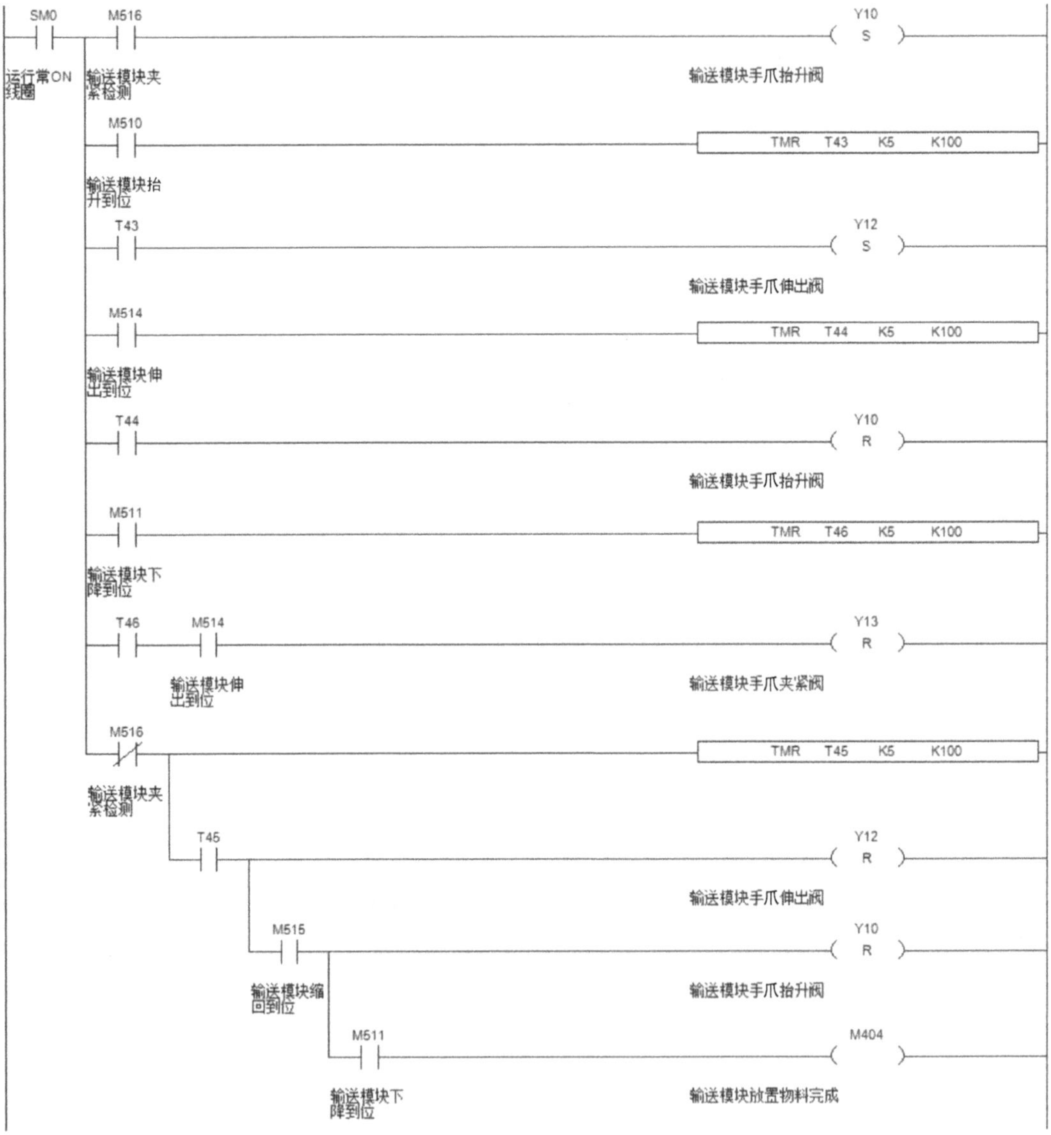

图 5-59　放下工件子程序 P4 图

放下工件子程序和抓取工件子程序结构和形式相同，只是顺序不一样，在此不再赘述。

3. 触摸屏监控组态界面设计

根据任务需要，分别添加了数据输入/输出、按钮等控件，设计出如图 5-60 所示的触摸屏监控组态界面。同时建立了实时数据库的数据对象，其数据对象与界面元件之间的对应关系见表 5-16。

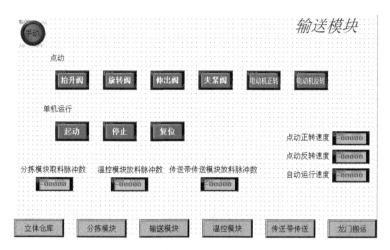

图 5-60  触摸屏监控组态界面

表 5-14  界面元件与数据对象对应关系表

| 界面元件 | 变量名称 | 按钮操作/数据类型 | PLC 变量 | 注释 |
|---|---|---|---|---|
| 按钮指示灯 | 手动 | 取反 | M100 | 手动切换按钮及指示 |
| 按钮 | 抬升阀 | 瞬时 ON | M450 | 提升气缸点动按钮 |
| | 旋转阀 | 瞬时 ON | M451 | 旋转气缸点动按钮 |
| | 伸出阀 | 瞬时 ON | M452 | 伸出气缸点动按钮 |
| | 夹紧阀 | 瞬时 ON | M453 | 夹紧气缸点动按钮 |
| | 电动机正转 | 瞬时 ON | M454 | 电动机正转点动按钮 |
| | 电动机反转 | 瞬时 ON | M455 | 电动机反转点动按钮 |
| | 起动 | 瞬时 ON | M130 | 单机运行起动按钮 |
| | 停止 | 瞬时 ON | M131 | 单机运行停止按钮 |
| | 复位 | 瞬时 ON | M132 | 单机运行复位按钮 |
| 输入框 | 分拣模块取料脉冲数 | 整型数双字 | HD4000 | 设定取料位置，单位脉冲数 |
| | 温控模块放料脉冲数 | 整型数双字 | HD404 | 设定温控模块放料位置，单位脉冲数 |
| | 传送带传送模块放料脉冲数 | 整型数双字 | HD408 | 设定在传送带传送模块放料位置，单位脉冲数 |
| | 点动正转速度 | 整型数双字 | HD450 | 点动伺服电动机正转速度，单位 Hz |
| | 点动反转速度 | 整型数双字 | HD452 | 点动伺服电动机反转速度，单位 Hz |
| | 自动运行速度 | 整型数双字 | HD410 | 点动伺服电动机自动运行速度，单位 Hz |
| 功能键 | 立体仓库 | | | 跳转到画面到立体仓库页 |
| | 分拣模块 | | | 跳转到画面到分拣模块页 |
| | 输送模块 | | | 跳转到画面到输出模块页 |
| | 温控模块 | | | 跳转到画面到温控模块页 |

（续）

| 界面元件 | 变量名称 | 按钮操作/数据类型 | PLC 变量 | 注释 |
|---|---|---|---|---|
| 功能键 | 传送带传送 | | | 跳转到画面到传送带传送页 |
| | 龙门搬运 | | | 跳转到画面到龙门搬运页 |

## 四、系统调试

### 1. 硬件电路检查
检查电路连接的正确性以及电源、气路是否正常，确认无误后上电。

### 2. 程序下载
依次连接 PLC 以及触摸屏，下载编译无误后的程序，并将 PLC 置于 RUN 模式。

### 3. 伺服驱动器参数设置
按照位置控制方式以及相关控制要求，进行伺服驱动器参数设置，具体见表 5-15。

表 5-15　伺服驱动器的参数设置表

| 参数 | 功能描述 | 设定值 |
|---|---|---|
| P0 – 00 | 普通通用类型 | 0 |
| P0 – 01 | 外部脉冲位置模式 | 6 |
| P0 – 03 | 使能模式：IO/SON 输入信号 | 1 |
| P0 – 09 | 输入脉冲指令方向修改 | 1 |
| P0 – 11 | 每圈指令脉冲数 | 0 |
| P0 – 12 | 每圈指令脉冲数 | 1 |
| P5 – 20 | 将信号设定为始终"有效" | 10 |

### 4. 功能调试（见表 5-16）

表 5-16　功能调试表

| 当前状态 | 观测对象 | 变化 |
|---|---|---|
| 通电测试 | PLC 电源指示灯常亮 | |
| | 气缸磁性开关指示灯亮 | 气缸伸出缩回到位或者旋转到位，不同的磁性开关指示灯亮并且有信号触发 |
| | 远程 I/O 电源指示灯亮 | 气缸到位磁性开关的信号可以被 PLC 读取到 |
| 通气测试 | 气缸初始位置正常 | 在电磁阀未得电且设备正常供气的情况下，气缸处于正确的初始位置 |
| 手动测试 | 气缸动作正常且流畅 | 触摸屏手动操作气缸动作，查看气缸是否能正常地伸出、缩回或者旋转。查看气缸动作的流程是否顺滑，如果有卡顿或者动作过快的现象，可以适当地调节节流阀来控制气缸的速度 |
| | 伺服电动机运动正常 | 手动控制伺服电动机的正反转，查看运动速度以及正反转的方向是否正确 |

（续）

| 当前状态 | 观测对象 | 变化 |
|---|---|---|
| 自动模式起动<br>按钮按下后 | 伺服电动机到达指定位置 | 查看伺服电动机行走的位置、行走的流程是否准确 |
| | 机械手开始抓取物料 | 机械手抓取或者放下物料的流程是否准确，有无碰撞 |
| | 执行机构循环运行 | 完成一轮动作后伺服、气缸等执行机构能否重复运行没有故障 |
| 停止按钮按下后 | 伺服电动机停止 | 伺服电动机停止运转 |
| | 气缸停止 | 气缸停止进一步的动作 |
| 复位按钮按下后 | 气缸回到初始位置 | 气缸回到初始位置 |
| | 伺服电动机回原 | 伺服电动机开始回原，相关寄存器清零 |

### 五、6S 整理

在所有的任务都完成后，按照 6S 职业标准打扫实训场地，6S 整理现场标准如图 5-61 所示。

整理：要与不要，一留一弃；
整顿：科学布局，取用快捷；
清扫：清除垃圾，美化环境；
清洁：清洁环境，贯彻到底；
素养：形成制度，养成习惯；
安全：安全操作，以人为本。

图 5-61　6S 整理现场标准图

## 任务检查与评价（评分标准）

| | 评分点 | 得分 |
|---|---|---|
| 软件<br>（60 分） | 按下复位按钮后，伺服电动机可回到原点位置（5 分） | |
| | 按下复位按钮后，各气缸可回到初始位置（5 分） | |
| | 按下停止按钮后，伺服电动机正常停止（5 分） | |
| | 自动模式下，按下起动按钮，输送模块能够到达取料位置（5 分） | |
| | 自动模式下，到达取料位置可以完成取料，无磕碰（5 分） | |
| | 自动模式下，取料完成后可以放置到温控承料台（5 分） | |
| | 自动模式下，可以将物料运送到传送带传送模块（5 分） | |
| | 自动模式下，可以重复运行（5 分） | |
| | 手动模式下，伺服电动机可以进行正反转，速度可设（5 分） | |
| | 手动模式下，各气缸可以手动操作（5 分） | |
| | 输送模块程序调试功能正确（10 分） | |
| 6S 素养<br>（20 分） | 桌面物品及工具摆放整齐、整洁（10 分） | |
| | 地面清理干净（10 分） | |

（续）

| 评分点 | | 得分 |
|---|---|---|
| 发展素养<br>（20分） | 表达沟通能力（10分） | |
| | 团队协作能力（10分） | |

# 常见问题与解决方式

| 故障类别 | 故障现象 | 原因分析 |
|---|---|---|
| 机械 | 机械手爪伸出后，物料夹取位置不当 | 旋转气缸角度调节不当 |
| | 电动机运行时，直线模组不运行 | 电动机与直线模组连接的同步带打滑 |
| | 物料到位对应的传感器不亮 | 1. 传感器可能损坏<br>2. 检测距离没调整好 |
| 调试 | PLC 与远程 I/O 模块通信异常 | 1. PLC 与远程 I/O 的 IP 地址不在同一网段<br>2. 网线未连接<br>3. 通信参数设置不正确 |
| | 伺服电动机在回零过程中触发限位开关后立即停止 | 1. 伺服回零模式设置错误<br>2. 正反限位开关的 I/O 点接反 |
| | 伺服撞击后，面板显示 E－161 且无法起动 | 伺服热功率过载报警 |
| | 控制伺服转动，给定频率很大但是运行速度很慢；或者给定频率很小但是运行速度很快 | 每转脉冲数设置不正确 |

解决方法：

1）旋转气缸角度调节不当：通过旋转气缸的调节螺杆将旋转气缸的位置调整到合适的位置。

2）电动机与直线模组连接的同步带打滑：

① 查看电动机与同步轮的键是否没有安装，电动机不能带动同步带。

② 查看同步带是否张紧。

3）传感器可能损坏：触发传感器查看 PLC 能否收到信号，以此判断传感器有没有损坏。

4）检测距离没调整好：近距离触发传感器，查看传感器的检测距离，根据物料到位的位置将传感器调整好。

5）PLC 与远程 I/O 的 IP 地址不在同一网段：分别查看 PLC 与远程 I/O 的 IP 地址网段，保证两者网段一致。

6）网线未连接：检查网线是否连接，网线是否损坏。可以使用计算机连接然后使用网络诊断工具进行测试。

7）通信参数设置不正确：检查 PLC 创建的 TCP 连接/UDP 端口监听指令（S_OPEN）与通信指令（M_TCP）相关参数的设置是否和图 5-47 上参数一致。

8）伺服回零模式设置错误：回零参数将左右极限设置反了，导致程序判断失误，设备停止动作。

9）正反限位开关的I/O点接反：触发左右极限传感器，查看触发的信号是否与规划的信号一致，如果不一致将连接的线路修改正确。

10）伺服热功率过载报警：伺服出现撞击之后，出现E‑161的报警，需要先将设备移动到安全位置，然后使用F0‑01清除报警，再重新使能设备即可起动。

11）每转脉冲数设置不正确：出现转速与设定频率不相符的时候，可能是每转脉冲数设置不正确，需要修改每转脉冲数。正常将每转脉冲数设置为10000即可，即伺服驱动器参数P0‑11=0，P0‑12=1。

## 行业案例拓展

装配流水线广泛应用于肉类加工业、冷冻食品业、水产加工业、饮料及乳品加工业等多种行业。图5-62所示为一条装配流水线，由伺服电动机驱动。

装配流水线中的操作工位A、B、C，传送工位D、E、F、G，以及仓库操作工位H能对工件进行循环处理。

1）闭合"起动"开关，工件经过传送工位D送至操作工位A，在工位A完成加工后，按下操作1按钮，物料由传送工位E送至操作工位B……，依次传送及加工，直至工件被送至仓库操作工位H，由该工位完成对工件的入库操作，之后依次循环处理。

2）断开"起动"开关，系统加工完成最后一个工件入库后，自动停止工作。

3）按下"复位"键，无论此时工件处于何种工位，系统均能复位至起始状态，即工件又重新开始从传送工位D处开始运送并加工。

4）按"移位"键，无论此时工件处于何种工位，系统均能进入单步移位状态，即每按一次"移位"键，工件前进一个工位。

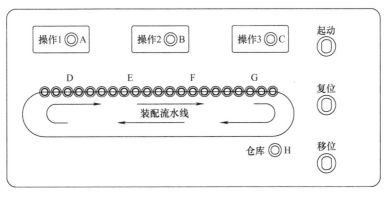

图5-62　装配流水线原理示意图

# 项目6

# 龙门搬运系统设计与调试

| 可编程控制器应用编程职业技能等级证书技能要求（中级） | |
|---|---|
| 序号 | 职业技能要求 |
| 1.2.1 | 能够根据要求完成位置控制系统（伺服）的方案设计 |
| 1.2.2 | 能够根据要求完成位置控制系统（伺服）的设备选型 |
| 1.2.3 | 能够根据要求完成位置控制系统（伺服）的原理图绘制 |
| 1.2.4 | 能够根据要求完成位置控制系统（伺服）的接线图绘制 |
| 2.1.2 | 能够根据要求完成 PLC 系统组态 |
| 2.1.3 | 能够根据要求完成 PLC 脉冲参数配置 |
| 2.1.4 | 能够根据要求完成 PLC 通信参数配置 |
| 2.2.3 | 能够根据要求完成伺服参数配置 |
| 3.2.1 | 能够根据要求计算脉冲当量 |
| 3.2.2 | 能够根据要求完成伺服控制系统的数据通信 |
| 3.2.3 | 能够根据要求完成伺服控制系统原点回归程序的编写 |
| 3.2.4 | 能够根据要求完成伺服控制系统的单段速控制编程 |
| 4.2.1 | 能够完成 PLC 程序的调试 |
| 4.2.2 | 能够完成 PLC 与伺服系统的调试 |
| 4.2.4 | 能够完成位置控制系统（伺服）参数调整 |
| 4.2.5 | 能够完成位置控制系统（伺服）的优化 |
| 4.2.6 | 能够完成伺服和其他站点的数据通信及联机调试 |

## 项目导入

　　自动化生产线上，通过机械配合将物料或工件从一个位置搬运到另一个或几个指定的位置的过程称为搬运输送过程，而其对应的搬运输送系统则是生产中不可缺少的一部分。常用的搬运输送系统的构成和工作原理，根据输送物料或工件的性质和形状的变化而变化。本系统采用的龙门机械手，也叫桁架机械手，是一种建立在直角 $X$、$Y$、$Z$ 三坐标系统基础上，对工件进行工位调整，或实现工件的轨迹运动等功能的全自动工业设备。

龙门搬运系统中集成了多种传感器、气缸、PLC 以及多轴伺服控制。通过本系统的学习，读者可以深入了解信捷 XD5E 型 PLC 如何控制多个伺服电动机实现龙门搬运。本项目包括两个任务：任务 1 龙门搬运系统控制电路设计，学习 PLC 控制伺服电动机实现龙门搬运系统的电气控制电路设计，初步了解多轴伺服控制用 EtherCAT 总线架构。任务 2 龙门搬运系统程序设计，继续深入学习 PLC 顺序控制和脉冲控制，重点学习 PLC 内置的运动控制指令，学会编写龙门搬运系统的程序，继续强化调试以及排故的能力。

项目实施过程中需注重团队协作，调试过程中需注意设备功能精准度、稳定性，追求精益求精的工匠精神。

 学习目标

| 知识目标 | 了解搬运系统的机械结构组成<br>掌握运动控制指令的使用<br>掌握光电传感器的实际应用<br>掌握顺序控制类程序的设计<br>掌握脉冲控制的伺服程序的设计 |
|---|---|
| 技能目标 | 能够绘制由 PLC 作为核心的伺服控制系统外部接线图<br>能够熟练掌握相关伺服驱动器参数的设置<br>能够根据使用的运动控制指令进行系统参数配置<br>能够编写完整的搬运系统程序<br>能够使用软硬件手段进行系统排故 |
| 素养目标 | 培养学生的职业素养以及职业道德，培养学生按 6S（整理、整顿、清扫、清洁、素养、安全）标准工作的良好习惯<br>培养学生专注用心、不畏困难的职业精神<br>培养学生积极探究、科学求真、勇于创新的工匠精神<br>培养协同探究的职业意识 |

⊙ 实施条件

| | 名称 | 实物 | 数量 |
|---|---|---|---|
| 硬件准备 | 龙门搬运模块 | | 1 套 |
| | 软件 | 版本 | 备注 |
| 软件准备 | 信捷 PLC 编程软件 | XDPPro_3.7.4a | 软件版本周期性更新 |
| | 信捷 HMI 人机界面 | TGM765 - ET | 软件版本周期性更新 |

## 任务 1  龙门搬运系统控制电路设计

### 一、控制要求

龙门搬运系统的功能是将瓶盖从库位取出，并完成与传送带传输模块末端送来工件的组装，组装完成后再搬运至对应库位。本任务的主要任务是：根据搬运系统工作过程以及伺服驱动和气动回路的控制要求，进行搬运系统 PLC 控制电路的设计，完成 PLC 控制系统外部接线图的绘制及硬件安装。

### 二、学习目标

1. 了解搬运系统的机械结构组成。
2. 理解伺服电动机不同的控制方式。
3. 理解伺服驱动器、伺服电动机的工作原理。
4. 掌握常见光电传感器与 PLC 的连接方式。
5. 掌握 EtherCAT 总线控制下的 PLC 与伺服驱动器之间的电路连接。
6. 掌握光电传感器的调节。
7. 掌握搬运系统控制电路的设计。
8. 熟悉搬运系统的硬件电路安装以及测试。

### 三、实施条件

| | 名称 | 设备 | 数量 |
|---|---|---|---|
| 硬件设备 | 同步带模组 | CCMW40 – 10 | 1 |
| | 直线式滑动平台 | SLW – 1040 – BB – 10 – E0030RG – 200 – YL – 00 | 1 |
| | 夹爪气缸 | MHC2 – 10D | 1 |
| | 旋转气缸 | MSQA3A – M9BL | 1 |
| | 磁性开关 | D – M9BL | 3 |
| | U 形光电传感器 | LU674 – 5NA | 6 |
| | 电磁阀 | SY3120 – 5LZD – M5 | 2 |
| | 可编程控制器 | XD5E – 30T4 – E | 1 |
| | 触摸屏 | TGM765S – ET | 1 |
| | 伺服驱动器 | DS5C – 20P4 – PTA | 1 |
| | 伺服驱动器 | DS5C – 20P2 – PTA | 1 |
| | 伺服驱动器 | DS5C – 20P1 – PTA | 1 |
| | 伺服电动机 | MS6H – 40CS30BZ1 – 20P1 | 1 |
| | 伺服电动机 | MS6H – 60CS30B1 – 20P2 | 1 |
| | 伺服电动机 | MS6H – 60CS30B1 – 20P4 | 1 |

一、搬运系统的组成

龙门搬运系统的结构如图6-1所示。龙门搬运系统主要由龙门机构、仓储机构、搬运机械手、固定底板、快速电路连接器、伺服系统、夹具等组成。其中，仓储机构用于储存多种零件，比如库位等；龙门机构用于联动轴系统控制，可进行圆弧插补轨迹、涂胶等作业，与传送带传送模块组合可进行运动跟随装配作业。搬运机械手主要用于工件的抓放作业，其包含手爪气缸、回转气缸等。

有关系统的气动原理分析在本书传送模块中有详细讲解，限于篇幅不做赘述，在这里仅给出龙门搬运系统的气动原理图，如图6-2所示。

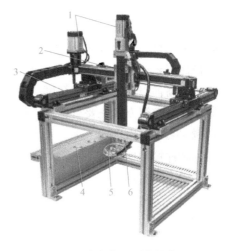

图6-1　龙门搬运系统结构图

1—伺服电动机　2—光电开关　3—直线模组
4—库位　5—Y形手爪气缸　6—回转气缸

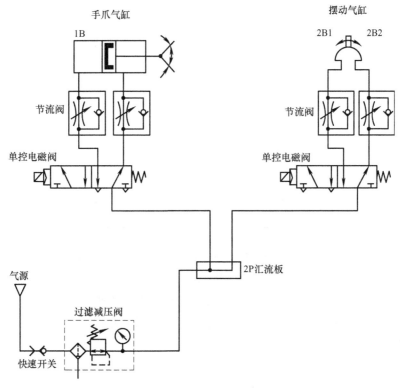

图6-2　龙门搬运系统的气动原理图

## 二、伺服电动机的控制方式

随着工业自动化技术的快速发展，工业机器人的广泛应用，伺服电动机的需求越来越大，衡量伺服系统的性能指标也越来越高，比如系统精度、稳定性、响应特性、工作频率等。为了提高伺服系统的控制精度，增强控制的灵活性，伺服控制技术也在不断发展。常见的伺服电动机控制方式主要有脉冲、模拟量和通信控制三种。

### 1. 脉冲控制

采用脉冲控制时，伺服驱动器通常可以接收的脉冲信号有以下三种类型：CW/CCW、A/B、P+D，可实现电动机的正反转控制，信号类型见表6-1。

表6-1 脉冲控制时常见的脉冲信号类型列表

| 脉冲信号类型 | 电动机正转 | 电动机反转 |
| --- | --- | --- |
| CW/CCW | | |
| A/B | | |
| P+D | | |

A/B脉冲信号：驱动器接收两路（A、B路）高速脉冲，通过两路脉冲的相位差，确定电动机的旋转方向。如果A相比B相超前90°，则电动机正转，反之为反转。运行时，这种控制方式的两相脉冲为交替状，因此该控制方式也称为差分控制。这种控制脉冲信号具有更高的抗干扰能力，在一些干扰较强的应用场景，优先选用该方式。但是这种方式一个电动机轴需要占用两路高速脉冲端口。

CW/CCW脉冲信号：驱动器依然接收两路高速脉冲，但是两路高速脉冲并不同时存在，一路脉冲处于输出状态时，另一路必须处于无效状态。选用这种控制方式时，一定要确保在同一时刻只有一路脉冲的输出。两路脉冲，一路输出为正转运行，另一路为反转运行。和上面的方式一样，这种方式也是一个电动机轴需要占用两路高速脉冲端口。

P + D 脉冲信号：只需要给驱动器一路脉冲信号，电动机正反向运行由一路方向输出信号确定。该方式控制更加简单，高速脉冲端口资源占用也最少。在一般的小型系统中，可以优先选用这种方式。需要注意的是，信捷 PLC 仅支持这种脉冲信号形式。

### 2. 模拟量控制

在需要使用伺服电动机实现速度控制的应用场景，我们可以选用模拟量来实现电动机的速度控制，模拟量的值决定了电动机的运行速度。模拟量有两种方式可以选择，即电压和电流。

电压方式，只需要在控制信号端加入一定大小的电压即可，实现简单，在有些场景使用一个电位器即可实现控制。但选用电压作为控制信号，在环境复杂的场景，电压容易被干扰，造成控制不稳定。

电流方式，需要对应的电流输出模块。但电流信号抗干扰能力强，可以使用在复杂的场景。

### 3. 通信控制

通信方式常见有 CAN、EtherCAT、Modbus、Profibus 等。使用通信方式对电动机进行控制，没有复杂的控制接线，搭建的系统具有极高的灵活性，是目前一些复杂、大系统应用场景首选的控制方式。

## 三、EtherCAT 运动总线控制

EtherCAT（Ethernet for Control Automation Technology）是一种实时以太网，用于主站和从站开放式的网络通信。

（1）EtherCAT 概述

EtherCAT 作为成熟的工业以太网技术，具备高性能、低成本、使用简易等特点。

XDH 系列控制器（主站）和 DS5C 伺服驱动器（从站）符合标准的 EtherCat 协议，支持最大从站数 32 个，同步周期为 1ms，具有两路 Touch probe 探针功能，可实现位置、速度、转矩等多种控制模式，广泛应用于各种行业。

（2）系统构成（主站、从站构成）

EtherCAT 的连接形态是：线型连接主站（FA 控制器）和多个从站的网络系统。

从站可连接的节点数取决于主站处理或者通信周期、传送字节数等。

（3）EtherCAT 通信连接说明

EtherCAT 运动控制系统的接线十分简单，Ethernet 的星形拓扑结构可以被简单的线型结构所替代。以信捷 DS5C 系列伺服为例，由于 EtherCAT 无需集线器和交换机，XDH 系列 PLC 本体和 DS5C 系列伺服驱动器均自带 EtherCAT 通信网口，因而电缆、桥架的用量大大减少，连线设计与接头校对的工作量也大大减少，便于节省安装费用。

EtherCAT 总线接线建议使用线型接法，其接线方式如图 6-3 所示。

连接说明：伺服驱动器的两个通信网口遵循"下进上出"的原则，即 XDH 的 LIN2 口必须与第一台伺服驱动器的 LIN1 口下面的网口相连，再由第一台伺服驱动器上面的网口与第二台伺服驱动器下面的网口相连，以此类推。通信传输的过程中不可避免地会受到周围电

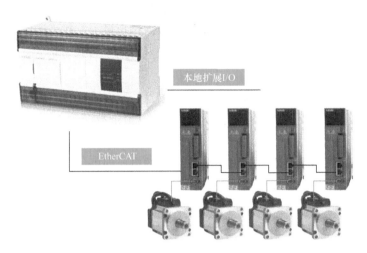

图 6-3　EtherCAT 通信连接图

磁环境的影响，建议用户使用工业级超五类网线，总线通信遵循"下进上出"规则，总线通信连接实物接线图如图 6-4 所示。

图 6-4　总线通信连接实物接线图

一、龙门搬运系统输入/输出信号

根据控制要求，龙门搬运系统共有 16 路输入信号和 10 路输出信号。输入信号包括 X 轴、Y 轴的原点检测信号两路，X、Y、Z 轴的终端限位信号 6 路，手爪夹紧检测信号 1 路；手爪左旋和右旋到位检测信号两路，封装位置检测信号和出料位置检测信号两路，以及系统起动、停止和复位按钮 3 路信号。输出信号分别为 X、Y、Z 三轴的脉冲和方向各两路，Z 轴抱闸的解除信号 1 路，手爪旋转阀和夹紧阀两路，视觉拍照触发 1 路。

## 二、搬运系统 I/O 口的分配

从以上搬运系统的输入/输出分析可以发现，控制搬运系统的 PLC 需要 16 点以上的输入点数、10 点以上的输出点数，因此搬运系统选用型号为 XD5E‐30T4 PLC，能够满足控制要求，PLC 的 I/O 信号分配见表 6-2。

表 6-2　龙门搬运系统 PLC 的 I/O 信号表

| 输入信号 | | 输出信号 | |
|---|---|---|---|
| X 轴原点 | X0 | X 轴脉冲 | Y0 |
| X 轴左限位 | X1 | X 轴方向 | Y4 |
| X 轴右限位 | X2 | Y 轴脉冲 | Y1 |
| Y 轴原点 | X3 | Y 轴方向 | Y5 |
| Y 轴左限位 | X4 | Z 轴脉冲 | Y2 |
| Y 轴右限位 | X5 | Z 轴方向 | Y6 |
| Z 轴上限位 | X6 | 抱闸解除 | Y7 |
| Z 轴下限位 | X7 | 手爪旋转阀 | Y10 |
| 手爪夹紧检测 | X10 | 手爪夹紧阀 | Y11 |
| 手爪左旋到位 | X11 | 视觉拍照触发 | Y12 |
| 手爪右旋到位 | X12 | | |
| 封装位置检测 | X13 | | |
| 出料位置检测 | X43 | | |
| 起动按钮 | X10003 | | |
| 停止按钮 | X10004 | | |
| 复位按钮 | X10005 | | |

## 三、接线原理图设计

龙门搬运系统主要涉及龙门机构三轴位置控制，其需要伺服电动机驱动；外围输入信号包括传感信号和输入按钮信号，输出执行机构主要包括电磁阀和 X、Y、Z 轴的三台伺服电动机。为此，该系统硬件电路设计时，主要包括 X、Y、Z 轴三台伺服电动机控制电路以及外部的输入/输出设备与 PLC 之间的连接电路。其中搬运单元 PLC 的 I/O 接线原理如图 6-5 所示。X 轴伺服接线原理如图 6-6 所示，Y 轴伺服接线原理如图 6-7 所示，Z 轴伺服接线原理如图 6-8 所示。

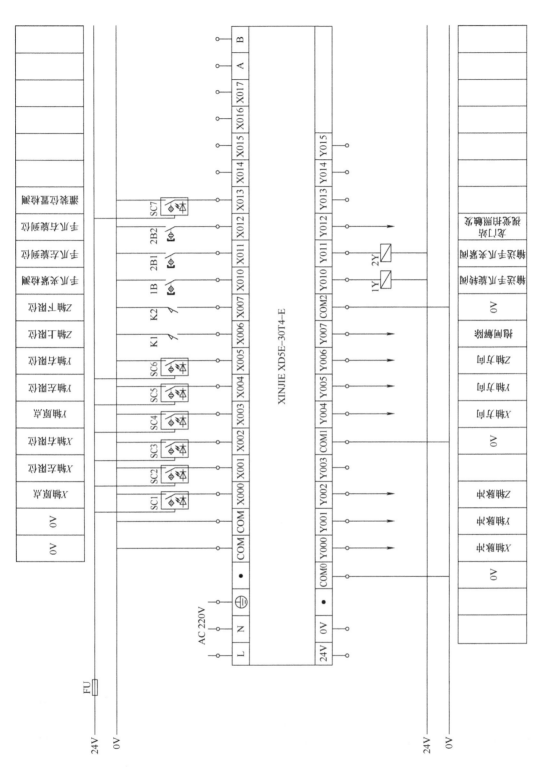

图 6 - 5　搬运单元PLC的I/O接线原理图

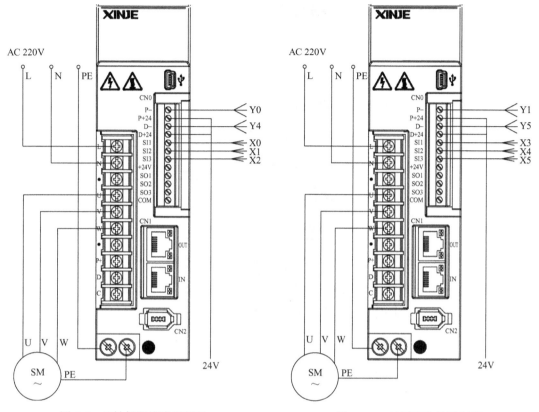

图 6-6 *X* 轴伺服接线原理图　　　　　　图 6-7 *Y* 轴伺服接线原理图

## 四、电气接线与硬件测试

电气接线包括：在搬运单元装置侧各传感器、电磁阀、电源端子等引线到装置侧接线端口之间的接线；在 PLC 侧的电源、I/O 点的接线；伺服电动机和伺服驱动器间的主电路和控制电路的接线。快换模块与 PLC 以及传感器、磁性开关之间的接线原理如图 6-9 所示。

### 1. 一般规定

电气接线的工艺应符合如下专业规范的规定：

① 电线连接时必须用合适的冷压端子，端子制作时切勿损伤电线绝缘部分。

② 连接线须有符合规定的标号；每一端子连接的导线不超过两根；电线金属材料不外露，冷压端子金属部分不外露。

③ 电缆在线槽里最少有 10cm 余量（若是一根短接线，则在同一个线槽里不要求）。

④ 电缆绝缘部分应在线槽里。接线完毕后线槽应盖住，没有翘起和未完全盖住现象。

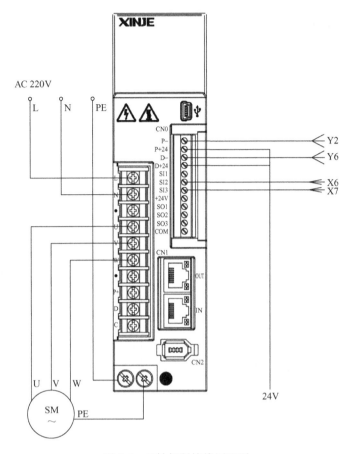

图 6-8　Z 轴伺服接线原理图

**2. 装置侧接线注意事项**

① 输入端口的上层端子（$V_{CC}$）只能作为传感器的正电源端，切勿用于电磁阀等执行元件的负载。电磁阀等执行元件的正电源端应连接到输出端口上层端子（24V），0V 端子则应连接到输出端口下层端子上。

② 装置侧接线完毕后，应用绑扎带绑扎，两个绑扎带之间的距离不超过 50mm。电缆和气管应分开绑扎，但当它们都来自同一个移动模块上时，允许绑扎在一起。

**3. 电路测试**

控制电路接线完成后，使用万用表核查电路连接的正确性；然后在确认电源正常、机械结构都处于初始状态的情况下，通电，查看输入点位是否正常；手动操作电磁阀，检查气缸动作是否正确，气路是否合适。按照前述伺服电动机手动试运行的方法，进行伺服电动机正反转动作点动试运行。在确认以上均正常的情况下，断电，排气，整理现场。

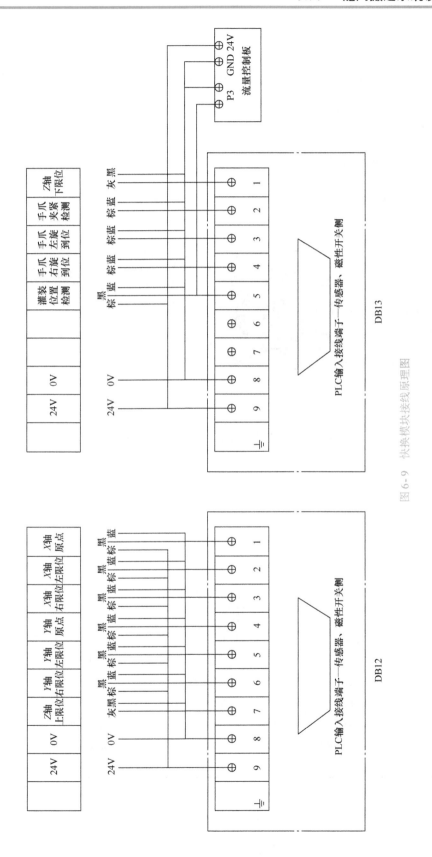

图 6-9 快换模块接线原理图

## 五、6S 整理

在所有的任务都完成后，按照 6S 职业标准打扫实训场地。规范场景示意如图 6-10 和图 6-11 所示。

整理：要与不要，一留一弃；

整顿：科学布局，取用快捷；

清扫：清除垃圾，美化环境；

清洁：清洁环境，贯彻到底；

素养：形成制度，养成习惯；

安全：安全操作，以人为本。

图 6-10　6S 整理现场标准图（1）　　　　图 6-11　6S 整理现场标准图（2）

## 任务检查与评价（评分标准）

| | 评分点 | 得分 |
|---|---|---|
| 硬件设计连接<br>（50 分） | 能绘制出龙门搬运系统电路原理图（20 分） | |
| | 接近传感器安装正确（5 分） | |
| | 接近传感器接线正确（5 分） | |
| | 伺服电动机接线正确（5 分） | |
| | 龙门搬运系统 PLC 输入/输出接线正确（5 分） | |
| | 会进行伺服驱动器的参数设置（10 分） | |
| 安全素养<br>（10 分） | 存在危险用电等情况（每次扣 3 分，上不封顶） | |
| | 存在带电插拔工作站上的电缆、电线等情况（每次扣 3 分，上不封顶） | |
| | 穿着不符合要求（每次扣 4 分，上不封顶） | |
| 6S 素养<br>（20 分） | 桌面物品及工具摆放整齐、整洁（10 分） | |
| | 地面清理干净（10 分） | |
| 发展素养<br>（20 分） | 表达沟通能力（10 分） | |
| | 团队协作能力（10 分） | |

# 任务2　龙门搬运系统程序设计

**任务分析**

## 一、控制要求

龙门搬运系统的主要目标是对输送单元运送来的工件进行封装处理。其控制要求如下：

1）系统带有两种工作模式：手动模式与自动模式。

2）手动模式下，可对龙门机构 $X$、$Y$、$Z$ 轴进行点动正反转控制；能够手动控制搬运机械手爪的夹紧、放松、旋转等。

3）自动模式下，上电先复位。当复位完成后，若用户按下起动按钮，此时假设检测到传送带传送单元末端出料位置上有工件摆放，则搬运机械手运行到相应库位进行取盖动作，否则，等待工件到位。取盖完成后搬运机械手运行至传送带末端工件正上方，进行放盖动作，完成放盖动作后，将整个盒盖的工件整体搬运到对应库位，摆放完成后将 $X$、$Y$、$Z$ 三轴返回原点。当传送带传送单元末端出料位置上再次有工件时，则按照上述流程继续作业。若3个库位均完成放盖作业，则系统自动停止，$X$、$Y$、$Z$ 三轴返回原点。如果在系统运行期间按下停止按钮，该工作单元在本工作周期结束后停止运行。

## 二、学习目标

1. 理解龙门搬运系统的要求，熟练绘制程序设计流程图。
2. 掌握 PLC 总线运动指令。
3. 掌握不同的高速脉冲定位控制指令的参数配置。
4. 掌握编写龙门搬运系统 PLC 程序的方法。
5. 熟练运用软硬监控手段辅助系统调试，排查故障。

## 三、实施条件

| | 名称 | 实物 | 数量 |
|---|---|---|---|
| 硬件准备 | 龙门搬运模块 | | 1套 |
| | 软件 | 版本 | 备注 |
| 软件准备 | 信捷 PLC 编程软件 | XDPPro_3.7.4a 及以上 | 软件版本周期性更新 |
| | TouchWin 编辑工具软件 | TouchWinV2. E. 5 及以上 | 软件版本周期性更新 |

一、基本运动指令介绍

**1. 轴使能（A_PWR）指令**

轴使能指令的功能是可以切换伺服轴的运行状态，其指令格式如图 6-12 所示。

图 6-12 中，当 M0 置 ON 时，调用 A_PWR 指令，开启 S2 指定轴的使能，将轴切换到可运行状态；而当 M0 置 OFF 时，关闭 S2 指定轴的使能，将轴切换到空闲状态。指定轴的工作状态将反应在（D20000 + 200$N$）寄存器中，其中 $N$ 为轴号，后续含义一致，不再做特殊说明。

使用轴使能指令时，需要指定三个参数，分别为 S0 指定"输出状态字起始地址"、S1 指定"输出状态位起始地址"、S2 指定"轴端口编号"。

**2. 错误重置（A_RST）指令**

错误重置指令的功能是当单轴出现错误时，解除轴错误状态，切换到可正常运行的状态，其指令格式如图 6-13 所示。

图 6-12　轴使能指令格式图　　　　　　　图 6-13　错误重置指令格式图

图 6-13 中，当 M0 由 OFF→ON 时，对 S2 指定的轴进行错误状态的解除，成功解除错误状态后，S1 置 ON。指令执行成功后，M1、M2、M3 前后的状态变化如图 6-14 所示。同样，指令执行后，从站的单轴状态（D20000 + 200$N$）将切换为 0 或 1（轴使能关闭为 0，轴使能开启为 1）。

| 执行A_RST前 | | | | | | 执行A_RST后 | | | | |
|---|---|---|---|---|---|---|---|---|---|---|
| PLC1-自由监控1 | | | | ↻ × | | PLC1-自由监控1 | | | | ↻ × |
| 监控窗口 ▾　添加　修改　删除　删除全部 | | | | | | 监控窗口 ▾　添加　修改　删除　删除全部 | | | | |
| 寄存器 | 监控值 | 字长 | 进制 | 注释 | | 寄存器 | 监控值 | 字长 | 进制 | 注释 |
| D20000 | 7 | 单字 | 1… | | | D20000 | 0 | 单字 | 1… | |
| D20001 | 2005 | 单字 | 1… | | | D20001 | 0 | 单字 | 1… | |
| M1 | OFF | 位 | - | 执行成功 | | M1 | ON | 位 | - | 执行成功 |
| M2 | OFF | 位 | - | 执行中 | | M2 | OFF | 位 | - | 执行中 |
| M3 | OFF | 位 | - | 执行错误 | | M3 | OFF | 位 | - | 执行错误 |

图 6-14　错误重置指令执行图

在使用错误重置指令时，需要指定三个参数，分别为 S0 指定"输出状态字起始地址"、S1 指定"输出状态位起始地址"（占用寄存器 S1～S1＋2）、S2 指定"轴端口编号"。

**3. 绝对位置运动（A_MOVEA）指令**

绝对位置运动指令的功能是让伺服电动机以绝对位置运动，同时可以在运动过程中打断当前指令执行新的指令，其指令格式如图 6-15 所示。

图 6-15 中，当 M0 由 OFF→ON 时，对 S3 指定的轴进行绝对位置运动，其位置为 S0，

速度为 S0 + 4，加速度为 S0 + 8，减速度为 S0 + 12，加加速度为 S0 + 16，当指令执行完成时 S2 置 ON。指令执行后，运动过程中从站的单轴状态（D20000 + 200N）为 2，运动结束后从站的单轴状态（D20000 + 200N）切换为 1。

在使用绝对位置运动指令时，需要指定四个参数，分别为 S0 指定"输入参数起始地址"，占用寄存器 S0 ~ S0 + 22；S1 指定"输出状态字起始地址"；S2 指定"输出状态位起始地址"，占用继电器 S2 ~ S2 + 4；S3 指定"轴端口编号"。

使用该指令时注意：①绝对位置指零点到目标位置的距离。②当指令中 S0 + 22"缓存模式"参数设为 0 时，当前指令可打断其他正在运动中的指令；当 S0 + 22"缓存模式"参数设为 1 时，指令触发后存入缓存区，等待其他当前正在运动的指令执行结束后再执行缓存区的指令，同一个轴最多缓存一条指令。

**4. 相对位置运动（A_MOVER）指令**

相对位置运动指令的功能是让伺服电动机以相对位置运动，同时可以在运动过程中打断当前指令执行新的指令，其指令格式如图 6-16 所示。

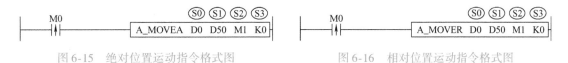

图 6-15 绝对位置运动指令格式图 　　　图 6-16 相对位置运动指令格式图

图 6-16 中，当 M0 由 OFF→ON 时，对 S3 指定的轴进行相对位置运动，其位置为 S0，速度为 S0 + 4，加速度为 S0 + 8，减速度为 S0 + 12，加加速度为 S0 + 16，当指令执行完成时 S2 置 ON。指令执行后，运动过程中从站的单轴状态（D20000 + 200N）为 2，运动结束后从站的单轴状态（D20000 + 200N）切换为 1。

【例】 1 号电动机当前位置为 2000，要求用 A_MOVEA 指令使电动机以 5000 脉冲/s 的速度移动到 10000 个脉冲的位置。移动到目标位置后，再让电动机以 6000 脉冲/s 的速度移动到 20000 个脉冲的位置。加减速大小为 25000 脉冲/s$^2$，加加速大小为 50000 脉冲/s$^3$。

绝对位置模式下，电动机位置示意如图 6-17 所示。

图 6-17 电动机位置示意图

根据任务要求，采用 A_MOVEA 指令编写梯形图，如图 6-18 所示。

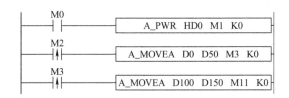

图 6-18 采用 A_MOVEA 指令编写的梯形图

由于本例中的目标位置即为零点到目标点之间的绝对位置，所以移动到 10000 个脉冲的位置需要设目标位置 10000；同理，移动到 20000 个脉冲的位置需要设目标位置 20000。按照以上分析，该指令的参数设置分别如图 6-19、图 6-20 所示，应注意绝对位置、运行速度以及运行加速度等参数对应的寄存器值的设置。

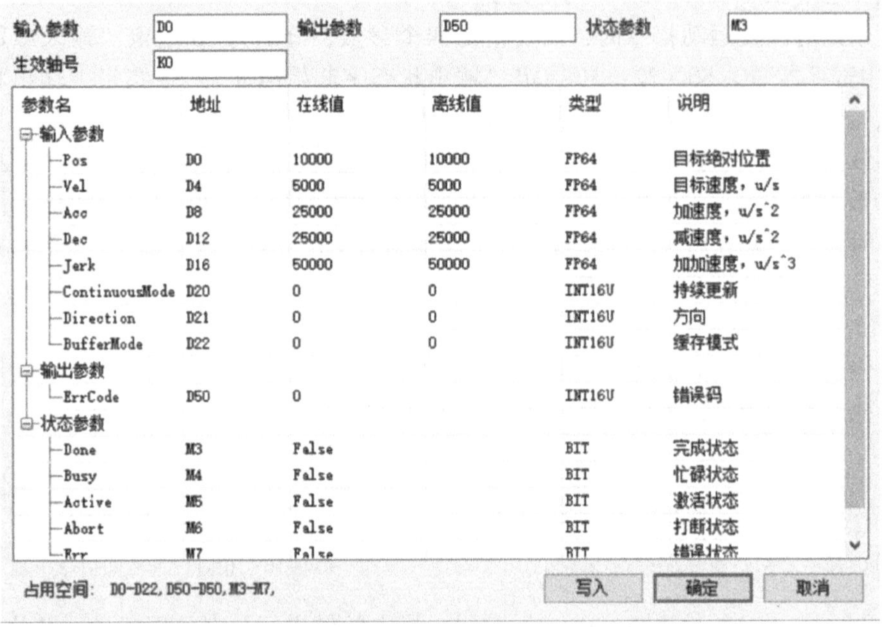

图 6-19　A_MOVEA 指令对应的参数设置 1 图

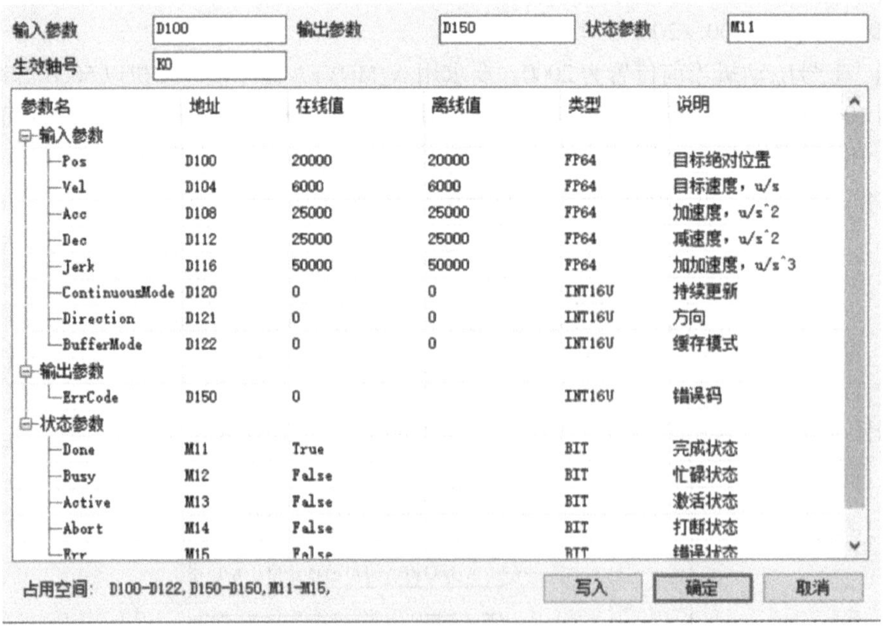

图 6-20　A_MOVEA 指令对应的参数设置 2 图

　　同样，上例也可以采用 A_MOVER 指令实现。不同点在于参数设置时其位置对应的寄存器值需修改为相对脉冲数。

**5. 停止运动（A_STOP）指令**

停止运动指令的功能是使运动中的轴进行减速停止或急停操作，其指令格式如图 6-21 所示。

图 6-21 中，当 M0 由 OFF→ON 时，对 S3 指定的轴执行停止动作。其停止的方式由 S0 + 8 指定，如果为减速停止方式，则指令执行后，轴处于减速停止状态，此状态下其他的指令都是无效的，减速停止完成后，轴处于静止状态，此时才可以进行其他指令的执行。

当以减速停止方式执行时，减速停止过程中从站的单轴状态（$D20000 + 200N$）为 6，轴停止后单轴状态为 1。

在使用停止运动指令时，需要指定四个参数，分别为 S0 指定"输入参数起始地址"，占用寄存器 S0 ~ S0 + 8；S1 指定"输出状态字起始地址"；S2 指定"输出状态位起始地址"，占用继电器 S2 ~ S2 + 3；S3 指定"轴端口编号"。

**6. 修改电气位置（A_WRITE）指令**

修改电气位置指令的功能是修改指令轴的当前位置其指令格式如图 6-22 所示。

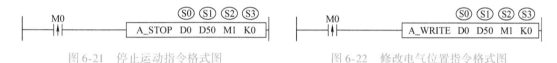

图 6-21　停止运动指令格式图　　　　　　图 6-22　修改电气位置指令格式图

图 6-22 中，当 M0 由 OFF→ON 时，修改 S3 指定轴的当前位置（$D20044 + 200N$）为 S0。指令执行后，从站的单轴状态（$D20000 + 200N$）不发生变化。

在使用修改电气位置指令时，需要指定四个参数，分别为 S0 指定"输入参数起始地址"，占用寄存器 S0 ~ S0 + 5；S1 指定"输出状态字起始地址"；S2 指定"输出状态位起始地址"，占用继电器 S2 ~ S2 + 2；S3 指定"轴端口编号"。

**7. 回原点（A_ZRN）指令**

回原点指令的功能是主站回原点，其指令格式如如图 6-23 所示。

图 6-23 中，当 M0 由 OFF→ON 时触发指令，S2 指定轴开始以配置的速度、加速度、加加速度执行回零运动，回零完成后参数 S1 置位。需要注意的是回零过程中无法执行其他运动指令，运动中也无法执行回零指令。

在使用回原点指令时，需要指定三个参数，分别为 S0 指定"输出状态字起始地址"；S1 指定"输出状态位起始地址"，占用继电器 S1 ~ S1 + 4；S2 指定"轴输出端口编号"。

**8. 轴组使能（G_PWR）指令**

轴组使能指令的功能是开启轴组的使能，使轴组处于可运行状态，其指令格式如图 6-24 所示。

图 6-23　回原点指令格式图　　　　　　图 6-24　轴组使能指令格式图

图 6-24 中，当 M0 置 ON 时，开启 S2 指定轴组的使能，将轴组切换到可运行状态。这里需要注意的是：只有轴组开启使能后才可以使用相关的轴组指令。指令执行后，轴组组成

轴的单轴状态（D20000 + 200$N$）为 8，轴组状态（D46000 + 300$N$）为 1。

在使用轴组使能指令时，需要指定三个参数，分别为 S0 指定"输出状态字起始地址"；S1 指定"输出状态位起始地址"；S2 指定"轴组编号"，从 0 开始。轴组中对应的轴编号通过 SFD48001 + 300$N$ ～ SFD48006 + 300$N$ 设定，$N$ 为轴组编号。

### 9. 点到点运动（G_PTP）指令

点到点运动指令的功能是使各轴以最快的速度运行到目标位置，其指令格式如图 6-25 所示。

图 6-25 中，当 M0 由 OFF→ON 时，轴组的各轴以最快的速度到达目标位置，速度使用单轴的默认速度，即轴速度 = 最高速度（SFD8080 + 300$N$）× 默认速度百分比（SFD8096 + 300$N$）。指令执行后，轴组组成轴的单轴状态（D20000 + 200$N$）为 8，轴组状态（D46000 + 300$N$）为 2。

在使用点到点运动指令时，需要指定四个参数，分别为 S0 指定"输入参数起始地址"，占用寄存器 S0 ～ S0 + 31；S1 指定"输出状态字起始地址"；S2 指定"输出状态位起始地址"，占用继电器 S2 ～ S2 + 4；S3 指定"轴组编号"。

### 10. 直线插补（G_LINE）指令

直线插补指令的功能是使轴组以设定的参数进行空间直线运动，其指令格式如图 6-26 所示。

图 6-25　点到点运动指令格式图 　　　　图 6-26　直线插补指令格式图

图 6-26 中，当 M0 由 OFF→ON 时，S3 指定轴组以用户设置好的速度、加减速度、加加速度进行直线插补。指令执行后，轴组组成轴的单轴状态（D20000 + 200$N$）为 8，轴组状态（D46000 + 300$N$）为 2。

在使用直线插补指令时，需要指定四个参数，分别为 S0 指定"输入参数起始地址"，占用寄存器 S0 ～ S0 + 51；S1 指定"输出状态字起始地址"；S2 指定"输出状态位起始地址"，占用继电器 S2 ～ S2 + 4；S3 指定"轴组编号"。

### 11. 圆弧插补（G_CIRCLE）指令

圆弧插补指令的功能是使轴组以设定的参数进行空间圆弧运动，其指令格式如图 6-27 所示。

图 6-27 中，当 M0 由 OFF→ON 时，S3 指定轴组以用户设置好的速度、加减速度、加加速度进行圆弧插补。指令执行后，轴组组成轴的单轴状态（D20000 + 200$N$）为 8，轴组状态（D46000 + 300$N$）为 2。

图 6-27　圆弧插补指令格式图

在使用圆弧插补指令时，需要指定四个参数，分别为 S0 指定"输入参数起始地址"，占用寄存器 S0 ～ S0 + 79；S1 指定"输出状态字起始地址"，S2 指定"输出状态位起始地址"，占用继电器 S2 ～ S2 + 4；S3 指定"轴组编号"。

**12. 继续运动（G_GOON）指令**

继续运动指令的功能是使暂停中的轴组继续原来的运动，其指令格式如图6-28所示。

图6-28中，当M0由OFF→ON时，S2指定轴组以原来的曲线继续运动。指令执行后，轴组组成轴的单轴状态（D20000 + 200$N$）为8，轴组状态（D46000 + 300$N$）为2。

图6-28　继续运动指令格式图

在使用继续运动指令时，需要指定三个参数，分别为S0指定"输出状态字起始地址"；S1指定"输出状态位起始地址"，占用继电器S2 ~ S2 + 3；S2指定"轴组编号"。

**13. 选择加工路径（G_PATHSEL）指令**

选择加工路径指令的功能是设定加工路径，并通过G_PATHMOV指令进行运动，其指令格式如图6-29所示。

图6-29中，当M0由OFF→ON时，按照设置好的参数设定加工路径，可通过G_PATH-MOV指令运行对应的加工路径。

在使用选择加工路径指令时，需要指定四个参数，分别为S0指定"输入参数起始地址"，占用寄存器S0 ~ S0 + 10 + 60$n$，$n$为数据行数；S1指定"输出状态字起始地址"；S2指定"输出状态位起始地址"，占用继电器S2 ~ S2 + 3；S3指定"轴组编号"。

**14. 路径运动（G_PATHMOV）指令**

路径运动指令的功能是使指定轴组以G_PATHSEL指定的路径进行运动，因此一般该指令与G_PATHSEL配合使用，其指令格式如图6-30所示。

图6-29　选择加工路径指令格式图　　　　　图6-30　路径运动指令格式图

图6-30中，当M0由OFF→ON时，按照G_PATHSEL设定好的路径执行运动。指令执行后，轴组组成轴的单轴状态（D20000 + 200$N$）为8，轴组状态（D46000 + 300$N$）为2。

在使用路径运动指令时，需要指定五个参数，分别为S0指定"输入参数起始地址"，占用寄存器S0 ~ S0 + 1；S1指定"输出状态字起始地址"，S2指定"输出位置起始地址"，占用寄存器S2 ~ S2 + 79；S3指定"输出状态位起始地址"，占用继电器S3 ~ S3 + 4；S4指定"轴组编号"。

## 二、伺服驱动脉冲参数配置向导

信捷PLC编程软件XDPPRO V3.7.4a及以上版本软件中添加了脉冲参数配置向导功能。

由于脉冲轴的系统参数比较多（包含公共参数和第1 ~ 4套参数），对于初学者来说可能具有一定的难度，因此最新的上位机软件中添加了脉冲参数配置向导，直接通过脉冲参数配置向脉冲导对各个轴的脉冲参数进行配置，简单方便。

本项目中的$X$轴、$Y$轴、$Z$轴的脉冲参数配置见表6-3 ~ 表6-5。

表 6-3  X 轴脉冲参数配置表

| 参数 | 设定值 |
| --- | --- |
| Y0 轴–公共参数–脉冲设定–脉冲方向逻辑 | 正逻辑 |
| Y0 轴–公共参数–脉冲设定–机械回原点默认方向 | 正向 |
| Y0 轴–公共参数–脉冲方向端子 | Y5 |
| Y0 轴–公共参数–信号端子开关状态设置–原点开关状态设置 | 常开 |
| Y0 轴–公共参数–信号端子开关状态设置–正极限开关状态设置 | 常开 |
| Y0 轴–公共参数–信号端子开关状态设置–负极限开关状态设置 | 常开 |
| Y0 轴–公共参数–原点信号端子设定 | X3 |
| Y0 轴–公共参数–正极限端子设定 | X4 |
| Y0 轴–公共参数–负极限端子设定 | X5 |
| Y0 轴–公共参数–回归速度 VH | 5000 |
| Y0 轴–公共参数–爬行速度 VC | 100 |

表 6-4  Y 轴脉冲参数配置表

| 参数 | 设定值 |
| --- | --- |
| Y1 轴–公共参数–脉冲设定–脉冲方向逻辑 | 正逻辑 |
| Y1 轴–公共参数–脉冲设定–机械回原点默认方向 | 正向 |
| Y1 轴–公共参数–脉冲方向端子 | Y4 |
| Y1 轴–公共参数–信号端子开关状态设置–原点开关状态设置 | 常开 |
| Y1 轴–公共参数–信号端子开关状态设置–正极限开关状态设置 | 常开 |
| Y1 轴–公共参数–信号端子开关状态设置–负极限开关状态设置 | 常开 |
| Y1 轴–公共参数–原点信号端子设定 | X0 |
| Y1 轴–公共参数–正极限端子设定 | X1 |
| Y1 轴–公共参数–负极限端子设定 | X2 |
| Y1 轴–公共参数–回归速度 VH | 5000 |
| Y1 轴–公共参数–爬行速度 VC | 100 |

表 6-5  Z 轴脉冲参数配置表

| 参数 | 设定值 |
| --- | --- |
| Y2 轴–公共参数–脉冲设定–脉冲方向逻辑 | 正逻辑 |
| Y2 轴–公共参数–脉冲设定–机械回原点默认方向 | 正向 |
| Y2 轴–公共参数–脉冲方向端子 | Y6 |
| Y2 轴–公共参数–信号端子开关状态设置–原点开关状态设置 | 常开 |
| Y2 轴–公共参数–信号端子开关状态设置–正极限开关状态设置 | 常开 |
| Y2 轴–公共参数–信号端子开关状态设置–负极限开关状态设置 | 常开 |
| Y2 轴–公共参数–原点信号端子设定 | X 无端子 |
| Y2 轴–公共参数–正极限端子设定 | X 无端子 |

（续）

| 参数 | 设定值 |
|---|---|
| Y2 轴–公共参数–负极限端子设定 | X 无端子 |
| Y2 轴–公共参数–回归速度 VH | 10000 |
| Y2 轴–公共参数–爬行速度 VC | 100 |

### 三、龙门搬运系统工作过程

龙门搬运系统主要完成对输送单元运送过来的工件进行封装处理。假设传送带传送单元出料位置上有工件，则按照下列流程进行搬运：首先经延时确认后，搬运机械手运行到相应库位进行取盖动作，取盖完成后搬运机械手运行至传送带末端工件正上方，进行放盖动作，完成放盖动作后，将整个盒盖的工件整体搬运到对应库位，摆放完成后将 X、Y、Z 三轴返回原点。按照这样的工作过程循环三次，将库位放完后停止。

**任务实施**

### 一、系统控制分析

由前述的龙门搬运系统工作过程介绍可见，封装过程是一个顺序控制的过程，是龙门搬运系统的主要控制过程。但这一顺控过程在什么条件下可以启动？而启动以后，在什么情况下停止？这些条件必须由顺控程序的外部确定。因此，我们除了需要完成搬运过程的动作外，还要考虑系统的状态信号，这些状态信号包括上电初始化、工件出料检测、工作状态显示、手爪松紧状态、系统起动、复位和停止操作等环节。为便于实施，将这些环节简称为主程序的状态检测和起停控制部分。在进行程序设计时需要重点考虑状态切换的条件和执行机构需要执行的动作。

### 二、工作流程图绘制

由于龙门搬运系统的自动模式是一个顺序执行的过程，因此我们需要熟悉其搬运的动作过程。首先系统上电后，需要执行复位操作，查看手爪、机械手位置等，若不在初始位置，则需要复位。当复位完成后，如果按下起动按钮，则进行正常的搬运、封装作业。根据对该任务控制要求的分析，可以绘制出如图 6-31 所示的系统工作流程图。

**注**：使用 Office 软件系列中的 VISIO 进行流程图的绘制，会大大提高工作效率。

### 三、编程思路及程序设计

#### 1. 编程思路

龙门搬运系统执行的动作与项目 5 输送单元相似，主要为控制气缸动作以及伺服运动。但是区别在于这里需要控制 X、Y、Z 三轴的位置，所以在进行回零以及位置控制时需要注意系统参数的设定、轴号的对应以及每个轴所对应的位置坐标。另外，就是抓放工件的动作流程相同，所以为了便于重复调用，这里可以采用前面项目中所使用的方法，进行抓放工件的子程序封装，直接调用即可。

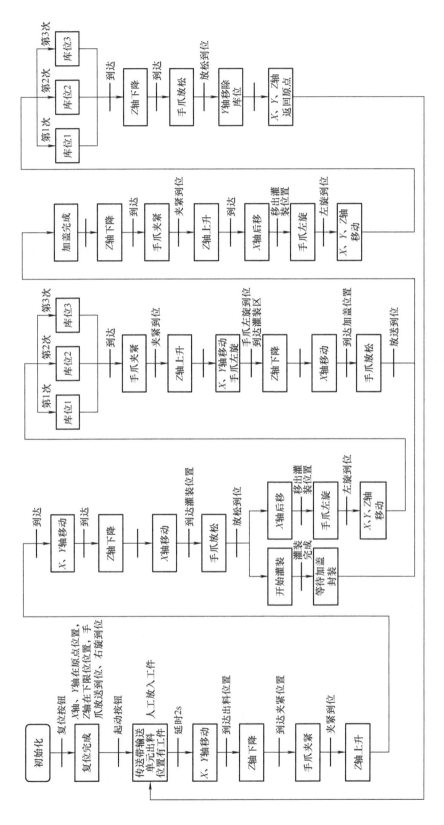

图6-31 龙门搬运系统工作流程图

　　该任务的难点在于以下两个方面：第一，传送带传输模块末端是否有工件，这个信号需要通过以太网通信的方式传输给龙门搬运系统的 PLC，其通信程序是关键；第二，运行期间如果按下停止按钮，则需要在完成当前工作周期后停止运行。这个在采用顺序控制设计法时，需要考虑其停止按钮按下的动作如何记忆。

　　**2. 程序设计**

　　龙门搬运系统 PLC 程序主要包含：此站 PLC 与传送带传送单元 PLC 之间的以太网通信程序，手动控制程序，自动模式下的复位、取盖、三轴位置运动以及抓放工件等程序模块。

　　（1）系统通信

　　两台 PLC 采用以太网通信进行数据交互，其实现步骤如下：

　　1）通过"指令配置"中的"以太网连接配置"面板进行 S_OPEN 指令参数设置，如图 6-32 所示。

图 6-32　以太网连接配置图

　　2）进行 Modbus Tcp 指令配置，如图 6-33 所示。

　　3）完成指令配置后，单击"确定"按钮，在梯形图中生成对应的指令，设计出如图 6-34 所示的梯形图。

　　（2）龙门搬运系统的 X、Y、Z 轴手动控制

　　本系统利用三台伺服电动机分别对搬运机械手的 X、Y、Z 三个方向进行位置控制。由于本系统中需要进行回零动作以及位置动作，所

图 6-33　Modbus Tcp 指令配置图

以需要使用 ZRN 指令以及 DRVA 指令。在使用这些指令时，需要配置运动时的相关参数，即系统参数。具体根据龙门搬运系统的机械机构以及控制要求进行参数配置，具体见表 6-3 ~ 表 6-5。

　　在手动控制前，需要完成对三个轴的复位操作，即执行回零。设计出的部分梯形图如图 6-35 和图 6-36 所示。

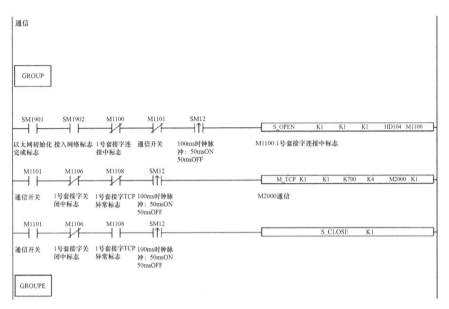

图 6-34　龙门搬运系统通信梯形图

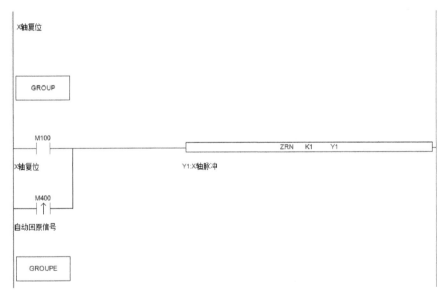

图 6-35　复位操作（X 轴）图

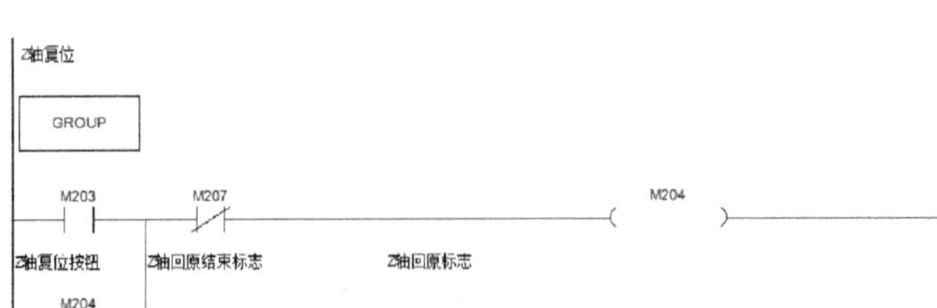

Z轴复位

GROUP

M203　　M207　　　　　　　　　　　　　　M204
├┤├──┤/├─────────────────────────（　　　）
Z轴复位按钮　Z轴回原结束标志　　　　Z轴回原标志

M204
├┤├─

图 6-36　复位操作（Z 轴）图

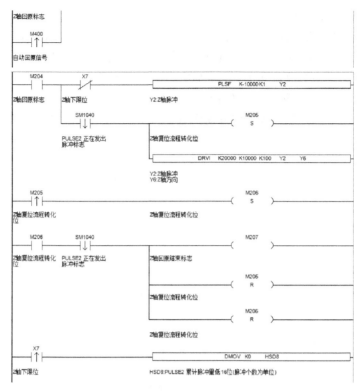

图 6-36 复位操作（Z 轴）图（续）

完成复位后即可进行手动控制，本系统采用的是可变频率脉冲输出，根据频率正负来判断手动正反方向，程序如图 6-37 所示。

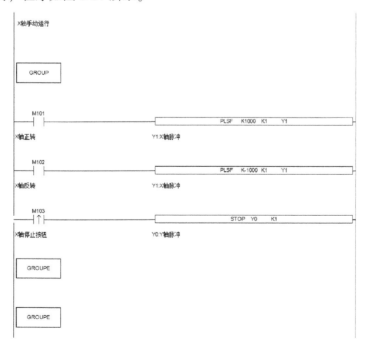

图 6-37 手动控制（X 轴）程序图

（3）龙门搬运系统自动控制

龙门搬运系统自动控制程序是一个步进顺控程序，其过程主要由 M300 或者通信来开启。也就是说，只要传送带传送单元出料位置检测有工件，便自行运行至库位 1 进行取盖，接着运行至传送带末端进行放盖动作，完成后完整的工件运回库位 1 正上方进行放料动作，完成摆放后 X、Y 轴复位，Z 轴回到安全位置，等待下一个工件。当完成三个库位工件的搬运后，系统功能全部完成。自动控制模式下部分动作对应的梯形图分别如图 6-38 ~ 图 6-40 所示。

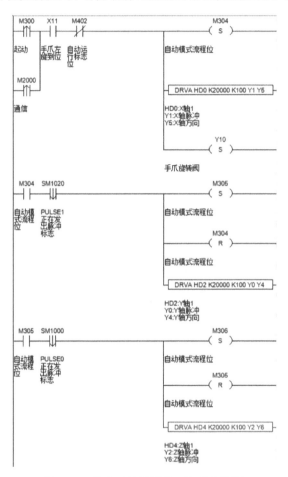

图 6-38　移动三轴至库位 1 取盖程序图

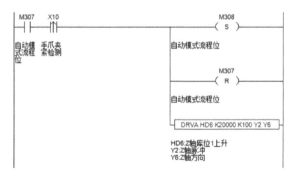

图 6-39　手爪夹紧 Z 轴上升程序图

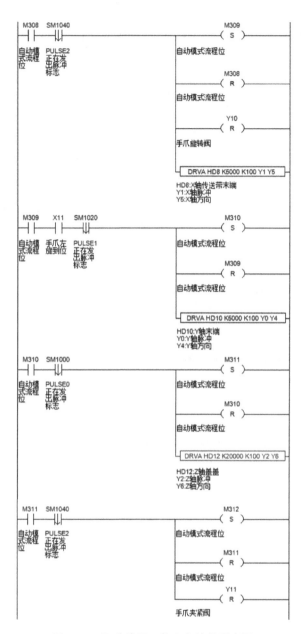

图 6-40  取盖放至工件上方放盖程序图

## 四、系统调试

### 1. 硬件电路检查

检查电路连接的正确性，以及电源、气路是否正常，确认无误后上电。

### 2. 程序下载

连接 PC 与 PLC，下载编译无误后的程序，并将其置于 RUN 模式。

**3. 伺服驱动器参数设置**

按照位置控制方式以及相关控制要求，进行伺服驱动器参数设置，具体见表6-6。

表6-6　伺服驱动器的参数设置表

| 参数 | 功能描述 | 设定值 |
|------|----------|--------|
| P0－00 | 普通通用类型 | 0 |
| P0－01 | 外部脉冲位置模式 | 6 |
| P0－03 | 使能模式：IO/SON 输入信号 | 1 |
| P0－09 | 输入脉冲指令方向修改 | 1 |
| P0－11 | 每圈指令脉冲数 | 0 |
| P0－12 | 每圈指令脉冲数 | 1 |
| P6－20 | 将信号设定为始终"有效" | 10 |

注：本任务中三个伺服驱动器采用的参数配置相同。

**4. 功能调试**

按表6-7进行功能调试，并记录结果。

表6-7　功能调试

| 当前状态 | 观测对象 | 变化 |
|----------|----------|------|
| 准备就绪 | X、Y、Z 三轴电动机回原是否正确，夹爪所处的状态是否正确，传感器对应程序 I/O 点位连接是否正确 | |
| 起动按钮按下后 | X、Y、Z 三轴电动机有无异常报警，夹爪状态是否正确 | |
| 运行中 | 检测物料到位信号 X、Y、Z 三轴电动机的运动轨迹，夹爪状态是否正确 | |
| 复位按钮按下后 | X、Y、Z 三轴电动机回原动作、夹爪状态是否正确 | |

## 五、6S 整理

在所有的任务都完成后，按照6S 职业标准打扫实训场地，6S 整理现场标准图如图6-41和图6-42所示。

整理：要与不要，一留一弃；

整顿：科学布局，取用快捷；

清扫：清除垃圾，美化环境；

清洁：清洁环境，贯彻到底；

素养：形成制度，养成习惯；

安全：安全操作，以人为本。

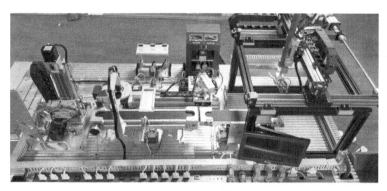

图 6-41　6S 整理现场标准图（1）

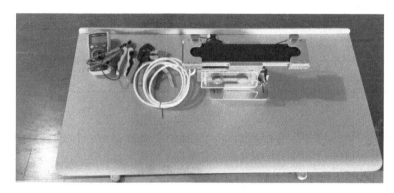

图 6-42　6S 整理现场标准图（2）

# 任务检查与评价（评分标准）

| 评分点 | | 得分 |
|---|---|---|
| 软件<br>（60分） | 按下复位按钮后，伺服电动机可回到原点位置（5分） | |
| | 按下复位按钮后，各气缸可回到初始位置（5分） | |
| | 按下停止按钮后，伺服电动机正常停止（5分） | |
| | 手动模式下，伺服电动机可以进行正反转，速度可设（5分） | |
| | 手动模式下，可示教各点位信息（10分） | |
| | 自动模式下，行走轨迹合理且无碰撞（15分） | |
| | 龙门搬运系统程序调试功能正确（15分） | |
| 6S 素养<br>（20分） | 桌面物品及工具摆放整齐、整洁（10分） | |
| | 地面清理干净（10分） | |
| 发展素养<br>（20分） | 表达沟通能力（10分） | |
| | 团队协作能力（10分） | |

## 常见问题与解决方式

| 故障类别 | 故障现象 | 原因分析 |
|---|---|---|
| 机械 | 机械手爪伸出后，物料夹取位置不当 | 1. 传送带传送模块单元安装位置不对<br>2. 旋转气缸角度调节不当 |
| | 电动机运行时，直线模组不运行 | 电动机与直线模组连接的同步带打滑 |
| | 料到位对应的传感器不亮 | 传感器可能损坏，检测距离没调整好 |
| 调试 | X 轴或 Y 轴正反转方向与预想相反 | 伺服面板旋转方向数据设置错误 |
| | 伺服电动机在回零过程中触发限位开关后立即停止 | 正反限位开关的 I/O 点接反 |
| | 伺服电动机接收到指令后不能动作 | 抱闸未松开 |
| | 控制伺服电动机转动，给定频率很大，但是运行速度很慢；或者给定频率很小，但是运行速度很快 | 每转脉冲数设置不正确 |

解决方法：

1）传送带传送模块单元安装位置不对：合理安装模块位置，使之满足手爪抓取位置范围条件。

2）旋转气缸角度调节不当：见项目 5。

3）电动机与直线模组连接的同步带打滑：见项目 5。

4）传感器可能损坏，检测距离没调整好：见项目 5。

5）伺服面板旋转方向数据设置错误：在伺服面板上调整 P0 – 05 内参数。

6）正反限位开关的 I/O 点接反：分别触发限位开关传感器，检查 PLC 上对应亮灭的点是否正确。

7）抱闸未松开：在伺服面板上将 P5 – 44 内参数设为 1。

8）每转脉冲数设置不正确：出现转速与设定频率不相符的时候，可能是每转脉冲数设置不正确，根据需要设置每转脉冲数。正常将每转脉冲数设置为 10000 即可，即 P0 – 11 = 0，P0 – 12 = 1。

## 行业案例拓展

近年来，随着我国人口红利的逐渐消失，一些从工作简单、重复、劳累的行业日渐出现用工荒、招工难等现象，昂贵的人力成本给工业、制造业、仓储业、建筑业等多个行业带来了沉重压力。于是，很多行业、企业开始把注意力转移到机器身上，由此带动了搬运、分拣等工业机器人的发展。而码垛设备（见图 6-43）就是其中的一个方向，其省去很多人力物力，大大提高了生产效率，保证码垛的稳定、准确、灵活，并且自动化、智能化水平得到显著提高。

某工厂产线上设备的动作流程如下：上电后取料机械各轴自动回原点位置。按下起动按钮后，传送带起动。此时，若在取料位置 A 点处（安装有光电传感器 SQ1）检测到有工件，传送带停止运行，机械移动到物料位置执行手爪夹紧物料动作，并移动到事先定位好的位置 B（托盘），依次往上堆放物料，三个物料为一循环，检测到位后，机械手爪松开，回到原点位置，同时传送带继续运动等待下一个物料信号，重复上述过程。若按下停止按钮，系统立即停止。

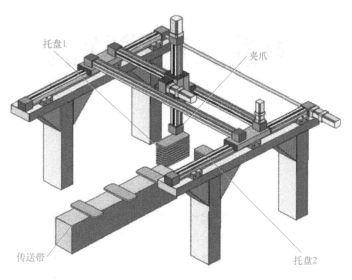

图 6-43 龙门三轴结构示意图

# 项目7

# 柔性生产线联调

能遵守安全操作规范，根据任务要求设计独立轴运动控制系统及自整定的过程控制系统；合理配置伺服、步进、变频器及各扩展模块的常规参数；掌握运动控制及过程控制指令，完成程序编写；掌握人机界面对程序的可视化仿真及参数分析；掌握智能传感器的连接、配置，辅助 PLC 完成轮廓识别、瑕疵检测等工作；掌握多 PLC 工作站系统的通信方法；可以在相关工作岗位从事可编程控制器的系统设计、程序编写、可视化仿真、测试等工作。

👆 项目导入

柔性生产线主要由旋转供料、立体仓库、分拣、输送、温控、传送带传送以及龙门搬运等 7 大模块组成，机械结构如图 7-1 所示。

现要求利用前面所学知识，完成柔性生产线的联机调试任务。

柔性生产线的控制要求如下：

1）每个模块均支持手动与自动两种工作模式。

2）手动模式。

① 立体仓库模块：步进电动机可以手动进行正反转控制，运行速度可设；各个气缸可单独手动控制动作。

② 分拣模块：传送带可手动进行正反转控制，气缸可手动控制动作。

图 7-1　柔性生产线外观示意图

③ 输送模块：伺服电动机可以手动进行正反转控制，运行速度可设；各个气缸可单独手动控制动作。

④ 温控模块：各个气缸可单独手动控制动作。

⑤ 传送带传送模块：传送带可手动进行正反转控制，运行速度可设。

⑥ 龙门搬运模块：X、Y、Z 三轴可以单独点动正反转，运行速度可设；各个气缸可单独手动控制动作。

3）自动模式。其动作流程为：

① 将物料放置于立体仓库取料处，按下起动按钮后，立体仓库单元的夹爪移动至设定的取料位置，将物料取出并放至分拣模块上。完成一次取货之后，按照相同的步骤取另一块物料放至分拣模块，两次取料位置都可设置。取货完成后立体仓库单元回待机位等待下一次起动命令。

② 分拣模块检测到有物料到达时起动传送带，在触摸屏上显示物料当前位置（编码器），当物料移动至相机下方时，自动触发拍照，在工控机显示当前识别到的颜色，将瑕疵物料剔除，瑕疵物料颜色可设置，非瑕疵颜色可以正常通过，完成检测后将合格品运输至分拣模块末端。

③ 物料到达分拣模块末端后，输送模块移动至分拣模块末端，将合格物料取走，并将物料送至温控模块承料台，等待温控模块将物料高温杀菌完成，输送模块取出物料并将物料送至物料传送模块，完成后，输送模块回到待机位等待下一次起动命令。

④ 物料传送到传送带传送模块末端之后，传感器检测到来料信号，起动龙门搬运模块，搬运瓶盖且将瓶盖盖于物料上。盖盖完成后，将物料整体搬运到仓储部分。搬运完成之后龙门回到待机位置。

⑤ 按下停止按钮，设备停止运行。传送带以及各输送轴停止运转。

⑥ 按下复位按钮，设备回到初始位置，气缸以及各执行机构复位，步进电动机以及伺服电动机回到原点位置。

根据前述子单元的分析与任务实施发现，柔性生产线主要通过两台 PLC 实现上述模块的自动控制，利用 1 台触摸屏实现人机交互，采用相机与工业视觉控制器结合实现物料的识别与分拣，利用伺服驱动器与伺服电动机结合实现运动控制，利用电磁阀驱动气缸的方式实现机械手的抓放料等动作。

为了实现上述项目整体联机控制要求，确立以 XDH 型 PLC 作为主核心控制器，通过以太网通信，实现主 PLC 与 XD5E 型 PLC、远程 I/O 模块、HMI、视觉系统等之间的数据交互。

为了清晰、模块化地实现柔性生产线的整体功能调试，我们需要做好以下几个方面的核心工作：①系统的 I/O 以及软元件规划；②伺服系统中伺服驱动器的参数设置，以及采用高速脉冲定位控制指令时系统参数的软件配置；温度调节用 PID 算法参数的软件配置；③PLC 程序设计。

📋学习目标

| | |
|---|---|
| 知识目标 | 了解柔性生产线的机械结构组成<br>了解柔性生产线的工艺要求<br>理解柔性生产线的工作原理<br>理解各个器件对应功能的调试参数的含义<br>掌握 PLC 内部软件的作用<br>掌握 PLC 的各种通信协议的使用方法<br>熟悉 PLC 控制系统程序的编程方法 |
| 技能目标 | 能够进行 PLC 控制系统的输入/输出接线<br>能够进行步进驱动器的参数设置<br>能够实现 PLC 与视觉控制器、触摸屏、变频器各设备的通信控制<br>能够利用基本指令以及流程控制指令进行 PLC 程序的设计与调试<br>能够使用模块化编程思路完成程序设计<br>能够运用软硬件监控方式进行系统联调 |
| 素养目标 | 能够按照 6S 整理模式进行项目实施<br>培养团队协作能力、创新能力和职业素养 |

⊘实施条件

| | 名称 | 实物 | 数量 |
|---|---|---|---|
| 硬件<br>准备 | 智能制造柔性生产线 | | 1 |
| | 软件 | 版本 | 备注 |
| 软件<br>准备 | 信捷 XD 编程工具软件 | XDPPro_3.7.4a 及以上 | 软件版本周期性更新 |
| | TouchWin 编辑工具软件 | TouchWin V2.E.5 及以上 | 软件版本周期性更新 |
| | 机器视觉编程工具软件（教育版） | X-SIGHT Vision Studio EDU | 软件版本周期性更新 |

# 任务 1　I/O 及软元件规划

⬛任务分析

　　根据相关选型和电气线路设计等，合理规划可编程控制器的输入/输出点位，合理分配程序编写中涉及软元件的地址。

## 一、学习目标

1. 了解自动控制系统的电气线路组成。
2. 理解各类传感器、数字量输入/输出模块的工作原理。
3. 掌握常见传感器与 PLC 的连接电路设计方法。
4. 掌握 PLC 内部软元件的作用。
5. 掌握柔性生产线的 PLC 外部接线。
6. 掌握如何根据系统控制需求合理进行 PLC 控制系统的 I/O 分配以及合理规划软元件。

## 二、实施条件

| | 名称 | 实物 | 数量 |
|---|---|---|---|
| 硬件准备 | 智能制造柔性生产线 | | 1 |
| | 软件 | 版本 | 备注 |
| 软件准备 | 信捷 XD 编程工具软件 | XDPPro_3.7.4a 及以上 | 软件版本周期性更新 |
| | TouchWin 编辑工具软件 | TouchWin V2.E.5 及以上 | 软件版本周期性更新 |
| | 机器视觉编程工具软件（教育版） | X-SIGHT Vision Studio EDU | 软件版本周期性更新 |

**任务实施**

### 一、输入/输出配置表

根据项目要求，该柔性生产线划分为 8 个基础模块（立体仓库、旋转供料、桁架机械手、分拣、输送、温控、传送带传送和龙门搬运）。其中旋转供料模块和桁架机械手模块可以替换立体仓库模块功能，两者不同时使用。

通过对任务的控制要求分析发现，每个模块所需的输入/输出点位见表7-1，平面仓库模块和按钮模块并不是主要模块，本书未做详细介绍。

表 7-1　生产线输入/输出点位需求表

| 模块名称 | 数字量输入点位/个 | 数字量输出点位/个 | 脉冲输出点位/个 | 模拟量输入点位/个 | 模拟量输出点位/个 |
|---|---|---|---|---|---|
| 立体仓库模块 | 10 | 5 | 1 | 0 | 0 |
| 旋转供料模块 | 4 | 1 | 1 | 0 | 0 |
| 桁架机械手模块 | 5 | 3 | 0 | 0 | 0 |
| 分拣模块 | 5 | 7 | 0 | 0 | 1 |
| 输送模块 | 3 | 5 | 1 | 0 | 0 |
| 温控模块 | 3 | 1 | 0 | 1 | 2 |

(续)

| 模块名称 | 数字量输入<br>点位/个 | 数字量输出<br>点位/个 | 脉冲输出<br>点位/个 | 模拟量输入<br>点位/个 | 模拟量输出<br>点位/个 |
|---|---|---|---|---|---|
| 传送带传送模块 | 5 | 2 | 0 | 0 | 1 |
| 龙门搬运模块 | 12 | 7 | 3 | 0 | 0 |
| 平面仓库模块 | 3 | 0 | 0 | 0 | 0 |
| 按钮模块 | 5 | 4 | 0 | 0 | 0 |
| 合计 | 55 | 35 | 6 | 1 | 4 |

由于该柔性生产线的自动控制需要数字量输入点位 55 个、数字量输出点位 35 个、脉冲输出点位 6 个、模拟量输入点位 1 个、模拟量输出点位 4 个,因此选择 XDH-60T4-E 型 PLC 作为主控 PLC,扩展 2 个模拟量输入/输出模块、1 个数字量输入/输出模块,用来进行旋转供料、立体仓库等模块的控制;选择 XD5E-30T4-E 型 PLC 作为副控,应用在龙门搬运模块。

具体的点位配置见表 7-2 ~ 表 7-7。其中,表 7-2 是该系统的 XDH-60T4-E 型 PLC 与旋转模块、立体仓库模块、分拣模块、输送模块、温控模块、传送带传输模块等的输入点位总体配置表;表 7-3 是输出点位总体配置表;表 7-4 是模拟量输入点位配置表;表 7-5 是按钮指示灯模块与扩展输入/输出模块之间的输入/输出点位配置表;表 7-6 是模拟量输出点位配置表;表 7-7 是 XD5E-30T4-E 型 PLC 与龙门搬运模块之间的输入/输出点位配置表。

表 7-2　XDH-60T4-E 输入点位总体配置表

| 输入点位 | 配置 | 输入点位 | 配置 |
|---|---|---|---|
| X0 | 分拣模块编码器 B 相 | X22 | 立体仓库模块右旋到位 |
| X1 | 分拣模块编码器 A 相 | X23 | 立体仓库模块伸出到位 |
| X2 | | X24 | 立体仓库模块缩回到位 |
| X3 | 旋转供料模块编码器 A 相 | X25 | 立体仓库模块夹紧检测 |
| X4 | 旋转供料模块编码器 B 相 | X26 | 旋转供料模块转盘原点 |
| X5 | 旋转供料模块编码器 Z 相 | X27 | 分拣模块入料检测 |
| X6 | 传送带传送模块编码器 B 相 | X30 | 分拣模块气缸伸出到位 |
| X7 | 传送带传送模块编码器 A 相 | X31 | 分拣模块到达检测 |
| X10 | 传送带传送模块编码器 Z 相 | X32 | 温控模块入料检测 |
| X11 | 输送模块原点 | X33 | 温控模块料台伸出到位 |
| X12 | 输送模块左限位 | X34 | 温控模块料台缩回到位 |
| X13 | 输送模块右限位 | X35 | 桁架模块左限位 |
| X14 | 立体仓库模块 $Y$ 轴原点 | X36 | 桁架模块右限位 |
| X15 | 立体仓库模块 $Y$ 轴左限位 | X37 | 桁架模块手爪下降到位 |
| X16 | 立体仓库模块 $Y$ 轴右限位 | X40 | 桁架模块手爪上升到位 |
| X17 | 立体仓库模块 $X$ 轴左限位 | X41 | 桁架模块手爪夹紧到位 |
| X20 | 立体仓库模块 $X$ 轴右限位 | X42 | 传送带传送模块入料检测 |
| X21 | 立体仓库模块左旋到位 | X43 | 传送带传送模块出料检测 |

表 7-3 XDH－60T4－E 输出点位配置表

| 输出点位 | 配置 | 输出点位 | 配置 |
|---|---|---|---|
| Y0 | 输送模块脉冲发送口 | Y15 | 立体仓库模块手爪伸出阀 |
| Y1 | 立体仓库模块脉冲发送口 | Y16 | 立体仓库模块手爪夹紧阀 |
| Y2 | 旋转供料模块脉冲发送口 | Y17 | 立体仓库模块气动滑台阀 |
| Y3 | 传送带传送模块变频器正转 | Y20 | 分拣模块变频器正转 |
| Y4 | 输送模块脉冲方向口 | Y21 | 分拣模块变频器反转 |
| Y5 | 立体仓库模块脉冲方向口 | Y22 | 分拣模块多段速1 |
| Y6 | 旋转供料模块脉冲方向口 | Y23 | 分拣模块多段速2 |
| Y7 | 传送带传送模块变频器反转 | Y24 | 分拣模块多段速3 |
| Y10 | 输送模块手爪抬升阀 | Y25 | 分拣模块视觉拍照触发 |
| Y11 | 输送模块手爪旋转阀 | Y26 | 分拣模块推料气缸 |
| Y12 | 输送模块手爪伸出阀 | Y27 | 温控模块料台伸出阀 |
| Y13 | 输送模块手爪夹紧阀 | A | 分拣模块变频器485＋ |
| Y14 | 立体仓库模块手爪旋转阀 | B | 分拣模块变频器485－ |

表 7-4 XD－2AD2DA－A－ED 点位配置表

| 输入点位 | 配置 | 输出点位 | 配置 |
|---|---|---|---|
| AI0 | 分拣模块变频器 AI | AO1 | |
| AI1 | 传送带传送模块 VI2 | AO2 | |
| CI0 | 分拣模块变频器 GND/传送带传送模块变频器 GND | CO0 | |

表 7-5 XD－E8X8YR 点位配置表

| 输入点位 | 配置 | 输出点位 | 配置 |
|---|---|---|---|
| X10000 | | Y10000 | 桁架机械手模块滑台阀 |
| X10001 | | Y10001 | 桁架机械手模块手爪升降阀 |
| X10002 | | Y10002 | 桁架机械手模块手爪夹紧阀 |
| X10003 | 起动按钮 | Y10003 | 黄色指示灯 |
| X10004 | 停止按钮 | Y10004 | 绿色指示灯 |
| X10005 | 复位按钮 | Y10005 | 红色指示灯 |
| X10006 | 转换开关 | Y10006 | 蜂鸣器 |
| X10007 | 急停按钮 | Y10007 | |

表 7-6　XD－E4AD2DA 点位配置表

| 输入点位 | 配置 | 输出点位 | 配置 |
|---|---|---|---|
| AI0 | | AO0 | 温控模块工控板 AD0 |
| VI0 | 温控模块工控板 DA1/温控模块反馈值数显表 DA1 | VO0 | |
| C0 | 温控模块工控板 GND/温控模块反馈值数显表 GND | C0 | 温控模块工控板 GND |
| AI1 | | AO1 | 温控模块设定值数显表 AD1 |
| VI1 | | VO1 | |
| C1 | | C1 | 温控模块设定值数显表 GND |
| AI2 | | | |
| VI2 | | | |
| C2 | | | |
| AI3 | | | |
| VI3 | | | |
| C3 | | | |

表 7-7　XD5E－30T4－E 点位配置表

| 输入点位 | 配置 | 输出点位 | 配置 |
|---|---|---|---|
| X0 | 龙门搬运模块 X 轴原点 | Y0 | 龙门搬运模块 X 轴脉冲 |
| X1 | 龙门搬运模块 X 轴左限位 | Y1 | 龙门搬运模块 Y 轴脉冲 |
| X2 | 龙门搬运模块 X 轴右限位 | Y2 | 龙门搬运模块 Z 轴脉冲 |
| X3 | 龙门搬运模块 Y 轴原点 | Y3 | |
| X4 | 龙门搬运模块 Y 轴左限位 | Y4 | 龙门搬运模块 X 轴方向 |
| X5 | 龙门搬运模块 Y 轴右限位 | Y5 | 龙门搬运模块 Y 轴方向 |
| X6 | 龙门搬运模块 Z 轴上限位 | Y6 | 龙门搬运模块 Z 轴方向 |
| X7 | 龙门搬运模块 Z 轴下限位 | Y7 | 龙门搬运模块抱闸解除 |
| X10 | 龙门搬运模块手爪夹紧检测 | Y10 | 龙门搬运模块手爪旋转阀 |
| X11 | 龙门搬运模块手爪左旋到位 | Y11 | 龙门搬运模块手爪夹紧阀 |
| X12 | 龙门搬运模块手爪右旋到位 | Y12 | 龙门搬运模块视觉拍照触发 |
| X13 | 龙门搬运模块灌装位置检测 | Y13 | |
| X14 | | Y14 | |
| X15 | | Y15 | |
| X16 | | | |
| X17 | | | |

## 二、软元件分配表

根据项目工艺要求,在编程之前,对各个模块可能用到的各种软元件地址进行规划。一方面保证编写程序时,不会重复使用软元件,预防程序出错。另一方面,与触摸屏组态时便于进行数据变量连接,实现柔性生产线的实时监控。其各个模块涉及的软元件地址分配见

表7-8~表7-13。其中，表7-8为XDH-60T4-E主控PLC内部对手自动切换、单机/联机标志、物料是否到位标志、检测结果等进行的软元件地址分配；表7-9为主控PLC内部对一些分模块采用顺序控制设计法进行程序设计时的状态寄存器地址规划；表7-10为机械手进行物料抓放时使用的定时器编号规划；表7-11为系统进行计数时的计数器分配；表7-12为实时监测柔性生产线中的一些典型的加工数据用寄存器的编号分配；表7-13为物料平面传送或者是物料机械手抓放时的位置记忆用断电保持数据寄存器的地址分配。

表7-8　XDH-60T4-E软元件地址分配表

| 辅助继电器 | 注释 | 辅助继电器 | 注释 |
|---|---|---|---|
| M0 | 开启PID | M151 | 传送带传送模块停止单机 |
| M1 | 开启PID自整定 | M152 | 传送带传送模块复位单机 |
| M100 | 手自动切换；OFF：手动 | M153 | 传送带传送模块复位标志位 |
| M110 | 立体仓库模块起动单机 | M154 | 传送带传送模块复位完成 |
| M111 | 立体仓库模块停止单机 | M156 | 传送带传送模块起动标志位 |
| M112 | 立体仓库模块复位单机 | M200 | 立体仓库单元机械手第一次上升完成 |
| M113 | 立体仓库模块复位标志位 | M201 | 立体仓库单元仓库夹紧完成 |
| M114 | 立体仓库复位完成 | M202 | 立体仓库单元机械手再次上升完成 |
| M115 | 立体仓库模块步进电动机回原完成 | M203 | 立体仓库单元机械手第一次下降完成 |
| M116 | 立体仓库模块起动标志位 | M204 | 立体仓库单元物料放到传送带完成 |
| M120 | 分拣模块起动单机 | M205 | 立体仓库单元物料抓取标志位 |
| M121 | 分拣模块停止单机 | M206 | 立体仓库单元物料放置标志位 |
| M122 | 分拣模块复位单机 | M207 | 立体仓库单元物料放置到分拣传送带完成 |
| M123 | 分拣模块复位标志位 | M210 | 备用 |
| M124 | 分拣模块立体仓库复位完成 | M250 | 立体仓库单元手爪旋转阀手动控制 |
| M126 | 分拣模块起动标志位 | M251 | 立体仓库单元手爪伸出阀手动控制 |
| M130 | 输送模块起动单机 | M252 | 立体仓库单元手爪夹紧阀手动控制 |
| M131 | 输送模块停止单机 | M253 | 立体仓库单元起动滑台阀手动控制 |
| M132 | 输送模块复位单机 | M254 | 立体仓库单元步进电动机正转 |
| M133 | 输送模块复位标志位 | M255 | 立体仓库单元步进电动机反转 |
| M134 | 输送模块复位完成 | M300 | 分拣模块物料到达拍照位置 |
| M135 | 输送模块电动机回原完成 | M301 | 分拣模块到达推料位置 |
| M136 | 输送模块起动标志位 | M302 | 物料有瑕疵 |
| M140 | 温控模块起动单机 | M303 | 分拣模块物料剔除 |
| M141 | 温控模块停止单机 | M304 | 分拣模块有物料，编码器计数 |
| M142 | 温控模块复位单机 | M310 | 备用 |
| M143 | 温控模块复位标志位 | M350 | 分拣模块手动正转 |
| M144 | 温控模块复位完成 | M351 | 分拣模块手动反转 |
| M146 | 温控模块起动标志位 | M352 | 分拣模块推料气缸手动控制 |
| M150 | 传送带传送模块起动单机 | M400 | 输送模块前往分拣模块取料位置 |

（续）

| 辅助继电器 | 注释 | 辅助继电器 | 注释 |
|---|---|---|---|
| M401 | 输送模块到达分拣模块取料位置 | M510 | 输送模块上升到位 |
| M402 | 输送模块抓取物料完成 | M511 | 输送模块下降到位 |
| M403 | 输送模块到达温控模块位置 | M512 | 输送模块左旋到位 |
| M404 | 输送模块放置物料完成 | M513 | 输送模块右旋到位 |
| M405 | 输送模块抓取物料完成，准备运动 | M514 | 输送模块伸出到位 |
| M406 | 温控加热完成，输送模块抓取物料 | M515 | 输送模块缩回到位 |
| M407 | 物料抓取完成，准备前往传送带传送模块 | M516 | 输送模块夹紧检测 |
| M408 | 输送模块到达传送带传送模块 | M600 | 温控模块加热完成 |
| M409 | 物料放好，温控模块可以加热 | M601 | 物料到位准备加热 |
| M410 | 输送流程进行中 | M650 | 温控模块料台伸出手动控制 |
| M450 | 输送模块手爪抬升阀手动控制 | M700 | 传送传送带物料到位 |
| M451 | 输送模块手爪旋转阀手动控制 | M701 | 备用 |
| M452 | 输送模块手爪伸出阀手动控制 | M710 | 备用 |
| M453 | 输送模块手爪夹紧阀手动控制 | M750 | 传送带传送模块变频器正转 |
| M454 | 输送模块电动机正转 | M751 | 传送带传送模块变频器反转 |
| M455 | 输送模块电动机反转 | M10003 | 绿色按钮标志位 |
| M500 | 0 号套接字连接中标志 | M10004 | 红色按钮标志位 |
| M501 | 0 号套接字已连接标志 | M10005 | 黄色按钮标志位 |
| M506 | 0 号套接字关闭标志 | M10010 | 联机复位完成 |
| M508 | 0 号套接字 TCP 异常标志 | | |

表 7-9　XDH－60T4－E 软元件地址分配表（状态继电器）

| 状态继电器 | 注释 |
|---|---|
| S1 | 运动指令使用 |
| S2 | 物料抓取 |
| S3 | 物料放置 |
| S10 | 输送模块物料抓取送入温控模块 |
| S11 | 输送模块物料抓取送入传送带传送模块 |

表 7-10　XDH－60T4－E 软元件地址分配表（计时器）

| 计时器 | 注释 |
|---|---|
| T10 | 仓库夹紧手爪伸出到位延时 |
| T11 | 仓库夹紧手爪夹紧延时 |
| T12 | 缩回到位延时 |
| T13 | 仓库夹紧手爪伸出到位延时 |
| T14 | 伸出到位延时-立体仓库手爪松开 |

（续）

| 计时器 | 注释 |
|---|---|
| T15 | 夹紧检测延时-立体仓库手爪松开 |
| T20 | 备用 |
| T40 | 伸出到位-输送模块物料抓取 |
| T41 | 夹紧检测延时-输送模块物料抓取 |
| T42 | 抬升到位延时-输送模块物料抓取 |
| T43 | 上升到位-输送模块物料放置 |
| T44 | 伸出到位-输送模块物料放置 |
| T45 | 夹紧松开延时-输送模块物料放置 |
| T46 | 下降到位延时-输送模块物料放置 |
| T50 | 加热延时 |
| T100 | 拍照延时 |

表 7-11　XDH－60T4－E 软元件地址分配表（计数器）

| 计数器 | 注释 |
|---|---|
| C0 | 抓取数量 |

表 7-12　XDH－60T4－E 软元件地址分配表（非断电保持数据寄存器）

| 数据寄存器 | 注释 |
|---|---|
| D0 | 当前温度 |
| D10 | PID 输出中间变量值 |
| D20 | 当前温度输入 |
| D22 | PID 输出 |
| D24 | 设定输出 |
| D104 | 仓位脉冲 |
| D105 | |
| D108 | 取料位置提升脉冲 |
| D109 | |
| D300 | 分拣模块变频器运动状态 |
| D302 | 分拣模块变频器运转频率 |
| D304 | 分拣模块运行距离 |
| D305 | |
| D700 | 传送带运动变频器状态 |
| D702 | 传送带传送模块自动输出频率设定 |

表 7-13　XDH - 60T4 - E 软元件地址分配表（断电保持数据寄存器）

| 数据寄存器 | 注释 | 数据寄存器 | 注释 |
|---|---|---|---|
| HD100 | 备用 | HD300 | 分拣模块拍照设定减速距离下限 |
| HD102 | 备用 | HD301 | |
| HD103 | 备用 | HD302 | 分拣模块拍照设定减速距离上限 |
| HD104 | 备用 | HD303 | |
| HD105 | 备用 | HD304 | 分拣模块推料设定距离下限 |
| HD180 | 设定温度 | HD305 | |
| HD200 | 立体仓库单元第一层脉冲数 | HD306 | 分拣模块推料设定距离上限 |
| HD201 | | HD307 | |
| HD202 | 立体仓库单元第一层取货脉冲数 | HD308 | 分拣模块手动运行频率设定 |
| HD203 | | HD310 | |
| HD204 | 立体仓库单元第二层脉冲数 | HD400 | 前往分拣模块取料位置脉冲 |
| HD205 | | HD401 | |
| HD206 | 立体仓库单元第二层取货脉冲数 | HD404 | 前往温控模块位置脉冲 |
| HD207 | | HD405 | |
| HD208 | 立体仓库单元第三层脉冲数 | HD408 | 前往传送带传送模块位置脉冲 |
| HD209 | | HD409 | |
| HD210 | 立体仓库单元第三层取货脉冲数 | HD410 | 分拣模块自动运行速度 |
| HD211 | | HD411 | |
| HD212 | 立体仓库步进自动速度 | HD450 | 输送模块正转速度 |
| HD213 | | HD451 | |
| HD214 | 立体仓库到放料位置脉冲 | HD452 | 输送模块反转速度 |
| HD215 | | HD453 | |
| HD216 | 立体仓库设定取料个数 | HD500 | TCP 通信寄存器 |
| HD250 | 立体仓库单元步进电动机反转速度 | HD600 | 加热时间设定 |
| HD251 | | HD702 | 传送带传送模块点动速度 |
| HD252 | 立体仓库单元步进电动机反转速度 | HD706 | 传送带传送模块自动输出频率设定 |
| HD253 | | | |

# 任务检查与评价（评分标准）

| 评分点 | | 得分 |
|---|---|---|
| 点位配置（60 分） | 详细规划 XDH - 60T4 - E 输入点位配置（5 分） | |
| | 详细规划 XDH - 60T4 - E 输出点位配置（5 分） | |
| | 详细规划数字量输入/输出扩展模块点位配置（5 分） | |
| | 详细规划模拟量输入/输出扩展模块点位配置（5 分） | |

（续）

| 评分点 | | 得分 |
|---|---|---|
| 点位配置（60分） | 详细规划 XD5E-30T4-E 输入点位配置（5分） | |
| | 详细规划 XD5E-30T4-E 输出点位配置（5分） | |
| | 详细规划 XDH-60T4-E 辅助继电器（M）点位配置（5分） | |
| | 详细规划 XDH-60T4-E 状态继电器（S）点位配置（5分） | |
| | 详细规划 XDH-60T4-E 计时器（T）点位配置（5分） | |
| | 详细规划 XDH-60T4-E 计数器（C）点位配置（5分） | |
| | 详细规划 XDH-60T4-E 数据寄存器（D/HD）点位配置（10分） | |
| 6S素养（20分） | 桌面物品及工具摆放整齐、整洁（10分） | |
| | 地面清理干净（10分） | |
| 发展素养（20分） | 表达沟通能力（10分） | |
| | 团队协作能力（10分） | |

# 任务2　系统参数配置

**任务分析**

1）柔性生产线中需要对物料进行位置控制，其主要通过 PLC + 伺服驱动器（步进驱动器）+ 伺服电动机（步进电动机）+ 传动机构的方式实现。为此，根据前面学习可知，由 PLC 构建的伺服控制系统，其参数配置很重要，这不仅关系到控制的精度与准确性，同时还会关联控制对象的工艺需求。因此，我们需要从以下两个方面加以重点关注：第一，系统针对伺服电动机（步进电动机）采用何种控制方式，其铭牌参数是否与伺服驱动器（步进驱动器）内置参数匹配。对于这个方面，我们需要正确进行伺服驱动器（步进驱动器）的参数设置。第二，PLC 控制时采用的是哪一种控制模式，使用哪种运动控制指令，是普通的高速脉冲定位控制指令，还是基于总线控制方式下的运动控制指令。这就需要在软件编程时，注意指令所调用的系统参数是第几套，其关联的参数应该如何设置。

2）在柔性生产线中，需要对物料进行加热，这里采用的是 PID 闭环控制。PID 算法使用时，为了能够利用 PLC 内置的自整定面板进行参数整定，以达到用户所需的控制性能指标，需要进行相关参数的设置，比如控制目标值、采样时间等。

3）在传送带传送模块中，使用变频器进行电动机驱动。使用变频器进行运动控制时，需要考虑是采用通信方式进行起停以及速度控制，还是采用端子通断方式进行控制。采用的控制方式不同，则变频器内部参数设置也不一样。

4）柔性生产线中，比如温控模块，通过 PLC 实现温度采集，因此需要设计模拟量的输入；比如变频器模拟量调速，其需要通过 PLC 输出模拟电压（电流）进行频率控制等。所以，系统在进行硬件配置时，选用了模拟量输入和输出模块。在具体使用时，需要考虑对模块的输入信号类型、转换后的数字量大小、输出信号类型以及与数字量之间的匹配关系等的设置。

5）柔性生产线中，为了现场布线方便，在输送单元采用了远程 I/O 模块，实现 PLC 与本地气缸的限位信号对接。在使用远程 I/O 模块时，需要考虑对模块的配置问题。

综上所述，柔性生产线系统联调时，无论是软件方面，还是硬件方面，其参数的设置或配置很重要，一方面要考虑与硬件的匹配性；另一方面，要考虑与实际控制要求的参数之间的对应关系。

本任务就是针对柔性生产线的控制要求，结合硬件电路，合理完成系统软硬件参数设置（配置）。

## 一、学习目标

1. 掌握步进驱动器参数设置的方法。
2. 掌握 PLC 脉冲参数配置方法。
3. 掌握伺服驱动器参数设置方法。
4. 掌握 PID 指令的参数配置方法。
5. 掌握模拟量输入/输出模块的参数配置方法。
6. 掌握 PLC 与 PLC、PLC 与远程 I/O 模块、PLC 与视觉系统以及 PLC 与 HMI 通信时的参数设置方法。

## 二、实施条件

| | 名称 | 实物 | 数量 |
|---|---|---|---|
| 硬件准备 | 智能制造柔性生产线 | | 1 |

| | 软件 | 版本 | 备注 |
|---|---|---|---|
| 软件准备 | 信捷 XD 编程工具软件 | XDPPro_3.7.4a 及以上 | 软件版本周期性更新 |
| | TouchWin 编辑工具软件 | TouchWin V2.E.5 及以上 | 软件版本周期性更新 |
| | 机器视觉编程工具软件（教育版） | X-SIGHT Vision Studio EDU | 软件版本周期性更新 |

任务实施

基于以上任务分析，结合系统硬件配置，综合系统方案设计，分别完成立体仓库模块、温控模块、输送模块、分拣模块、传送带传送模块、龙门搬运模块等软硬件参数设置（配置）。

## 一、立体仓库模块参数设置

立体仓库单元采用了一台步进电动机进行机械手 $Z$ 轴方向的位置控制。PLC 采用脉冲+方向的控制模式，硬件配置 PLC 的 Y1 端输出高速脉冲，Y5 端作为方向输出端口。当编程利用 DRVA、DRVI、ZRN 指令进行位置运动以及回原点控制时，需要配置的系统参数见表 7-14，步进电动机的参数设置与拨码开关之间的对应关系见表 7-15 和表 7-16。

表 7-14 Y1 轴脉冲参数配置表

| Y1 轴–公共参数–脉冲设定–脉冲方向逻辑 | 正逻辑 |
|---|---|
| Y1 轴–公共参数–脉冲设定–机械回原点默认方向 | 负向 |
| Y1 轴–公共参数–脉冲方向端子 | Y5 |
| Y1 轴–公共参数–信号端子开关状态设置–原点开关状态设置 | 常开 |
| Y1 轴–公共参数–信号端子开关状态设置–正极限开关状态设置 | 常开 |
| Y1 轴–公共参数–信号端子开关状态设置–负极限开关状态设置 | 常开 |
| Y1 轴–公共参数–原点信号端子设定 | X14 |
| Y1 轴–公共参数–正极限端子设定 | X15 |
| Y1 轴–公共参数–负极限端子设定 | X16 |
| Y1 轴–公共参数–回归速度 VH | 5000 |
| Y1 轴–公共参数–爬行速度 VC | 800 |

表 7-15 步进电流编码设置表

| 输出峰值电流/A | 输出均值电流/A | SW1 | SW2 | SW3 |
|---|---|---|---|---|
| 1.8 | 1.3 | On | On | On |
| 2.1 | 1.5 | Off | On | On |
| 2.7 | 1.9 | On | Off | On |
| 3.2 | 2.3 | Off | Off | On |
| 3.8 | 2.7 | On | On | Off |
| 4.3 | 3.1 | Off | On | Off |
| 4.9 | 3.5 | On | Off | Off |
| 5.6 | 4 | Off | Off | Off |

表 7-16 步进细分数设置表

| 步数 | SW5 | SW6 | SW7 | SW8 |
|---|---|---|---|---|
| 200 | ON | ON | ON | ON |
| 400 | OFF | ON | ON | ON |
| 800 | ON | OFF | ON | ON |
| 1600 | OFF | OFF | ON | ON |
| 3200 | ON | ON | OFF | ON |
| 6400 | OFF | ON | OFF | ON |
| 12800 | ON | OFF | OFF | ON |
| 25600 | OFF | OFF | OFF | ON |
| 1000 | ON | ON | ON | OFF |
| 2000 | OFF | ON | ON | OFF |
| 4000 | ON | OFF | ON | OFF |

(续)

| 步数 | SW5 | SW6 | SW7 | SW8 |
|---|---|---|---|---|
| 5000 | OFF | OFF | ON | OFF |
| 8000 | ON | ON | OFF | OFF |
| 10000 | OFF | ON | OFF | OFF |
| 20000 | ON | OFF | OFF | OFF |
| 25000 | OFF | OFF | OFF | OFF |

## 二、分拣模块参数设置

分拣模块主要由变频器控制电动机带动传送带上的物料移动，将物料移动到相机的拍照位置以及将瑕疵物料或者非瑕疵物料移动到不同的位置。

使用变频器时，电动机的起停控制或者转速调节通常有以下几种方式：面板控制、数字端子控制、串口通信控制。当采用不同的控制方式时，其参数设置也不相同。为此，这里分别列出了在不同控制方式下的参数设置，请大家根据需求进行选择使用。

**1. 面板控制电动机起停以及转速调节**

其对应的参数设置见表 7-17。

表 7-17　面板控制电动机操作参数设置表

| 功能参数 | 参数定义 | 参数范围 | 出厂设定值 | 需要设定值 |
|---|---|---|---|---|
| P0.01 | 频率给定通道 | 选择范围：1~8 | 0 | 0 |
| P0.03 | 运行命令通道选择 | 范围：0、1、2 | 0 | 0 |
| P3.06 | 点动运行频率 | 范围：0.10~50.00Hz | 5.00Hz | 5.00Hz |
| P3.07 | 点动加速时间 | 范围：0.1~60.0s | 5.0s | 5.0s |
| P3.08 | 点动减速时间 | 范围：0.1~60.0s | 5.0s | 5.0s |
| P3.45 | JOG/REV 切换控制 | 范围：0、1 | 0 | 0 |

**2. 基于 PLC 与变频器之间的串口通信实现电动机起停以及转速调节**

其变频器对应的参数设置见表 7-18。由于 PLC 与变频器进行串口通信时，采用的是 Modbus 协议，所以 PLC 对应的串行通信端口通信参数需要配置，如图 7-2 所示。

表 7-18　变频器通信控制参数设置表

| 功能参数 | 参数定义 | 参数范围 | 出厂设定值 | 需要设定值 |
|---|---|---|---|---|
| P0.01 | 频率给定通道 | 选择范围：1~8 | 0 | 4 |
| P0.03 | 运行命令通道选择 | 范围：0、1、2 | 0 | 2 |
| P3.09 | 通信配置 | 范围：000~155 | 054 | 054 |
| P3.10 | 本机地址 | 范围：0~248 | 1 | 1 |

图 7-2　PLC Modbus 通信串口参数配置图

**3. 采用数字端子进行电动机起停控制，利用模拟量进行转速调节**

若采用这种方式控制，其变频器对应的参数设置见表 7-19。

由于需要通过模拟量输出模块输出 4～20mA 电流信号进行变频调速，所以其模拟量输出端口参数需要对应匹配，具体设置如图 7-3 所示。

表 7-19　模拟量给定频率，端子控制正反转参数设置表

| 功能参数 | 参数定义 | 参数范围 | 出厂设定值 | 需要设定值 |
|---|---|---|---|---|
| P0.01 | 频率给定通道 | 选择范围：1～8 | 0 | 6 |
| P0.03 | 运行命令通道选择 | 范围：0、1、2 | 0 | 1 |

图 7-3　左扩模拟量模块配置图

## 三、输送模块参数设置

输送模块由伺服电动机驱动机械手进行水平移动，利用气缸进行机械手的手爪以及摆台动作控制，气缸限位接入选择采用了远程 I/O 模块。

**1. 伺服电动机驱动参数配置**

与前述类似，PLC 对伺服电动机控制同样采用了脉冲 + 方向的控制模式，编程时运用

DRVA、DRVI、ZRN 等指令时，需要结合现场硬件配置以及速度控制要求等进行系统配套参数设置。在 PLC 内，有 1 ~ 4 套系统参数，其主要取决于程序使用时设置的参数值。无论采用哪一套，其公共参数以及个性化的系统参数配置见表 7-20。伺服驱动器配套硬件参数设置见表 7-21。

表 7-20 系统参数配置表

| Y0 轴–公共参数–脉冲设定–脉冲方向逻辑 | 正逻辑 |
|---|---|
| Y0 轴–公共参数–脉冲设定–机械回原点默认方向 | 正向 |
| Y0 轴–公共参数–脉冲方向端子 | Y4 |
| Y0 轴–公共参数–信号端子开关状态设置–原点开关状态设置 | 常开 |
| Y0 轴–公共参数–信号端子开关状态设置–正极限开关状态设置 | 常开 |
| Y0 轴–公共参数–信号端子开关状态设置–负极限开关状态设置 | 常开 |
| Y0 轴–公共参数–原点信号端子设定 | X11 |
| Y0 轴–公共参数–正极限端子设定 | X12 |
| Y0 轴–公共参数–负极限端子设定 | X13 |
| Y0 轴–公共参数–回归速度 VH | 10000 |
| Y0 轴–公共参数–爬行速度 VC | 800 |

表 7-21 伺服参数设置表

| 参数 | 功能描述 | 设定值 |
|---|---|---|
| P0 – 00 | 普通通用类型 | 0 |
| P0 – 01 | 外部脉冲位置模式 | 6 |
| P0 – 03 | 使能模式：IO/SON 输入信号 | 1 |
| P0 – 09 | 输入脉冲指令方向修改 | 1 |
| P0 – 11 | 每圈指令脉冲数 | 0 |
| P0 – 12 | 每圈指令脉冲数 | 1 |
| P5 – 20 | 将信号设定为始终"有效" | 10 |

### 2. 远程 I/O 模块设置

为了避免繁杂的硬件接线，提高系统的抗干扰能力，输送系统中采用了远程 I/O 模块。在使用该模块时，首先需要利用 Turck-Service Tool 软件进行组网配置，将其 IP 地址设置为与 PLC 同一频段，如图 7-4 所示。

同时，为实现 PLC 与远程 I/O 模块之间的通信，这里采用了基于 Modbus TCP/IP 进行以太网通信，以实现两者之间的数据交互。因此，在创建通信连接指令时，其对应的指令配套参数设置如图 7-5 所示。

图 7-4　远程 I/O 软件配置图

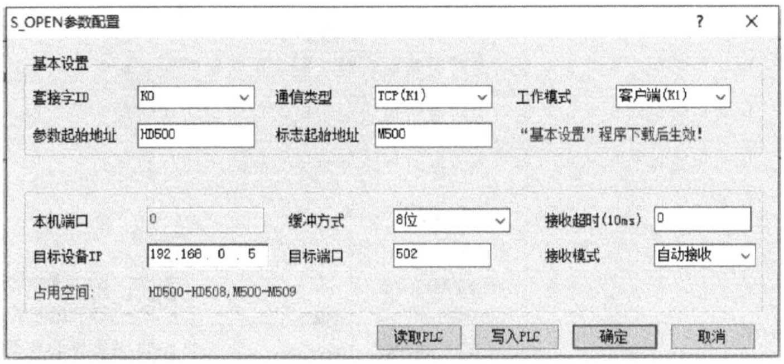

图 7-5　S_OPEN 参数配置图

## 四、温控模块参数设置

温控模块主要由温度采集与温度控制两部分组成。其中，温度采集部分主要通过模拟量输入模块接收温度传感器的信号，由 PLC 读取对应的数字量，并进行相关运算。温度控制部分主要采用传统的 PID 闭环控制方式，根据实时采集到的温度值与设定的目标温度值进行比较，然后进行 PID 运算，从而由 PLC 输出数字量，由模拟量输出模块转化成对应的模拟信号驱动加热装置工作。因此，在该模块中，主要涉及两个方面的参数设置：模拟量输入/输出模块的参数设置和 PID 指令参数的设置。

**1. 模拟量输入/输出模块的参数设置**

模拟量输入/输出模块参数设置如图 7-6 所示。

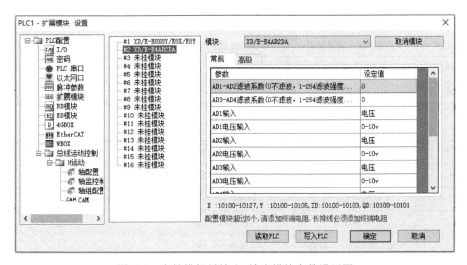

图 7-6　右扩模拟量输入/输出模块参数设置图

**2. PID 指令参数的设置**

PID 指令参数的设置如图 7-7 所示。

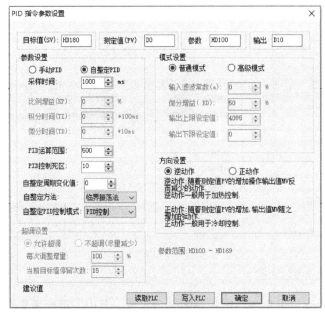

图 7-7　PID 指令参数设置图

## 五、传送带传送模块参数设置

传送带传送模块也采用变频器进行电动机驱动，其参数配置同样与选用的控制方式有关。分拣模块已经进行了详细的叙述，这里不再赘述。具体参数设置分别见表 7-22（面板控制方式）、表 7-23（通信控制方式）、表 7-24（模拟量控制频率方式）。

表 7-22　面板控制正反转参数表

| 功能参数 | 参数定义 | 参数范围 | 出厂设定值 | 需要设定值 |
|---|---|---|---|---|
| P0 – 01 | 主频率输入通道选择 | 选择范围：0~9 | 0 | 0 |
| P0 – 03 | 运行命令通道选择 | 范围：0、1、2 | 0 | 0 |
| PB – 00 | JOG 键功能选择 | 范围：0~3 | 2 | 2 |

表 7-23　通信控制正反转参数表

| 功能参数 | 参数定义 | 参数范围 | 出厂设定值 | 需要设定值 |
|---|---|---|---|---|
| P0. 01 | 主频率输入通道选择 | 选择范围：0~9 | 0 | 6 |
| P0. 03 | 运行命令通道选择 | 范围：0、1、2 | 0 | 2 |
| PC – 01 | 本机地址 | 范围：1~249 | 1 | 2 |
| PC – 02 | 通信波特率/（bit/s） | 范围：0~8 | 6 | 6 |
| PC – 03 | MODBUS 数据格式 | 范围：0~3 | 1 | 1 |

表 7-24　模拟量控制频率参数表

| 功能参数 | 参数定义 | 参数范围 | 出厂设定值 | 需要设定值 |
|---|---|---|---|---|
| P0.01 | 主频率输入通道选择 | 选择范围：0～9 | 0 | 2 |
| P0.03 | 运行命令通道选择 | 范围：0、1、2 | 0 | 0 |

## 六、龙门搬运模块参数设置

龙门搬运模块由三台伺服驱动器分别控制搬运机械手的 $X$、$Y$、$Z$ 三方向，这里也选用了脉冲＋方向控制的方式。按照任务 1 所述的脉冲输出端口配置可知，其分别采用了 XD5E 型 PLC 的 Y0（方向端子配套 Y4）、Y1（方向端子配套 Y5）以及 Y2（方向端子配套 Y6）高速脉冲输出端口进行 $Y$、$X$ 及 $Z$ 三个方向的控制。

运用高速脉冲定位控制指令时也需要进行相关的系统参数配置，具体分别见表 7-25 ～ 表 7-27，伺服驱动器参数配置见表 7-28。

表 7-25　Y1 轴脉冲参数配置表（$X$ 方向）

| 参数 | 设定值 |
|---|---|
| Y1 轴–公共参数–脉冲设定–脉冲方向逻辑 | 正逻辑 |
| Y1 轴–公共参数–脉冲设定–机械回原点默认方向 | 正向 |
| Y1 轴–公共参数–脉冲方向端子 | Y5 |
| Y1 轴–公共参数–信号端子开关状态设置–原点开关状态设置 | 常开 |
| Y1 轴–公共参数–信号端子开关状态设置–正极限开关状态设置 | 常开 |
| Y1 轴–公共参数–信号端子开关状态设置–负极限开关状态设置 | 常开 |
| Y1 轴–公共参数–原点信号端子设定 | X3 |
| Y1 轴–公共参数–正极限端子设定 | X4 |
| Y1 轴–公共参数–负极限端子设定 | X5 |
| Y1 轴–公共参数–回归速度 VH | 5000 |
| Y1 轴–公共参数–爬行速度 VC | 100 |

表 7-26　Y0 轴脉冲参数配置表（$Y$ 方向）

| 参数 | 设定值 |
|---|---|
| Y0 轴–公共参数–脉冲设定–脉冲方向逻辑 | 正逻辑 |
| Y0 轴–公共参数–脉冲设定–机械回原点默认方向 | 正向 |
| Y0 轴–公共参数–脉冲方向端子 | Y4 |
| Y0 轴–公共参数–信号端子开关状态设置–原点开关状态设置 | 常开 |
| Y0 轴–公共参数–信号端子开关状态设置–正极限开关状态设置 | 常开 |
| Y0 轴–公共参数–信号端子开关状态设置–负极限开关状态设置 | 常开 |
| Y0 轴–公共参数–原点信号端子设定 | X0 |
| Y0 轴–公共参数–正极限端子设定 | X1 |
| Y0 轴–公共参数–负极限端子设定 | X2 |
| Y0 轴–公共参数–回归速度 VH | 5000 |
| Y0 轴–公共参数–爬行速度 VC | 100 |

表 7-27　Y2 轴脉冲参数配置表（Z 方向）

| 参数 | 设定值 |
|---|---|
| Y2 轴–公共参数–脉冲设定–脉冲方向逻辑 | 正逻辑 |
| Y2 轴–公共参数–脉冲设定–机械回原点默认方向 | 正向 |
| Y2 轴–公共参数–脉冲方向端子 | Y6 |
| Y2 轴–公共参数–信号端子开关状态设置–原点开关状态设置 | 常开 |
| Y2 轴–公共参数–信号端子开关状态设置–正极限开关状态设置 | 常开 |
| Y2 轴–公共参数–信号端子开关状态设置–负极限开关状态设置 | 常开 |
| Y2 轴–公共参数–原点信号端子设定 | X 无端子 |
| Y2 轴–公共参数–正极限端子设定 | X 无端子 |
| Y2 轴–公共参数–负极限端子设定 | X 无端子 |
| Y2 轴–公共参数–回归速度 VH | 10000 |
| Y2 轴–公共参数–爬行速度 VC | 100 |

表 7-28　伺服驱动器参数配置表

| 参数 | 功能描述 | 设定值 |
|---|---|---|
| P0 – 00 | 普通通用类型 | 0 |
| P0 – 01 | 外部脉冲位置模式 | 6 |
| P0 – 03 | 使能模式：IO/SON 输入信号 | 1 |
| P0 – 09 | 输入脉冲指令方向修改 | 1 |
| P0 – 11 | 每圈指令脉冲数 | 0 |
| P0 – 12 | 每圈指令脉冲数 | 1 |
| P5 – 20 | 将信号设定为始终"有效" | 10 |

注：三个方向驱动用伺服电动机驱动器参数设置相同。

# 任务检查与评价（评分标准）

| 评分点 | | 得分 |
|---|---|---|
| 参数配置（60 分） | 正确配置脉冲指令公共参数（10 分） | |
| | 正确设置步进驱动器电流及每圈脉冲数（5 分） | |
| | 正确配置伺服驱动器运行参数（10 分） | |
| | 正确配置变频器通信及运行参数（10 分） | |
| | 正确配置模拟量扩展模块参数（10 分） | |
| | 正确设置远程 I/O 模块通信参数（5 分） | |
| | 正确配置 PID 指令参数（10 分） | |
| 6S 素养（20 分） | 桌面物品及工具摆放整齐、整洁（10 分） | |
| | 地面清理干净（10 分） | |
| 发展素养（20 分） | 表达沟通能力（10 分） | |
| | 团队协作能力（10 分） | |

# 任务3 柔性生产线程序设计

## 任务分析

柔性生产线主要由旋转供料、立体仓库、分拣、输送、温控、传送带传送以及龙门搬运等7大模块组成。要实现本项目的总体控制要求，即需要这7个模块进行联动控制。因此，在进行 PLC 程序设计时，首先需要考虑每个子模块能够按照动作流程单机正常运行；其次，需要考虑相邻的模块间进行动作衔接时，其衔接信号如何设定。再者，由于该柔性生产线选用了两台 PLC 进行控制，在进行程序设计时，需要考虑两者之间的数据交互，即如何利用 Modbus TCP 指令实现数据通信。

### 一、学习目标

1. 理解模块化程序设计的思路。
2. 掌握柔性生产线各个模块的 PLC 程序编写方法。
3. 掌握如何根据控制要求绘制出程序流程图。
4. 掌握运用软硬件监控与手动模式程序进行系统联机调试。

### 二、实施条件

| | 名称 | 实物 | 数量 |
|---|---|---|---|
| 硬件准备 | 可编程控制器系统应用编程考核设备（中级） | | 1 |
| | 软件 | 版本 | 备注 |
| 软件准备 | 信捷 XD 编程工具软件 | XDPPro_3.7.4a 及以上 | 软件版本周期性更新 |
| | TouchWin 编辑工具 | TouchWin V2.E.5 及以上 | 软件版本周期性更新 |
| | 机器视觉编程工具软件（教育版） | X-SIGHT VISION STUDIO-EDU | 软件版本周期性更新 |

## 任务实施

### 一、系统控制分析

根据前述对柔性生产线控制系统的需求分析，可以发现：

1) 其 PLC 的程序设计主要包括以下方面：7 大子模块的控制程序编写；PLC 与远程 I/O 模块之间的以太网通信程序编写；XDH 型主控 PLC 与 XD5E 型副控 PLC 之间的以太网通信程序编写。

2）为了实现对物料质量的判别，生产线中引入了视觉检测单元，因此，在程序设计时需要考虑图像采集与处理程序的编写以及视觉系统与主控 PLC 之间的信息交互。

3）为了能够进行柔性生产线的实时监控，系统中运用了触摸屏作为人机交互装置，因此，在程序设计时不仅要考虑触摸屏监控画面组态问题，还需要考虑触摸屏与主控 PLC 之间的通信实现方法。

## 二、系统工作流程图绘制

柔性生产线工作流程如图 7-8 所示。

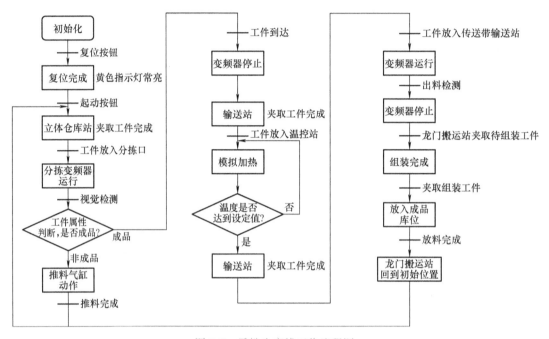

图 7-8　柔性生产线工作流程图

系统正常上电后，处于初始状态，等待用户发送指令。若用户按下复位按钮，则检查柔性生产线各个工作站的机构是否在原位，如不是，则起动相关动作，使得立体仓库模块、分拣模块、输送模块、温控模块、传送带传送模块、龙门搬运模块复位。

若复位完成后，用户按下起动按钮，则立体仓库模块夹取工件至分拣模块入口。分拣模块变频器运行，同时工业相机对工件进行拍照识别。若工件为非成品，则使用气缸将工件推出产线。当工件到达分拣站出料口时，变频器停止。输送模块夹取工件，放入温控模块进行加热。加热完成后，输送模块夹取工件移动至传送带传送模块，传送带传送模块起动，变频器运行，将工件输送至出料口。变频器停止，龙门搬运模块对工件进行组装。组装完成后放入成品库，放料完成后，龙门搬运模块回到初始位置。

## 三、系统程序设计

基于前面项目的学习可知，柔性生产线 PLC 程序设计可以采用经验设计法、顺序控制法、顺序功能块、C 语言等。

单个模块的程序设计在前面已做具体叙述，这里不再重复介绍。

当完成单个模块的程序设计后，其重心在于如何进行模块与模块程序之间的衔接，即每个模块衔接的标志信号需要进行合理配置。比如，立体仓库模块送料完成后，对应的分拣模块工件入口检测开关信号将作为分拣模块程序的起动信号，其他模块也是如此。

### 四、系统联机调试

联机调试的过程如下：

1）按照原理图检查电气控制回路、气路等是否连接正确。

2）使用万用表再次核查系统的总电源、每个工作站的工作电源是否存在短路、断路现象。

3）将 PLC 置于 STOP 模式，在电源确认无误的情况下，通电、通气，完成 PLC 程序、触摸屏程序以及视觉程序的下载。

4）进行单机调试：单击触摸屏对应模块画面后，将画面左上角指示灯切换为单机模式，同时调整设备面板上旋钮开关至单机模式。此时可通过触摸屏修改或显示速度、位置、温度等参数，按下画面中的起动按钮，设备开始单机运行。

5）进行联机调试：单击触摸屏画面左上角指示灯切换为联机模式，同时调整设备面板上旋钮开关至联机模式。此时按下设备面板上的起动按钮设备开始联机运行，设备面板上的指示灯实时显示设备的运行状态。

6）调试完毕后，将所有机构复位、断电、排气，完成 6S 整理。

## 任务检查与评价（评分标准）

| 评分点 | | 得分 |
|---|---|---|
| 点位配置（60分） | 按下复位按钮，各工位正常复位，准备起动（6分） | |
| | 按下起动按钮，立体仓库模块按要求抓取物料至分拣模块入料口（6分） | |
| | 分拣模块可正确识别当前物料颜色，并根据要求剔除不合格品（6分） | |
| | 输送模块可正确将分拣模块出料口物料，并抓取至温控模块入料口（6分） | |
| | 温控模块模拟加温至设定温度，且超调量和稳态误差不超过设定温度的1%（6分） | |
| | 输送模块可正确将温控模块内物料抓取并放置到传送带传送模块入料口（6分） | |
| | 传送带传送模块可正确将物料输送至龙门搬运模块操作区域（6分） | |
| | 龙门搬运模块可正确夹取组装工件并组装（6分） | |
| | 龙门搬运模块可正确将成品放置到库位上（6分） | |
| | 按下停止按钮，各模块可在当前动作完成后停止运行（6分） | |
| 6S 素养（20分） | 桌面物品及工具摆放整齐、整洁（10分） | |
| | 地面清理干净（10分） | |
| 发展素养（20分） | 表达沟通能力（10分） | |
| | 团队协作能力（10分） | |

# 参 考 文 献

［1］　赵红顺．电气控制技术实训［M］. 2 版．北京：机械工业出版社，2019.

［2］　张同苏．自动化生产线安装与调试［M］．北京：中国铁道出版社，2017.

［3］　廖常初．PLC 编程及应用［M］. 5 版．北京：机械工业出版社，2019.

［4］　莫莉萍．电机与拖动基础项目化教程［M］．北京：电子工业出版社，2017.

［5］　龚仲华．交流伺服与变频技术及应用［M］. 4 版．北京：人民邮电出版社，2021.